JN040776

キツネとわたし

FOX AND I

ふしぎな友情

キャサリン・レイヴン
梅田智世＊訳

AN UNCOMMON
FRIENDSHIP

CATHERINE RAVEN

早川書房

キツネとわたし

——ふしぎな友情

FOX AND I
An Uncommon Friendship
by
Catherine Raven

Translated by
Chisei Umeda
First published 2023 in Japan by
Hayakawa Publishing, Inc.
This book is published in Japan by
arrangement with
International Rights Management:
Susanna Lea Associates
on behalf of Spiegel & Grau, LLC
through Japan Uni Agency, Inc., Tokyo.

装幀／albireo
カバーイラスト／June Glasson

〈キツネ〉に捧げる

本書で語られる内容は著者の記憶にもとづく。一部の名前、場所、身元のわかる特徴については、描写されている人のプライバシーを守るために変更している。本書に登場する会話のなかには、記憶をもとに再現したものもある。

あのキツネとの関係の道筋を変えたのは、二重の虹だった。ジョギングをしていたときに、ふと思った。この過酷な土地で彼が生きられるのは、ほんの数年なのだ、と。当時のわたしは、命の短い生きものに気持ちを傾けるのは不毛だと思っていた。ジョギングが終わりにさしかかったころ、目の前に虹が現れた。虹の片方の端が、灰色の空で溺れかけた島のような背の高いポプラの木々を貫いた。その立ち枯れたポプラの樹冠では、細かく分岐して広がる枝がもつれあっている。わたしは足をとめた。二本目の虹が、ポプラの上に弧を描いた。この谷だけで、これまでにどれだけ虹を見ただろう？一〇〇回はゆうに超える。それでも、いつだって足をとめて眺めてきた。そのとき、悟った。キツネには、虹やほかのあらゆる自然の贈りものと同じように、その寿命とはまったく関係のない、本来そなわっている価値があるのだ、と。それ以降、まばたきひとつぶんの寿命しかない動物に長い時間を割いてどうするのだろう、と思ったときには、いつも虹を思い起こした。

・・・ ・・・

目次

サン＝テクスのボア

もう一二日連続で、そのキツネはわたしの小屋（コテージ）に姿を現していた。太陽が西の丘の頂上に光の帽子をかぶせてから一分もしないうちに、彼はもろいブルーバンチグラス（束状に生えるイネ科の草を総称してバンチグラス［束の草の意］という。ブルーバンチグラスはウシノケグサ属の一種）に囲まれた土の地面に横たわる。尻尾の先を顎の下にたくしこみ、目をすがめて、寝たふりをする。わたしはキャンプ用の椅子に座り、バンチグラスの硬い突端に座面の帆布を突き刺されつつ、本を開いて、読むふりをする。わたしたちのあいだにあるのは、二メートルの距離と、一本のひょろ長いワスレナグサだけ。だれか――クロトガリネズミとか、野ネズミとか、ラバーボア（小型のヘビ）とか――に見られていたかもしれないけれど、この世界にはわたしたちしかいないような気がした。

一三日目の三時半ごろ、四時にならないうちに、ほどよく暖かさを保つだけならそんなにいらないのでは、というくらいの服を着こんで外に出た。座っているあいだ、祈りの最中のようにぎゅっとあわせた両手を膝のあいだに押しこみ、両足で地面をぱたぱたと叩いていた。あのキツネを待ちながら、現れないでほしいと願っていた。

　周囲から切り離された山あいの谷の砂利道を三キロほどのぼったところ、最寄りの都市から一〇〇キロの彼方にあるわたしのコテージは、現役世代の女のひとり暮らしにふさわしい場ではない。わが家のある通りには名前がないので、うちには住所がない。この人里離れた場所で暮らしていると、まともな職に就くことはできない。携帯電話の基地局の届く範囲からは何キロも離れているから、ガラガラヘビに咬まれたり、岩の断崖をのぼっているときに足を滑らせたりしても、叫び声を聞いて助けに来てくれる人はいない。もちろん、そのおかげで、そもそも叫んだりする手間が省けるわけだが。

　この土地を買ったのは三年前のこと。そのときまで、谷の上のほうにある、所有者が「冬仕様」にした小屋を借りて暮らしていた。ここで言う「冬仕様」とは、ダウンパーカーを着てマクラク（毛皮でできた底のやわらかい長靴）を履いて寝なくても、夜中に凍傷で死んだりしないという意味だ。バックカントリー（国立公園などで、トレイルを歩かなければたどりつけない奥地）をハイキングする人たちのガイドやパートタイムの野外授業の講師をして稼いだお金では、それくらいの余裕しかなかった。大学に一年間の研究職を提示されたと言ったら、ここを離れるそのチャンスにとびついたのだろうとあなたは思うかもしれない。なにしろ、ここではシャワー室に入るときに氷柱をひょいとよけないといけないし、それはさておいても、博士課程修了後の研究列車に乗りこむことが、生物学者へといたる理にかなった次の一歩なのだから。でも、わたしはとびつかなかった。この土地を買うまで、大学にしばらく待ってもらった。そのあとでオファーを受け入れ、ここから二〇〇キロ離れた大学の寮の小さな一室を借りた。毎週末、吹雪のなか、凍結した道路を走って、車でここに戻ってきてはキャンプをした。小さめの巨礫の上に陣どり、カセットコンロのしゅうしゅうという息づかいや、テントのぴんと張った表面にバッタが頭からぴしゃりととびこむ音に耳を傾けていると、自分がこの土地の一部になったような気がした。それまで、自分をなにかの一部のように感じたことはいちどもなかった。大学の任期が終わってから、フルタイムでキャンプをしながら建設業者を手配し、土地を整備してこのコテージを建てた。

コテージの外、あのキツネを座って待っている場所から見る風景は美しかった。わたしの谷を損なう建造物はほとんどない。途切れない完璧な虹が出ることもめずらしくない。虹の両端は眼下でうねる野原に着地する。妖精レプラコーンが隠れられるほど緑豊かな場所ではないけれど、ガラガラヘビといっしょに暮らす見返りとしては悪くない交換条件だ。それでも、わたしの心は千々に乱れていた。完璧な二重の虹といえども、街でなら手に入るはずのものをわたしに与えてはくれなかった。それはなにかと言えば、人と交流し、文化に浸り、まともな仕事――責任ある職務をこなすのに忙しくて、キツネを巣穴まで追いまわすような時間なんてなくなる仕事――を見つけるチャンス。生物学の博士号を取得するために、わたしはたくさんの犠牲を払ってきた。廃屋に寝泊まりし、大学の床をモップがけした。それと引き換えに学んだのは、科学的手法こそが知識の基礎であり、野生のキツネには人間で言うところの性格などないということだった。

あのキツネ――〈キツネ〉がふらりと歩いてきたとき、どこからともなく聞こえてくる笛の音が、わたしのお気に入りのおとぎ話に出てくる笛吹き男の曲のような、人を幻惑するかすかなメロディを奏でていた。あなたも覚えているだろう。色あざやかな衣装に身を包んだ見知らぬ男が町に現れ、音楽で子どもたちをとりこにし、雪を頂く山々と湖のある地へ連れ去った物語を。〈キツネ〉がわたしのそばで丸くなって目をすがめたのを合図に、わたしは本を開いた。音楽はまだ鳴っている。ちがう、あれは笛吹き男なんかじゃない。あれはただの鳥――どこか遠くにいるツグミだ。

午前中のなかばからお気に入りの巨礫の影のなかで眠っていたキツネは、沈みゆく太陽の熱で目を覚ました。尻を空に、鼻を風上に向け、首を片方の前脚に沿わせてのばす。その脚は皮膚がむきだしで、生まれたてのネズミみたいだ。そこにあった毛は、本当に消えてなくなったわけではない。おかしなところへ行っただけ。尻尾のほうを振り返ると、自分の毛が風に吹かれて、たいらな背中のほうへ飛んでいくのが見えた。あとに残されたのは、むきだしだが温かい脚の前面の皮膚だ。

一匹のネズミがからからと音をたてながら、砂利の多い地面を動いている。その足どりは妊娠中の雌みたいに重く、おずおずとしている。ネズミがあと一歩のところまで近づいたとき、一陣の風が乾いた草をかさかさと鳴らし、ネズミのサウンドトラックを消し去る。なんだよ、もう！　まだキツネの一日ははじまったばかりだ。下のほうの〈ムラサキウマゴヤシの平地〉は風が吹いていない。そこでは、もつれあうネズミたちが低木の陰で転げまわり、ヤマウズラが藪のなかでせわしなく動いている。だが、彼の獲物ではない。あの平地は彼の母親のなわばりだ。立ち入りが許されるのは、つがいの雄と乳離れしたばかりの子ギツネたちだけ。とはいえ、母ギツネの許可のあるなしが彼の作戦を妨げることはめったにない。もう一歳になっている彼には、母の警戒心を試してみるだけのすばしっこさがある。それどころか、不意打ちの侵入作戦が予定表のいちばん上に来ることもしょっちゅうだ。

　いまのところ、彼は母親のなわばりを避け、あのぴかぴか光る青い屋根の家を訪ねるつもりでいる。その家は彼の巣穴よりも下、母親の巣穴よりも上の丘の斜面にちょこんと立っている。屋根は地面の上にじかに座っているみたいで、その北側と南側には、ヤマヨモギとビャクシンがあふれるように広がっている。実を言えば、その家の位置どりは彼の巣穴にそっくりだ。どちらのすみかも同じ山腹に潜りこみ、朝日と夕日をまともに受ける。どちらもきらきら光る曲がりくねった川に面し、冷たい北風からは隠されている。

　彼は丘の斜面を観察し、あの家までたどりつけそうなルートを調べる。干あがった水路はやかましい音がたつが、これは隠密作戦ではないし、そのルートなら全体として難所も少ない。水路の道をたどるためには、風の強い尾根を越えないといけない。風の前触れの巨大な雲が〈丸い丘〉とぶつかりそうになっている。彼は顎までの高さがある二本のひらたいサボテンのあいだで身をかがめ、とげが胸に刺さらないように息をほとんどとめる。雲の動きを見たいのなら、当然はらうべき代償だ。雲は丘に衝突したあと、ぱっと広がって流れ、いくつものかけらになる。作戦成功！

　干あがった水路には、あちらこちらで多年生の草が厚く密集している。その茎は、熟した種子をつけた穂の重みで曲がっている。魚の骨くらい長く細い種子が毛にからまり、皮膚を刺す。彼は小さなバラの茂みで足をとめ、バラのとげに体をこすりつけて毛づくろいする。身軽になったところで、ハタネズミをかっさらおうと低空飛行するタカよろしく体を左右に傾けながら、跳ねるような足どりで涸(か)れ谷をくだる。

サボテン、突風、魚の骨のような種子。どれも最上の生活環境とは言えない。〈ムラサキウマゴヤシの平地〉をすみかにするキツネたちはきっと、あの緑の野原でまどろみながら、どこかのうっかり者のネズミが丈の短いやわらかな草のなかをやみくもに横切り、そんな獲物には値しないイヌ科動物の牙に刺し貫かれに来てくれるのを、口を開けて待っているのだろう。それが最上の生活環境だ。たしかに、まぬけなネズミたちでいっぱいの狩場を支配することを生涯の唯一の目的としているタイプのキツネにとっては、そうかもしれない。

わたしはバックカントリー用の〈サーマレスト〉マットレスを帆布のカバーにつめこみ、キャンプチェアに改造した。原生地域(ウィルダネス)で過ごした何百もの夜にわたしに付き添ってきたそのマットレスは、引退して乗馬用の鞍(くら)をつけられた競争馬よろしく、飼いならされるのに抵抗した。どう放り投げても、これ以上ないほどひどい地面に着地してしまう。〈キツネ〉は小走りでコテージの影に入ってくると、体をくるりと丸め、じゅうたんのようにぺたりと身を伏せた。わたしたちのあいだには、二メートルの距離と、あの一本のワスレナグサしかない。彼がいつものたいらな指定席でじっと待つあいだ、わたしはといえば、やわらかくてとげが刺さらないのはいいけれど、バランスが不安定でゆらゆら揺れる椅子の上でじたばたともがいていた。「星の王子さま」と言いながら、ワックスコーティングされたペーパーバックを開いた。「作、アントワーヌ・ド・サン＝テグジュペリ」

長いあいだ、わたしの人生はスカンクの尻尾だった。クエスチョンマーク。ここを離れると心を決めたいま、問いかけは「どうすべきか」ではなく、「どうしてそうしないのか」に変わっていた。その答えは、これを言うのはきまりが悪いけれど、ここにいるキツネに関係していた。

わたしたち――そのキツネとわたし――は数か月の紆余曲折を経て、いまの心地よさにたどりついた。わざわざ正確なルートの地図を描きだしたりはしなかったけれど、地平線からは丸見えだ。そして、野生の開けた土地では、地平線を避けるのは難しい。

「王子さまはサン＝テクスにヒツジの絵を描いてと頼んだ。サン＝テクスがその願いを聞き入れたのは……たぶん、親切心なんじゃないかな、〈キツネ〉」。ひとつのパターンができあがっていた。本を読んで、〈キツネ〉に話しかけたら、黙ったまま彼をじっと見て、一五秒待つ。その一五秒の間は、彼の話す番、というつもりだ。

「どんなヒツジを描いても王子さまに気に入ってもらえなかったもんだから、サン＝テクスは箱の絵を描いて、そのなかにヒツジが入っているって説明したんだけど」。わたしは肩をすくめた。「それがうまくいった。箱のなかにいる、見えないヒツジ。ずっと、ねえ〈キツネ〉、箱に入ったまま」。次の一五秒は彼の番。

人間はあらゆる種類の動物を買い、檻に入れ、飼育許可をとり、鎖につなぐ。動物たちは王子さまのヒツジと同じように、箱のなかで生きる。だれであれその箱を持つ人は、閉じこめられた動物に自分の想像を押しつける。その人自身の分別と無分別しだいで、箱のなかの動物を人間化することも非人間化することもできる。

わたしはむきだしの片手で、ひとかたまりの乾いたウィートグラス（エゾムギ属の草）を引き抜いた。茎が裂け、手のひらに刺さった。〈キツネ〉は目を大きく開け、わたしが傷ついた手を振っているあいだ、まじまじと見ていた。もうすでに、いつも彼が座って過ごす平均時間、一八分になろうとしている。彼は頭をうしろに傾けて大きなあくびをして、舌を突きだした。そのゴムのようなピンク色は、昔ながらの消しゴムを思わせた。

あなたなら、アヒルがガアガア鳴いているときに、一八分もじっと集中して耳を傾けていられる？　ウシがモウモウ言っているときは？　イヌが吠えているときは？　その気持ちはおたがいさまだ。わたしたち動物は、自分の属する種の音声信号をはっきり識別し、別の種のたてる音をバックグラウンドノイズに格下げする。たいていは、彼らには「ブラーブラーブラー」と聞こえるし、わたしたちには「クワックワックワッ」と聞こえる。

たいていは。わたしはこのキツネに出会う前から、アカギツネは例外なのではないかと疑っていた。ロシアの科学者ドミトリ・ベリャーエフ博士を中心とする研究チームは、五〇年を費やしてアカギツネを手なずけ、人間の声による命令に反応するようにした。その実験は、キツネがイヌと同じように、人間の発する個々の音声を区別できることを示唆している。つまり、キツネはズズとかムムとかシイィの違いを聞きわけられるということだ。ベリャーエフが正しいのなら、〈キツネ〉は言葉を聞きとれるけれど、意味はわからないということになる。オペラを聴いているときのわたしと同じ。

箱に入っていないキツネとわたしがまだ本を読んでいたときに、固定電話が割って入った。無視しようとしたけれど、うちに留守番電話機はないし、電話の向こうの人はかぎりなく我慢づよかった。

一〇回ちょっとの呼びだし音を聞いたあと、なかへ入って、一階の電話の受話器をとった。〈キツネ〉から目を離さずにいられるように、ドアは開けたままにした。電話の主はジェンナだった。彼女はわたしが地元の大学で担当している成人教育プログラムの監督者で、次回の野生生物クラスの詳細を確認したいらしい。およそ五〇キロ離れた場所でするその仕事のおかげで、わたしは一年に一〇週間ほど職にありつける。でも、このキツネのことはどうしよう？　これまで、わたしのほうから彼に背を向けたことはいちどもなかった。わたしたちがいっしょに過ごす時間は、いつも彼の選択で終わっていた。先に離れるのは彼のほう――それがわたしたちの習慣だ。それなのに、彼はまだそこに座っている。七メートル向こう、目をあわせられる範囲の外、どんな文化の尺度で見ても「客」の圏外で、あの青いワスレナグサを足で前方に引っぱり、鼻を前後に動かして囚（とら）われの茎にこすりつけている。

　置き去りにしたのではないという雰囲気を出すために、わたしはドアのほうへ歩み寄ると、受話器を肩にかけてジェンナに聞こえないようにしつつ、すぐにすむから待っていてと〈キツネ〉に声をかけた。受話器を耳に戻すと、だれと話しているのかとジェンナが質問していた。

「だれとも。ここにはわたししかいないし。今度の受講生は何人くらい？」〈キツネ〉はぐったりしてきた花を解放し、地面を見わたして威嚇できそうな昆虫を探している。

「言わなかったっけ？　三二人。じゃあ、ペットがいるんだ」

「いない。わたしひとり。ほら、わたし、こっそりひとりごとを言うから」。〈キツネ〉はうしろを振り返り、自分のお尻のほうでもっとおもしろいことが起きていないかとたしかめている。

「知ってる？　あなたがひとりごとを言うときって、全然こっそりじゃないって」

電話が終わるころには、〈キツネ〉は「ネズミ狩り」をしていた。わたしの言う「ネズミ」狩りは、ハツカネズミとハタネズミの両方を指す。このふたつはまったく別の種だが、こちらにとって都合のいい距離からだと見わけがつかない。狩りの才能に恵まれた〈キツネ〉は、自分で捕まえたものを残さず食べきれない。だから、獲物をあたり一面に散らかす。わたしのキャンプチェアのまわりも忘れない徹底ぶりだ。〈キツネ〉が常連客に落ちついた一週間後、わたしは小石の壁を築き、わたしが座る場所のまわりにネズミ禁止区域（マウス・フリー・ゾーン）（ＭＦＺ）を設けた。わたしとしては、このＭＦＺは、ずたずたになって完全に死んだ悪臭を放つネズミの埋葬と——そしてこちらのほうが重要だけれど——（少なくともわたしがいるときには）その発掘を禁じる区域のつもりだった。

〈キツネ〉の考えは違っていた。彼がＭＦＺ内に死骸を埋めたとき、わたしはごくごく小さな小石の壁を指さし、ミイラ化した齧歯類（げっしるい）は僥倖（ぎょうこう）ではないと説明した。そのあとで、僥倖の意味を解説した。わたしが言っているのは楽しいことではないと感じとった彼は、そのすべてを「ブラーブラーブラー」と翻訳した。小さな壁は〈キツネ〉の行動を変えることはできなかったけれど、いちどだけ、キツネをかくまっている気まずさを和らげてくれる機会があった。

「そこの敷地内の道で、齧歯類が腐って、ひどいにおいがしてるよ」。ＵＰＳのドライバーが、毎月届く事務用品を手渡しながらそう言った。

「またネズミ？　まったくもう。なにかの動物が……」。わたしは首を振り、こっちに向かってくるりと反り返った自分の裸足（はだし）のつま先を見おろした。「しばらく前から、よくあって」。わたしはまっすぐドライバーを見た。「たぶん……ええと……スカンク？」

「いや、ちがう、キツネだよ。キツネ以外にいない」

田舎暮らしの人間の例に漏れず、わたしはやりくり上手だ。このあたりにはゴミ収集サービスも除雪サービスもない。郡保安官は五〇キロ先に住んでいる。わたしたちはみんな、自分の家、芝生、道の面倒を自分で見ている。でも、郵便は配達しない。それは連邦政府も同じ。わたしたちの離ればなれぶりが郵便ポストを非実用的にしているのだろう。UPSのドライバーが地面を蹴ると、乾いた土の煙がぶわっと立ちのぼり、彼のコードバンの革靴を包んだ。「そこらじゅう穴だらけにして、臭くする。おれだったら絶対に、キツネを自分の土地に出入りさせたりはしないよ」

彼が頭を振り終えるのを待たずに、わたしは小石の壁を指さした。「出入りなんて、させてません。彼を。それを。なんにしても、出入りさせたりは、してないから」


次の日、〈キツネ〉の四時一五分の登場を待っているあいだ、わたしは来る節目について思いをめぐらせていた。いっしょに本を読んで過ごすのは、これで一五日連続――キツネ時間で言えば六か月だ。彼よりも前に、たくさんのキツネが訪ねてきた。うちの裏口から歩いて一分のところで生まれたキツネもいる。どのキツネもこそこそした態度を変えなかった。あらゆる予想に反して、そして数か月をかけて、〈キツネ〉とわたしは種々雑多ででたらめな一連のできごとを慎重に乗り越え、関係を築いてきた。わたしたちは祝う価値のあるなにかに到達した。でも、どうやって祝えばいい？

彼から逃げよう。そう決めた。

わたしは赤い缶からコーヒーの粉を沸騰した湯に入れ、カウボーイコーヒーができるのを待ちながら、どうやってあのキツネから距離を置こうかと考えた。もしかしたら、もう来ないかもしれない。わたしは冷蔵庫のドアを開けた。「わたし、偶然の一致を約束ごとと取り違えてる?」

冷蔵庫のなかに答えはなく、ついでに食料もほとんどなかった。でも、それがひとつのアイデアをくれた。わたしは四時一五分のずっとあとまで忙しく過ごせるだけの買いもののリストと雑用をひねりだして、家を出た。小さな町のスーパーマーケットは、谷を五〇キロほどくだったところにある。道中、青い南の空を背にして車を走らせることになる。前方では、裾を黒く染めた白い顔の雲たちが、東の山脈に向かって追いかけっこをしている。眼下のくるくる動く影のなかでは、アンガス種のウシ、身ごもった雌ヒツジ、暴れん坊のウマが共謀し、通りすぎる一キロ一キロをその前の一キロと区別のつかないものにする。いつもなら、蛇行する川の湾曲部を数えて自分の現在位置を追い、雲の変化を見て時間を測り、イヌワシの目撃回数で幸運のほどを判断する（最高記録は七回で、四回なら日誌の一項目になる）。今日はちがう。

四時一五分にどこでも好きな場所にいられる身分になったわたしは、水銀のようなむらっ気の癖を取り戻し、ワシを数えるには速すぎるスピードで車を走らせていた。大きな穴やほかの車が視界にまったくない、まっすぐな開けた道路を想像してほしい。わたしはギアを5速に入れ、センターラインをまたいで土砂採取場のほうに傾いた車体を修正し、時速一五〇キロ以上に加速した。さっきの比喩はさておき、わたしはたしかに水銀だ。せっかちな銀（クィックシルバー）、Hg、ヒュドラルギュルム、辰砂（しんしゃ）鉱石。寄り集まるのに抵抗し、一定の形をとることができない。ハンドルがそのとおりだとばかりに振動した。

キツネとつきあう特権は、わたしがそれまでに払ってきた以上の犠牲をともなう。その前週、食料雑貨の買いだしで町に出たとき、衝動的にジムに立ち寄った。ウェイトリフティングをしていたのはビルひとりだった。国立公園局の仕事でいっしょにはたらいたことのある科学者だ。わたしは話のついでに、キツネがうちを訪ねてきている「かもしれない」とちらりと漏らした。「きみが擬人化していないかぎりは、そうかもね」とビルは答えた。その端的な答えとウィンクひとつにひどく恥ずかしい気持ちになって、わたしはこそこそと逃げだした。擬人化とは、動物を人間化する許されざる行為だ。人間しか持っていないはずの性格を動物が持っていると想像し、キツネを自分の社交サークルに迎え入れるような行為。自分の飼っている動物――ウマとか、タカとか、リードをつけたスカンクでもいい――を人間化した人なら非難されずにすむかもしれない。けれど、自然史を教えているわたしのような人間にとって、野生動物の擬人化は、感傷的でひどく野暮ったい行為だ。

たいした想像力がなくても、この社会が人間と箱に入っていない野生動物とを隔てる谷をぐいぐい掘ってきたことはわかるだろう。そしてその谷は、渡る危険を冒すほどむこうみずでない者にすれば、あまりに広くて深い。擬人化の罪を糾弾される。それは、不評を買うという点にかけては、クリストファー・ロビンの半ズボンとたるんだ白い靴下というでたちで大学の講義に現れるのと大差ない。相手にしてくれるのは、くまのプーさんくらいのものだ。

どうして、わざわざそんな屈辱を受けようとする？　谷の自分のいるべき側にとどまっているほうがいい。かくいうわたしは、よじのぼっては渡り、また抜けだすのを何度も繰り返して、へとへとになっていた。ときには、のぼってくだるというよりは、むしろ落っこちたこともある。わたしは〈キツネ〉の個性をでっちあげているのだろうか？　わたしの擬人化の概念は、彼と時間を過ごすうちに刻々と変わっていった。この段階、関係のはじめの時点では、好奇心に負けていた、というのがだいたいのところだった。

わたしは硬くて白いマッシュルームふたつを片手でつかみ、例のするする滑るビニール袋にもう片方の手をのばした。むきだしの手首の内側で〈タイメックス〉の文字盤が点滅した。午後四時一五分まであと四五分。キツネ！　投げ捨てたいと思っていたキツネとの逢い引きが、突如として、往復一〇〇キロの旅で買いに来たマッシュルームよりも重大事に思えてきた。わたしはビニール袋を何度か振ったけれど、頑として口を開けようとしなかったので、マッシュルームをオレンジの棚のなかに投げ戻し、いっぱいになったカートを押してレジへ向かった。二車線道路沿いに並ぶオジロジカの難所をすり抜けて帰宅する所要時間を計算していたら、いつのまにか、だれも並んでいない特急（エクスプレス）レーンについていた。わたしのうしろにカウボーイが並んだ。レジ係はわたしのカートを見て、眉を上げてほほえんだけれど、なにも言わなかった。ほしいものは全部見つかりましたか、と訊（き）かれるはずの場面だ。彼女にすれば、八まで数をかぞえられますか、と訊きたかったのだろう。

「ええ、どうも」とわたしは訊かれてもいない質問に答えた。「最後の最後でマッシュルームをあきらめたのは心残りだけど」

レジ係の上がっていた眉が落ちた。目がくるりとまわる。

わたしは尻ポケットから財布を引き抜いた。「マッシュルームは残念でした」と言いながら、弾くようにお金を出した。それからカウボーイのほうを振り返り、彼の年齢が一一〇歳くらいだと気づいた。

「あら。バナナ一房だけ」。わたしは彼のカートの上に身をかがめ、なかを覗きこんだ。なにもない。バナナだけ。「それなら、カートもいらないんじゃない？」

「支えになるものがいるんでね」と彼は言った。「待っているあいだに」

しばしのあいだ、わたしはそのコメントについて考えをめぐらせた。なにか隠れたメッセージがあるのだろうか。合図はカウボーイの言葉ではなく、こちらを凝視する冷酷な目つきのなかにあった。彼は謝罪を期待していたのだ。帰路を半分ほど進んだところで、彼がいらだっていたのは、わたしがまちがった会計レーンにいたからだと思いいたった。社交上の合図を見落としてしまうのは、本当にいやなものだ。いまさらわかってもどうにもならない合図に気づくたびに、そのほかにもいくつか頭のすぐ上を飛び去っていったのではないかと心配になる。

でもそんなことより、あのキツネが訪ねてきたときに家にいられないほうが心配だった。彼は招かれていない客で、待たせておくことはできない。招かれずに来た客は、招かれた客とはまったく違う。招かれているのなら、その身分のおかげで（わたしが思うに）ホストのちょっとした遅刻を大目に見てもいいという気になるだろう。招かれて来た客は「やあやあ！」と声をかけ、呼びかけた相手が家にいるかどうかなんてたしかめるまでもなく、勝手にあがりこむ。ぶらぶらと冷蔵庫に近寄り、飲みものをちょうだいする。でも、招かれずに来た客は繊細だ。そのあいまいな立場につきものの心地悪さをできるだけ小さくするために、間髪いれずに出迎えなければいけない。いちばん厄介なのは、招かれてはいないけれど、自分の来訪が予期されていると知っている客だ。

　あと四〇分で帰宅できなければ、受けて当然のもてなしを期待して小走りでわたしのコテージに来たアカギツネは、土を引っかき、空気のにおいを嗅ぎ、なにかに没頭しているふりをして、わずかばかりの忍耐と謙虚さのたくわえを使い果たしてしまう。そうしたら、ひどく機嫌を損ねて姿を消してしまうだろう。五本一房のバナナの入ったカートに支えられた一一〇歳のカウボーイにそう説明することはできないけれど、でも事実だった。

　ドライブウェイを進みながら、谷の向こうの丸っこい丘に目を走らせた。北に小粋に傾く切り立った崖が、優雅なピルボックス帽よろしく丘のてっぺんに載っている。崖のなかほど、陰になった襞(ひだ)にたくしこまれた岩棚で、一羽のイヌワシが巣から飛びたった。わたしはコテージの二階に駆けあがり、窓台にもたれてキツネを探した。彼の尻尾の先がウィートグラスの上から顔を出したとき、20口径銃の先にいるライチョウを追うように、双眼鏡で彼を追った。リーディングと呼ばれる狩猟の伝統的な技術では、動物のスピードと方向を予測し、銃身、照準器、スコープがつねに動く標的のすぐ前に来るようにしなければならない。〈キツネ〉は追いやすい標的(リード)だった。尻尾が斜面の延長線上で厚かましくひょこひょこと揺れている。わたしの書いた大学の教科書が断言しているところによれば、野生動物は本能的に天敵を避けるはずだ。たぶんそれは、キツネ全般にはあてはまるのかもしれない。けれど、この特定のキツネはイヌワシを避けていない。弾むような足どりで、「ウィリアム・テル序曲」の旋律にのって丘をくだっていた。

イヌワシが巣から飛びたったとき、三〇メートル下で小さな雄ギツネが谷をくだっていた。キツネが青い屋根の家に着いたちょうどそのとき、ガレージの扉ががらがらと閉まり、キツネはぱっと身をひるがえして、川へと続く唯一の開けた道を走りはじめる。細い支流と隣りあう、ハコヤナギに縁どられた土の道だ。支流の片側には、キジの首のように緑色で整ったムラサキウマゴヤシの野原が広がる。反対側には、キジの尾のようにまだらでごちゃごちゃした乾いた小山が迫っている。

川を渡った先では、野原がはねあがって丘になり、丘が上昇して森になり、森が険しい崖を滑り落ち、崖が雪をかぶった山頂の下にたくしこまれる。その山頂の向こうには、幾重にもかさなる山脈が果てしなくのびている。山脈がどこで終わるのか、そもそも終わるのかどうかも、イヌワシには知りようがない。川岸に沿って密集する葉のないヤナギのなかにキツネが消えるのを見届けたあと、イヌワシは川の上流へ向かう。その近くの野原には、生まれたばかりの子ヒツジが散らばっているはずだ。

キツネは前足が川に浸かるところまで低木の下を忍び歩く。顔を出したばかりの砂の島が陽光を浴びてきらきらと輝いているのをしげしげと見る。彼は泳げるが、やめておく。いずれにしても、ほぼ最高水位の川は泥まじりでゆるやかに渦を巻き、前年の秋にできた網状流路、砂嘴、砂利の浅瀬を溺れさせている。ムースでさえ、渡ろうとはしないだろう。それに今日は？　今日は、あのヒトが待っているかもしれない。

そのあと、イヌワシは二匹の動物があの青い屋根の家の外にいるのを目にする。ヤマヨモギの丘に向かって西へ進むキツネと、川に向かって東へ進むヒト。獲物を探して高度を下げたイヌワシは、その二匹がばらばらの方向に動いているのではないと判断する。あれは——あの二匹の動物は——たがいをめざして歩いているのだ。

『星の王子さま』とアイスティーをキャンプチェアの隣に残して、〈キツネ〉を探しに出た。わたしが見つけたとき、彼は川から小走りで戻ってくるところだった。彼のたどっている踏みわけ道は、わたしのコテージの下でくるりと向きを変える。そのまま道をたどっていけばわたしを完全に避けられるし、道を外れて丘をのぼれば逢い引きの場所でわたしに会える。わたしはまっすぐ彼に向かって歩いていった。スカンクの掘った穴や塚につまずき、泥に埋まったメロン大の石につま先をぶつけ、腿までの高さがある豆の藪を苦労してかきわける。クローバーの蔓が、けばだらけの靴紐に噛みついた。九メートルくらいまで近づくと、彼は足をとめ、わたしをじっと見た。わたしが障害物を突っ切るかわりにその周囲をうろうろしたり、さえずるマキバドリに視線を向けたり、かがんで雑草を抜いたりしていたら、彼を待っていたとは伝わらなかっただろう。草地の端に立ったわたしは、両腕を胸に巻きつけてカエルのようにしゃがみ、胴を膝のあいだに沈めた。待ちかまえるわたしを見た彼は、ワスレナグサの隣のいつもの場所へ向かった。わたしもそれに続いた。

前の日に中断したところから、本の続きを音読した。二段落を読んだあと、開いた本を掲げ、プロングホーンの子と同じくらい金色でつんつんした髪を持つ王子さまを彼に見せた。読むのを要約に切り替えて、話を続ける。「王子さまは小惑星に住んでいた——小惑星っていうのは、小さな星のこと。その星には一輪の花がある——バラ。彼女は見栄っぱりで、花びらは……」。わたしは離陸するボーイング737みたいに片手をひらひらさせた（単なる強調の合図だ）。「ぴんとしていた。顔のしわとりをしたみたいに。絶対にしわくちゃにならない。うん、わかるよ、〈キツネ〉」。わたしはうなずいてみせた。「でも、王子さまはそのバラを愛していた」。喉頭炎になりやすいわたしの喉が、熱く乾いた風にぎゅっと締まった。

　人に育てられるバラの例に漏れず、王子さまのバラもすごく手がかかる。「この彼女も、水で膨らんで」——わたしは想像上のビーチボールを持ちあげた——「もっと水をくんできてと王子さまに頼んだ……せがんだ、かな」。想像上のビーチボールを〈キツネ〉の頭の向こうに放り投げ、わたしの隣で汗をかいているアイスティーに手をのばした。〈キツネ〉の目がグラスを追う。彼が驚いたようにぴくりと身じろいだので、わたしはアイスティーを飲まずに置いた。「王子さまは彼女のとげを磨いた。それもひとえに、虚栄心を満たしてあげるため」

〈キツネ〉はまばたきをして、合間合間にこちらをじっと見た。わたしは彼から目をそらさずに咳（せき）をして、心のなかで一五まで数えてから——途中に山ほどの間（ま）を挟みつつ——また咳をした。「なにを考えているのか、わかるよ、〈キツネ〉。バラは王子さまを愛してなんかいない。王子さまは時間をムダにしてるよね」

〈キツネ〉は身を起こして首をかしげ、イヌ科動物の好奇心旺盛さを表す伝統的なポーズをとった。

それに励まされて、わたしは要約を続けた。一本だけのワスレナグサを指さしながら、バラはワスレナグサと同じく植物なのだと説明した。小さな固着性の独立栄養生物。寿命が短く、感情面の能力もかぎられている。

「そう考えると、バラは本当に恋をしていたのかなんて問うまでもないよね、〈キツネ〉」

　わたしは間をとり、数をかぞえた。最後のコメントを生意気と感じたそぶりを彼が見せなかったので、あらすじの要約を続けた。「王子さまは星を離れて、宇宙のあちこちを旅してまわって、最後に地球にたどりつく。そして、サハラ砂漠をさまよう」。わたしは〈キツネ〉に、こんなふうに説明した。王子さまは架空のサン＝テグジュペリと偶然めぐりあう。そのサン＝テグジュペリは、壊れた飛行機と別れた女性との関係を修復しようともがいている。「その女の人は、バラと同じで、甘やかされた見栄っぱりだった」

　わたしが〈キツネ〉に読み聞かせていた当時、五〇〇〇万部の『星の王子さま』が流通し、一六〇の言語で読むことができた。航空分野の開拓者でもあった作者のアントワーヌ・ド・サン＝テグジュペリは国際的なベストセラー小説『夜間飛行』でフェミナ賞を受賞し、みずからの体験を綴った『人間の土地』はナショナルジオグラフィック協会に世界で三番目にすぐれた冒険本と評された。サン＝テクスの全盛期——一九三〇年代と四〇年代——には、世界中の裕福で文化的なエリートが彼のために歓迎の玄関マットを広げていた。

　それなのに、彼は自分を歓迎しない場所のほうを好んだ。たとえば、サハラ砂漠。サン＝テクスは文明社会がなくてもやっていける人で、文明社会との関係は生涯をつうじて散発的だった。世界屈指の洗練された人たちとお近づきになれるにもかかわらず、バオバブの木やバラやキツネや神に話しかけるほうが好きだったのだ。

つまり、ひとりごとを言っていたということ？

ちがう。バオバブの木やバラやキツネや神に話しかけていた、ということだ。ひとりごとも言っていただろうけど。彼が親しくつきあっていたのは、風変わりな見た目——ひん曲がった髪型、しおれた葉、しわくちゃのズボン、ネズミの尻尾がくっついた上唇——を恥じたり意識したりしない人間、植物、野生動物たちだった。社会的な見かけには頓着しなかった。想像力豊かな、魔法のひらめきを持つ人に囲まれているのを好んだ——たとえば、子どもとか。だから、自分の書いた本のなかで、気のあうなかまになりそうな人に子どもの描いた絵を見せる実験をした。ある獣をありのままに描いたその絵を見せて、なにが描かれているかと質問する。すると、だれもがすぐに、そして自信満々に、帽子と答えるのだ。

その「帽子」は、実はゾウを消化している大蛇ボアだった。その絵を正しく理解したのは、王子さまだけ。しかも、彼は地球外生命体だ。別の言いかたをすれば、サン＝テクス——フランスの戦争の英雄で、おそれ知らずのサハラ探検家——には、想像上の友だちがいたということだ。

一九三五年、サン＝テクスの乗った軽飛行機がサハラ砂漠に墜落した。操縦席から無事に脱出した彼は、歩くことこそできたものの、通信の手段も食料も水もなく、本人いわく「砂の囚人」になった。死が迫ってきたときに彼をとりこにしたのは、動物たちの生存戦略の観察だった。キツネの残した痕跡から、彼らの活動——狩りをするとき、食べるとき、つがうとき——を読み解くのだ。やがて、サン＝テクスはキツネの巣穴を見つける。キツネを殺して血を飲めば、命が助かるかもしれない。でも、そうしなかった。そのかわりに、死にかけながらキツネたちの友情に感謝した。

結局、遊牧民に助けだされたサン＝テクスは砂漠を生き延びたが、第二次世界大戦を生き延びることはできなかった。彼の乗ったロッキードP-38ライトニング偵察機は、一九四四年に地中海に墜落した。


狩りのあと、〈キツネ〉は体をのばして一本の細長い線と化し、砂利のドライブウェイで腹ばいになった。肩と両の前脚をお尻のほうにのばし、肉球を上に向けている。彼の毛皮を走る灰色の十字――一本の線は背中に沿って、もう一本は肩の端から端まで――を風がなめ、まだら模様に変えている。彼が日向ぼっこを終えると、わたしたちは彼の巣穴まで歩いた。よく使いこまれたルートがあるにもかかわらず、〈キツネ〉は太陽が正面に来るのを避けようと、でたらめな道を進んだ。わたしがさよならを告げたとき、彼はもう巣穴のなかにいた。イエローストーンで野生生物のクラスを教えるから留守にする、十四夜（フォートナイト）の半分で戻るから、とわたしは彼に伝えた。

次の日、わたしはしゃがれ声で授業に出た。「来客に大声で話していたから」と受講生たちに説明した。さいわい、来客が言葉を返したかと訊く人はいなかった。というのも、ひと腹のなかでいちばん小さな子だった〈キツネ〉は、生まれつき声が出せないからだ。口を開けても、死にかけたアヒルの最後のあえぎのような、クワァというかすかな音しか出てこない。

もともとはリゾート地としてつくられているこの野外キャンパスは、半円形に並ぶ丸太小屋（ログキャビン）で構成されている。ニス塗装の施されたぴかぴかのキャビンは二棟ずつがぴったり寄り添い、それぞれを刈りたての芝生が取り囲んでいる。おそろしく天井が高くて、四方に窓のあるロッジが、講堂兼食堂の役目を果たす。芝生を川から隔てる丸石の敷かれた川べりでは、茎を紅玉髄色に染めたコヨーテウィローがごくごくかすかなそよ風に揺れている。キャビンの外には、木造の長いテラス。内には、荒仕上げのパイン材の家具、野生生物柄の室内装飾、テレビ、そして自分の自然史の知識を広げたい三二人の受講生。

夕食後、スライドを見せながら、野生生物の話をした。まずは、キャビンからでも見える三つの種から。プロングホーン、エルク（アメリカアカシカ）、そしてバイソン。最初にしたのは、こんな話だ。プロングホーンのハーレムが寄り集まって穏やかに草を食んでいると、雌の一頭が稲妻のような速さで自由を求めて走りだす。群れを支配する雄は脱走者を追い、まわりこんで行く手を塞ぎ、ハーレムへ連れ戻す。ほとんど間髪いれずに、第二の雌がまだ見ぬ世界に向かって突進する。雄は一頭目と同じように対処する。第二の脱走者が食事を再開するや否や、三頭目の雌が脱走する。ここで、カメラに向かってぜいぜいと息を切らす雄のスライドを見せる。彼の表情を「すっかり激怒」と解釈してみせると、押し殺した笑い声が聞こえた。わたしは間を置かずにエルクの話に移った。

頭を高く上げた雌の一団が、たがいに尻をあわせて座っている。山腹の上のほうから撮影された彼女たちは、馬車の車輪のスポークのようだ。雪深い別の山腹では、二頭の雄が尾をあわせて座っている。二頭が首をぐるりとめぐらせれば、オオカミの密集地帯を三六〇度警戒できる。次のスライドは、オオカミの足跡に囲まれた血まみれの雄の死骸。「雄は雌よりもオオカミにやられやすいんです。というか、オオカミがまわりにいなくても、雄は雌ほど長生きしません。どうしてでしょう？」受講生たちが身じろぐ。わたしは首を横に振る。「やめて。そのジョークを試してみようなんて思わないように。さんざん聞かされてきたから。どうして男は妻より先に死ぬのか？」ひと息おいてから、使い古されたオチを明かす。「そうしたいから」。エルクの雌が雄よりも長生きするのは、哺乳類だからだとわたしは説明した。哺乳類では、子育ての責任を負う性別のほうが長く生きる。わたしは二頭の雄の話に戻った。次のスライドでは、そのうちの一頭がみずからの責任から逃れている。オオカミを見張るかわりに、頭を雪に突っこんで眠りこけているのだ。「雄が従事する活動は――」とわたしは話す。「進化的には、安定していません」。受講生たちがその説明に笑い声をあげた。わたしが人間のことを話していると思ったからだ。明日、ノーヘルメットでバイクに乗った男が黄色の二重実線をまたぎ、先の見通せないカーブでRV車を追い抜き、愛車のカワサキを高さ一〇〇メートル近い断崖すれすれに走らせる姿を目撃したら、いっせいに息をのんだような音に続いて、「進化的には、安定していません」と繰り返す合唱を聞かされるのだろう。

このシリーズの最後を締めくくるバイソンの話は、薄い氷の張った池のまわりを歩く小さな群れからはじまる。一頭のおとなの雌が氷を踏み抜き、凍てつく水に沈む。彼女は自力で浮かびあがり、犬かきで泳いで落下地点までたどりつくと、両の前脚を雪の積もった穴の縁に据え、黒いニシキヘビさながらに背骨をひねり、懸命に体を縁まで引きあげようとする。あと少しというところで、大きく息を吐き、うしろにずり落ちる。滑りやすい穴の縁には、別のおとなの雌が歩哨（ほしょう）のように立ち、溺れた雌がついに沈むまで、三時間ずっと見守りつづける。この歩哨の雌は、忠実なのか愚かなのか。わたしは受講生たちにそう尋ねた。

わたしはいつも、受講生がもぞもぞと走り書きをするあいだに講釈し、身をかがめてひそひそと話していたらあれこれと指さし、咳やくしゃみをしているときには間をとった。質問をしたあとは、そのたびに一五まで数える。そうした散発的な講義を除けば、生活のほとんどをつうじて、話をするとしたらひとりごとか、でなければまったくなにも話さない。

対話——グループでの会話は言うまでもなく——が苦手なわたしは、講堂を満たす即興的なノイズを遮断する。そのかわりに、周囲の物音の内在的なリズムに耳を傾ける。ゆっくりとした一定のペースで話す自分の声、ときおり挟む質問、それに答える早口でぎくしゃくとした発言。バイソンの歩哨にかんする質問にはだれも答えなかったけれど、いずれにしてもその話はうまくいったと思うことにした。十四夜、みたいな言葉を使った覚えもないし。

「アカペラ歌手なのに——」。帰宅したあと、〈キツネ〉にそう話した。「ジャズバンドのなかに閉じこめられているみたいだった」

講義のあと、キャビンまでいっしょに歩いていたひとりの受講生に、ペットについて質問された。わたしの育った家にペットはいなかった。大学を出てからは、ペットを飼うには転々としすぎていたし、ずっとこの手の仕事をしていたので、毎月たくさんの夜を違うベッドで眠っていた。そして、〈キツネ〉と時間を過ごすいまとなっては、自分がなにかの動物を所有しようという気になるなんてとうてい思えなかった。

「ペットはいません」と言って首を横に振ったものの、しばらくしてから、このままでは変人だと思われそうだから、ちゃんと説明しなければいけないと気づいた。「いまはね」。わたしのキャビンのドアの前で足をとめたときに、そうつけたした。

「ペットがいないなんて、へんですね」

頑固なドアの鍵をあれこれいじっていたせいで、目をあわせられなかった。「そう？　へん？」

「動物のスライドが何枚かあって……」と彼女は言いながら、暗がりにある自分のキャビンへ向かおうと踵を返した。「きっと、あのちっちゃい子を〝キツネちゃん〟って呼んでるんだろうと思ったんですけど」

キツネちゃん？　まるでペットみたいではないか。キツネとあてもなく過ごすことが、テリアをタータンチェックの服で着飾らせたり、オウムにクラッカーのせがみかたを教えたりするのと同等だと言わんばかりだ。

スライドショーのあいだ、わたしはあのキツネのスライドを、どこかの通りすがりの典型的な野生動物を写したもの、という体で扱っていたと思う。彼と関係を持っているとほのめかすようなことは、いっさいしなかった。彼女はどうしてわかったのだろう？　いったいどうして、二時間のスライドショーを座って見ていただけで、ずらりと並んだラインナップのなかから、ほかとは違う一匹の動物を選びだせたのか？　〈キツネ〉のスライドは二枚しかなかった。角度も近さも、スクリーン上に登場したほかの動物たちと変わらない。ただ〈キツネ〉は、ほかの動物たちと違ってモデル然としていて、わたしがオオカミとキツネとコヨーテの力関係を説明しているあいだ、ずっとスクリーンを飾っていた。謎めいた表情を浮かべるスライドのなかの〈キツネ〉は、ダ・ヴィンチの絵の有名な女性にどことなく似ていた。わたしにはひょうきん者に見えても、受講生にはきっと控えめな野生動物に見えるだろう。そんなふうに、わたしは期待していた。あの有名なモデルと同じように、〈キツネ〉は山と丘と川の前で、アーティストに対して四分の三の角度でポーズをとっていた。でもどうやら、わたしが撮った彼の写真は、謎でもなんでもなかったようだ。野生動物でもモナ・リザでもなく、ペットと呼ばれてしまったのだから。

それはひとえに、わたしがかのレオナルドではないからだ。そう自分に言い聞かせた。

朝食の席で、わたしはジェンナとたがいの近況を伝えあい、段どりを確認した。ハイキングの距離、バスのスケジュール、いまにも降りだしそうな雨、普通の人は長々と時間を費やしてキツネに話しかけるのかどうか。でも、わたしのキツネのことは話さなかった。その日わたしたちをイエローストーン国立公園へ運んでくれるバスが到着したとき、ジェンナとわたしはまだシリアルを食べ終わってもいなかった。

「キツネに話しかけるっていうのは――」ジェンナはそう言いながら、クーラーボックスに入ったサンドイッチの袋に受講生たちの名前を殴り書きした。「あまり普通の人がすることではないかな」。普通の人のまねをするつもりなんてなかったけれど、それでも普通の人たちがなにを考えているかは知りたかった。

バスのなかで、あのキツネのこと、彼を写したスライドのこと、そして「キツネちゃん」のコメントのことを少しだけジェンナに話した。〈キツネ〉との関係をクラスで説明したらどうかとジェンナは提案した。なんてひどいアイデア。「だれも気づいていないかもしれないし」とわたしは言った。

「もしかしたら、あの彼女は第六感の持ち主なのかも」

「まさか」

　れっきとしたおとなは、ましてや訓練を受けた科学者は、行く先々で野生のキツネを個性があるかのように扱ってまわったりはしない。それを理解するだけの社会的知性は、わたしにもかろうじてあった。わたしはジェンナに『星の王子さま』の著者のこと、彼が描いた大蛇ボアの絵のことを思いだしてもらった。人にはけっしてわからないことがある、という彼の結論を。わたしと野生のキツネとの関係みたいに。

「でも、それがあなたの仕事でしょう。人に話すこと。説明することが」

「絶対に理解しない人になにかを説明すると、くたくたになる。サン＝テグジュペリはそう言ってた。だから、単純に人間を無視した」

「それって、孤独な生きかただと思わない？」

「彼は孤独なんかじゃなかった。彼にはあの、星の——」

「言いたいことはわかる」とジェンナは遮った。「でも、あなたは？　想像上の友だちなら、もうじゅうぶんすぎるほどいるんじゃない？」

　その日の夜、キャビンに戻ったわたしは、大きな肘かけ椅子の向きをテレビからガラスの引き戸のほうに変えた。〈キツネ〉との関係を秘密のままにしておくことはできない。それはわかっていた。秘密主義の人が手に入れられない唯一のもの、それは秘密だ。人間というものは、なにも隠していないと知っている相手なら放っておく。もうひとつ、わたしにわかっているのは、〈キツネ〉との関係をどう説明すればいいのか、さっぱり見当がつかないということだった。

　メモ帳とどっしりした七ドルのペンを手にとり、椅子の横から両脚をだらりとたらしつつ、わたしたちの関係をどう説明すればいいのかと自問してみた。まずは最初から。〈キツネ〉とわたしがいちばん最初に、たがいの道を横切る通りすがりの二匹の動物以上の関係になったのは、いつだったのか。それを思いだそうとした。「四月」と書いてから、わたしたちの関係に「これだ！」という決定的瞬間がなかったことに気づいた。エクスクラメーションマークなんて、どこにもない。関係の進展があまりにもスムーズすぎたから、そういうものだと思って疑いもしなかったのかもしれないし、展開があまりにも急だったせいで、ひっきりなしに混乱していたのかもしれない。「四月」を線で消して、「三月」と書いた。目を閉じて、川の音に耳を傾けた。隣りあうキャビンのテレビの音と、そこに泊まっている夫婦の声が聞こえる。「三月」も線で消した。テレビも配偶者も持ったことのないわたしは、あのキツネを、だれにも帽子とまちがえられないくらい明快に描くにはどうすればいいのだろうかと考えた。

トビイロホオヒゲコウモリ

翌日の野外授業では、熱い風がドライヤーのようにわたしたちを直撃した。その晩、大きな川から流れてくるぴりっとした湿気に誘われてテラスへ出たものの、ミオティス・ルキフグス——トビイロホオヒゲコウモリ——たちのせいで、引き戸の近くから離れられなかった。コウモリに激突されたい人なんていない。

ルキフグス（lucifugus）は、悪魔ルシファー（Lucifer）のように「昼の光を避ける」という意味だ。たいていは洞穴にいるこの小さな悪魔は、背が高くて暗いロッジに潜りこんだり、天井の梁（はり）の隙間を飛びまわったりするのも好む。このコウモリが授業中の講堂に侵入してきたら、わたしはいつもパイル織りのタオルでつくった太いむちで打ちすえる。とはいえ、頭のなかからはそう簡単に追いだせない。彼らはしつこくつきまとう。洞窟に住む怪物の幽霊の正体は、このテラスに出没するコウモリたちにちがいない。わたしはいちども亡霊を見たことがないし、洞窟にはもう何年も足を踏み入れていないけれど、それはさておき。不条理さは幽霊につきものだ。

室内へ戻り、カウボーイモチーフの椅子に横向きに座りながら、七ドルのペンのお尻でノートをとんとんと叩いた。よいペンは無料でも手に入る。さらによいペンだって安価だ。わたしには持ち家があるのだから、無料のペンや安いペンを大量に集めてとっておける。でもわたしは、自分の持ちものを残らず車に積めるようにしておかなければいけない、という考えを振りほどけなかった。だから一本だけ、良質の〈パイロット〉のペンを持ち歩いている。線で消されたいくつかの単語を除けば、ノートにはなにも書かれていない。とはいえ、わたしはページを見ていなかった。川は最高水位に達していて、コヨーテウィローを巻きこむ勢いで中庭を流れている。

あのキツネとの関係はどうはじまったのか。どうして毎日午後四時一五分に逢い引きするようになったのか。それを考えなくてはいけない。なんといっても、わたしたちは奇妙ですわりの悪い状況で逢い引きを重ねているのだから。キツネは本来なら人間を避けるはずだし、自由な心の持ち主は決まったスケジュールを避けるものだし、シラミほどのウィットしか持ちあわせない人でもなければ、だれであれ野生動物の擬人化は避けなければいけない。

〈キツネ〉と毎日会うようになったのは、わたしたちが理にかなった、そして避けようのない道をたどったから。そう信じたかった。その道を図にすればいいのではないかと思って、ノートにふたつの棒線画を描いた。左下には野球帽をかぶったもの、右下にはとがった耳のあるもの。それぞれの棒線画から、ページの中央に向かって一本ずつ線を引く。やがて二本の線が合流し、一本になった線がそのままページの上へ向かう。その線の両脇を、通り抜けできない山を象徴する、重なりあったいくつもの二等辺三角形で埋める。残されたのは狭い通路だけ。そのルートを通る〈キツネ〉とわたしには、出会うほかに選択肢はない。線はいくつかの星を通過する。星は重要なできごとを表している。どんな旅にも、重要なできごとがある。それがなにかを突きとめ、ラベルを貼りさえすればいい。

　そうしてこの地図を授業に持っていけば、わたしと〈キツネ〉との関係は自然ななりゆきをたどったもので、わたしたちのあいだには科学の不変の掟（おきて）を曲げるようなことはなにひとつ起きていないのだと、みんなにわかってもらえるはずだ。「こういうことでした」と言えばいい。「ひとつのできごとが、次につながった」と。線に沿って指を走らせ、山々に取り囲まれた星を指さして、みんなが「まあ、そうですね。そういうふうに見れば」と答えて肩をすくめ、それが自分だったとしてもキツネと友だちになっただろうと同意してくれるのを待てばいいのだ。

　生物学の博士号をとる前のわたしは、パークレンジャー（国立公園などで自然保護のためにはたらく職員）だった。それどころか、学士号をとる前から、〈ステットソン〉の帽子に頭を押しこみ、レンジャーを象徴する、あの松ぼっくりを型押ししたベルトを締めていた。大学では植物学と動物学を学んだ。ワシントン州のマウントレーニア国立公園ではバックカントリーをパトロールした。わたしの巡回路にはスリーレイクスと呼ばれる地域が含まれていた。そこで、木とワックスのようなにおいのする小屋に寝泊まりしていた。わたしの青い屋根のコテージより数メートル狭い〈スリーレイクス・パトロール・キャビン〉と屋外トイレは、三つの湖のなかでいちばん大きい第一湖（ファーストレイク）を見おろす小山に立つ。けばだった樹皮の大きな常緑樹が湖を取り囲み、ほぼ完全に影で覆っていた。わたしはその湖をファーストレイクと呼んだことはなかった。一過性の草原によって一時的に隔てられたひとまとまりの水域として三つの湖を扱い、どの湖の岸辺に立っていようが、すべてを「スリーレイクス」と呼んでいた。

スリーレイクスは最寄りの道路から一〇キロほどのぼったところにあり、そこまで歩いてくるハイカーは多くなかった。パシフィック・クレスト・トレイル（メキシコ国境からカナダ国境まで続く米国太平洋沿岸のハイキングコース）経由となると、さらに少ない。一晩のキャンプが必要になる長旅だ。毎朝、小屋の窓にぴったり寄った寝台から起きだすと、制服に体を押しこむ――シャツにバッジをひとつ、ジャケットにもうひとつ。ショルダーホルスターに357マグナム拳銃を差したら、片手にコーヒー、もう片方の手に政府支給の日誌を持って湖へくだっていく。緑の布張りの日誌には、太い黒の筆記体で、ハーマン・メルヴィルの『白鯨』の語り手イシュメールの言葉を書きつけていた。「瞑想と水とは永遠に結ばれているのである」（『白鯨』八木敏雄訳、岩波書店。一部に改変を施した）

一八〇〇年代の「マンハットー」でその日暮らしをする貧乏な船乗りイシュメールの言う瞑想は、二〇世紀のスリーレイクスの小屋にいるわたしにとってのそれとまったく同じ意味を持っていた――あれこれ考えること。別の意味――学術的、形式的、宗教的を問わず――があるとしても、それを知らないことにかけては、わたしはイシュメールに劣らなかったと思う。全体として見ると、わたしたちふたりの運とめぐりあわせに、そう違いはなかった。どちらも野生動物と野生の水を身近にとどめておく方法を見つけだした。メルヴィルがイシュメールをシュライナー・ピーク・トレイル（マウントレーニア国立公園のトレイルのひとつ）へ送りだしていたとしてもおかしくない。そうして、わたしといっしょに、むきだしの尾根をのぼって火の見やぐらへといたる一二キロほどのハイキングをするのだ。野生生物を観察し、ポリ塩化ビニルのパイプを叩いて雪だまりに埋めたあと、雪を解かした水を満たしたジェリカン（水や

（燃料を入れる五ガロン入りの容器）を引きずって、ふたりで火の見やぐらへ戻る。夕暮れどきには、手すりのついたやぐらの露台に立ち、値段のつけようがないマウントレーニアの景色を堪能する。そのときには、わたしたちを隔てる一六〇〇キロの距離や一五〇年の時間をものともせずに、同じ思いがふたりの脳裏をよぎるだろう――一二キロのハイキング、たったそれだけの労力でこれ以上の景色を見られるところなんて、米国北西部にはどこにもない。

　火の見やぐらで一晩すごしたあとは、ラフィングウォーター・クリークに沿って老齢樹の森を歩き、〈レザーマン〉の工具と樹木剪定シーラーを使って、ならず者どもがモミの灰色の薄い樹皮に彫った落書きを修復する。ラフィングウォーター・クリークは国立公園の境界線沿いに、スリーレイクスの盆地の縁をぐるりと流れている。だから、わたしたちは境界の看板も点検しなくてはいけない。緑の文字が打ち出された白い金属の看板で定期的に足をとめては、どちらかひとりが二重頭釘の下に釘抜きつきハンマーの釘抜き側を滑りこませ、看板が境界線上の木の樹皮に食いこむのを防げるくらいのところまで引っぱる。仕事の量は気にならない。だって、わたしたちは野外に、文明から離れたところに、不安から解放されたところにいるのだから。一八〇〇年代の「マンハットー」の貧乏船乗りは、「わざわざ通りにとびだし、人さまの帽子をひとつひとつ叩き落としてやりたくなる」と不安を表現した。二〇世紀のバックカントリーにいるレンジャーにとって、不安とは、水銀になることを意味していた。ごく普通の室温で揮発し、目に見えない無臭の存在になる、まったくでしゃばらない金属。森のなかに消えていれば、不安を生む質問をされずにすんだ。ご両親はどちらに？　ずっとひとり暮らしなのはどうして？　だれかあなたをかまってくれる人はいないの？

野外と肉体労働を求めるイシュメールは、学校の教師という立派な職を捨てて捕鯨船に乗りこむ（実際には、教員をやめて捕鯨船に乗りこんだのは、イシュメールではなく、『白鯨』の著者メルヴィル）。クジラを殺す部分を除けば、申しぶんのない仕事だ。銛(もり)を打ちこむべきクジラを探すことにかけては、イシュメールは「あまり立派な見張りでは」ない。檣頭(しょうとう)当番のときには、クジラを見張るかわりに、瞑想して人生に必要な哲学に思いをめぐらせる。実際、自分が見張りのときに、クジラがいるぞと叫んだことはいちどもない。わたしでも同じようにする。わたしがマストの上に立ったなら、ミラーサングラスをかけて、「クジラを守れ」と書いたTシャツを着て目をつむるだろう。あなたと同じように。あるいは、あなたの知っているだれかと。あなたがかつて知っていただれかと。

あるいは、かつてあなただっただれかと。

イシュメールはこんなふうに書いている。「捕鯨業は……感傷的で、メランコリーで、かつまた空想癖のある若者たちの逃避の場となっている……こころの底では鯨なんぞは見たくもないと念じている……額(ひたい)にしわをよせ、くぼんだ目をした若者……時ならぬときに瞑想にふけり……目のくぼんだプラトン主義者……この夢見ごこちの若者の思考のリズムが波の律動と同調して、まるでアヘン吸飲者のような虚無的なけだるさ、無意識の幻想にたゆたううちに、ついに若者はおのれの実態を見うしない、足もとの神秘的な海のことを、人間と自然にあまねく浸透する、あの深く、青々とし、底のない魂の目に見える姿だなどと思いこみ……このような恍惚(こうこつ)状態にある精神は、潮がひくようにその源泉にたちもどり……時空をこえて宇宙に浸透することになるのである」

とはいえ、わたしはときどき読書を中断し、「落ちる」と叫んでイシュメールをつかまえなければいけない。スリーレイクスでは、瞑想するときに足で地面をしっかり踏みしめておくことを学んだ。そうしないと、スリーレイクスの岸辺に座って、エルクを狙う密猟者のゴム底靴が鳴らすぱたぱたという音がしないかと耳をそばだてていたと思ったら、次の瞬間、なんの警告もなく、気づけば第四湖（フォースレイク）の「無意識の幻想」のなかにいた、なんてことになりかねない。

　イシュメールと同じように、わたしも不安と退屈を癒すために、自然のままの美しい場所で仕事をした。ノースカスケード、マウントレーニア、ボエジャーズ、グレイシャーといった国立公園で。とはいえ、〈現実世界〉に餌——当座預金口座とか医療保険とか——のついた釣り針をたらされたら、思いきり噛みついた。それでも、去るときにはうしろ髪をぐいぐいと引かれ、頭のなかは後悔と思い出でいっぱいだった。深くてやわらかいコケの上に散らばってわたしのブーツの下で跳ねまわる、カエルの目ほどの大きさの赤いベリー。とびこんだ瞬間に指先からつま先までの毛細血管が波打つようにきゅっと締まるのを感じる、ほとんど凍ったコバルト色の池。腿までの高さがある青いルピナスの花の野原から見おろす、ぽつぽつと池が散らばる牧草地。あまりの美しさに息がとまり、「そうか、これが息をのむということか」とつぶやいてしまう場所。

　そうした風景を記憶にとどめたのは、写真を持っていなかったからだ。そのうちに、自分を落ちつかせたり心配ごとを追い払ったりするためのお守りのように、その風景を持ち歩くようになった。その数々のイメージは長年にわたって心のなかをさまよい、時が経つうちに姿を変えては融合し、キメラのようになった。グレイシャー国立公園のトレイルのイメージが崩れて、ノースカスケードの記憶と混ざりあっていたりする。心の目に映る自分は、小川の細い線が走るどこかの山の草原で、愛用の

〈ノースフェイス・モレーン〉――赤と紺のインターナルフレームのバックパックで、女性向けとしては最初期のデザインのもの――にもたれながら、雄ジカのにおいを吸いこみ、マルハナバチの羽音に耳を傾け、キツネの足くらいの大きさをした、サルの顔によく似た花が亜高山の曲がった枯れ木の上でひょこひょこ揺れるのを眺めている。テントと寝袋はいくつか使っていたけれど、あの赤と紺のモレーンはどこへ行くにもいっしょだった。

乗り越えられそうもない問題の深い穴にはまったときには、そのキメラのどれかを呼びだし、心の目でじっと眺めた。運がよければ、新しいアイデア――創造的で、実現の見込みがあって、ためになるもの――が、追い払われた不安のあとにできるスペースを埋めてくれる。たいていはそれほどの幸運には恵まれなかったけれど、そうした美しいイメージを呼び起こす習慣のおかげで、そのイメージが消えてしまうのを防ぐことはできる。わたしの最大のストレスの原因は金欠で、健康も蝕(むしば)まれていた。親知らずの虫歯、良性腫瘍、医療保険の欠如。それなりに長生きしたら、過去に生活と仕事の場になった各地のバックカントリーのイメージが、医療の不足による損害を補ってあまりある恩恵を人生にもたらしてくれるだろう。

都会の大学院では、生きているものすべてがリードや首輪をつけているか、檻のなかにいるように見えた。自分もそうだと感じていた。疲れ果て、陸に囚われたわたしには、筋書きどおりの思考をめぐらす時間しかなかった。あれこれ考えるチャンスは減り、やがて消滅した。野生のままの世界のかわりに、人工の環境がわたしを取り囲んでいた。アスファルト、エレベーター。刈りこまれた芝生に掘られた偽物の池では、逃亡中の農家のアヒルがキャラメルポップコーンを食べている。過剰な一酸化炭素を示す不快なにおい、ぶんぶんとわめく電子音、講堂を満たす蛍光灯の紫の光。手が届かず、外も見えない教室の窓は、気を散らすのを避け、飛び降りを思いとどまらせるために、高い天井に沿って並んでいた。

大学を離れて六年が経ち、野生の世界から学術界へ、そしてまた野生へと戻ってきたいま、わたしは野生の生きものと出会った――一匹のキツネ。そのキツネは魅惑的で、ほとんど魔法のようだった。でも、タイミングがまずかった。周囲から切り離されたこの山あいの谷に、はたして自分は属しているのだろうか。そんな迷いを持ちはじめたばかりのころだった。学術界は給料と医療保険以上のものを、人との交わりをわたしに差しのべていた。わたしはもうずっと前に、実の両親に望まれないのなら、ほかのだれにも望まれないだろうという、賢明かつ論理的な結論に達していた。だから、人と交わらない生活を送ってきた。けれど、フィールドクラスを教える二度目の夏が来たいま、疑いが忍びこみはじめていた。粘り強く、ただしうるさすぎないくらいにノックしつづければ、社会に受け入れてもらうための扉がどうにか開くのではないか。でもそれは、〈キツネ〉とこの山を置き去りにすればの話だ。

トビイロホオヒゲコウモリから逃れてきたガたちが、庭に面した網戸の小さな裂け目からキャビンに入りこんできていた。わたしはガラスの引き戸を閉め、キャビンのオーナーの真新しいぴかぴかの家具カバーを守った。〈リバー・キャビン〉の受講生たちは、たぶんもう眠っているだろう。わたしはここしばらくの午後の時間を思った。スケジュールにうるさく、忍耐のかけらもないキツネを眺めて過ごした時間。その日々にわたしがしていたことといえば、待って、眺めて、考えるくらいのものだった。

わたしたちの友情へ向かう最初の一歩。それを思いだそうとした。

「ここからはじめよ」と地図が命じている。わたしはペンを手にとった。なかを塗りつぶした青い星の隣に、こう書いた。「ハタネズミの森」

ハタネズミの森

フィールドクラスでの二日目の夕食後、わたしは地図を埋める作業を続けた。こうしておけば、最終日になってもまだ〈キツネ〉に興味を持っている受講生に質問されたとしても、待ってましたとばかりに図解つきで説明できるはず。

〈キツネ〉が最初にわたしの進路を横切ったのは前年の一〇月、〈おおいなるハタネズミの敗北〉のさなかのことだった。これはわたしが企画と製作総指揮と監督を兼任した劇で、観客のなかには、放浪する一匹のキツネの姿が見え隠れしていた。数か月後に訪れた大敗北のフィナーレでは、そのさすらいのキツネが指揮をとり、わたしはハタネズミたちといっしょにオーケストラピットで演奏していた。

その年の夏、わたしはイエローストーン国立公園でモンタナ・ウェスタン大学のフィールドクラスを受け持っていた。学生たちのテーマは野生生物と野の花々。わたしのテーマはホモ・サピエンス。人間たちは三か月間、昼のあいだはずっと、そして夜もほとんどの時間、わたしを取り囲んでいた。

わたしはその世界を、あの高価なペットのデメキンよろしく観察した――とびだした目を大きく開いて、水をかきわけながら。女性はみんなクロップドパンツを穿（は）いていたので、わたしも自分の緑のジーンズを膝あたりで切り、折り返しにオレンジと金のリボンを縫いつけた。ろくでもないアイデア。でも、人気講師のひとりのパトリシアがそのお手製のクロップドパンツをほめてくれたので、わたしはほとんど毎日それを穿いていた。

　みんなのにやにや笑う顔から、パトリシアのほめ言葉は実質的には単なるコメントなのだとわたしがようやく悟るころには、夏はほぼ終わっていた。それにも懲りずに、わたしは自分の観察所見にさらに賭け金を突っこんだ。帰宅途中でウェスト・イエローストーンの町に立ち寄り、パトリシアが穿いていたような半端丈のカーゴパンツを買ったのだ（翌年の夏、わたしはその茶色のカーゴパンツを穿いたが、パトリシアのほうは穿いていなかった。ほめられるのを待つのに飽き飽きして「あなた、これとまったく同じパンツを持っているよね？」と訊いたら、パトリシアは「いいえ」と答えた。そのあいだわたしは、「ぜんぜん似てないじゃない」とばかりに凝視する彼女の目つきを読み解こうとしていた）。

　帰宅して、自分の着たいものを着られる場所へ戻ったときにはほっとした。なにしろそこには、思っていたとおり、わたしのなかまになってくれる相手はだれもいないのだから。少なくとも、皮と毛を持つ相手は。わたしは一匹の奇特なクロゴケグモ（英名はblack widow〔黒い寡婦〕。雌が交尾後に雄を食べる場合があることにちなんだ名）と顔見知りだった。「なかま」と呼ぶつもりはなかったけれど、彼女が信頼できる入居者になってから、もう一年以上が経っていた。以前は、彼女とほかの八匹のクロゴケグモが窓のない薄暗いガレージを分けあっていた。クモたちは寒さに慣れていないので、風がうなりをあげてガレージのシャッターまわりの亀裂から侵入してくるときには、敷居の上端で波打つ巣をたたみ、足を高々と掲げて風から守られた奥地へ行進し、不便だが心地よい場所——電気スイッチの近くとか、車のドアとか、壁にぶらさがった工具に落ちつく。わたしが書いた大学の教科書によれば、クロゴケグモに噛まれても「死ぬことはめったにない」。とはいえ、一時的に目が見えなくなることはあり、それはひとり暮らしの身にすれば不安材料だ。だから、彼女たちのだれかを叩かなければいけない場合に備えて、ガレージに行くときには古いスニーカーの片割れを持っていった。そんなわけで、いま残っているのは一匹だけだ。風を嫌う喪服の姉妹たちとは違って、彼女はガレージの正面あたり、わたしの脅威にはならない場所に巣をはっていた。

夏季授業から帰宅したとき、彼女は雲のような絹糸のかたまりから逆さにぶらさがっていた。整然とした、いかにもクモの巣らしい巣のかわりに彼女が紡いだものだ。そんな乱れた家にもかかわらず、わたしの留守中、たらふく食べていたと見える。体長八センチくらいのバッタの外骨格が、絹糸のカーテンの下で提灯よろしくぶらぶらと揺れていた。そのクロゴケグモは美しいけれど、あまり活動的ななかまとは言えない。ときどき、彼女はなにをしているだろうかと、夜にガレージへ行ってみたりもした。たいていは、なにもしていない。ある晩、彼女は巣のなかで一匹のガを捕まえていた。ラッカー塗装をしたような長い脚でガをつかみ、鋏角（きょうかく）を突き刺して毒を注入し、はためきを制止する。ガが溶けたら、どろどろの懸濁液を吸いあげる。あとに残るのは、羽のついたからっぽの殻だけ。絹糸に巻かれたその殻がくるくると回転するあいだ、わたしたちはどちらも一歩さがって、かささと音をたてる彼女の新しい提灯に見とれた。

帰宅した最初の朝、忘れかけていたいらだちのタネに叩き起こされた。築三年のスチール製の屋根とポーチにアメリカカササギがどすんと着地する音だ。前日までいた、野性味のない風景に包まれた夏の教室では、お行儀のよい鳥たちがさえずったりまばゆい羽毛を見せびらかしたりして、人間の歓心を買っていた。わが家周辺の鳥類相を支配しているのは猛禽(もうきん)類だ。自力で餌をとって身を守る能力を持ち、それゆえに人間の注目を必要としたり、求めたり、気にとめたりすることがめったにない肉食の鳥たち。アカオノスリ、ケアシノスリ、クーパーハイタカ、ハヤブサ、チョウゲンボウ、ハクトウワシ、ミサゴ、ワタリガラス、モズ、カササギ、イヌワシ。最後の二種には、屋根をどすんと叩く習性がある。イヌワシにかんしては、それがわたしの知ることのすべてだ。このコテージを建てたとき、イヌワシたちが近くの崖に巣をつくっていた。彼らのことをもっとよく知ろうと、岩がちの丘をあちらへこちらへと追いまわしたけれど、切れた双眼鏡のストラップをしょっちゅう結び直し、血まみれの膝小僧を絶えずきれいにしながらでは、性別も年齢も社会構造もなにひとつ理解できなかった。イヌワシたちはわたしを無視した。最初からずっとそうだったような気はするけれど、だからといって、あの特徴的などすんという衝撃と殺したてのトウブワタオウサギとおぼしきものとともに、彼らがうちの屋根に着地するのをやめるわけではなかった。

カササギに屋根叩きは無用だ。あの鳥たちには、うちの屋根を使わなくてはいけないような生物学的義務はいっさいない。そして、堂々たるイヌワシがわたしを無視しているらしいのに対して、カササギはどう考えても、わたしをいらだたせるためだけに屋根を叩いている。いずれにしても、帰宅後の最初の朝、どすんという音に機嫌を損ねながら、わたしはジーンズとフリースのプルオーバーを身につけ、どすどすと階下へ向かった。

鋳鉄のフライパンを熱して卵四つぶんの卵白を放りこんだ。生(なま)の卵黄と半分に割れた殻は、青いメラミンのボウルに入れてとっておく。マクラクを振ってクモたちを追いだしてから、そのボウルとコーヒーをつかんで〈トニック〉のもとへ向かった。〈トニック〉は涸(か)れ谷を挟んだところに立つ、高さ三・五メートルほどのビャクシンの木だ。東の山脈に深く切りこむ峠を太陽が埋めつくし、真正面からわたしを照らして目をくらませる。顔をぎゅっとすぼめて目を細めながら重い足どりで歩いていると、やがて腿までの高さがある植物の茂みに行く手を遮られた。

三か月前、授業のために家を離れたとき、ここには短茎草本(ショートグラス)が生えていた。ブルーグラマグラス（ボウテロウア属の牧草。日本ではメダカソウともいう）とウシノケグサ、それにときおり割りこむインディアンライスグラスのふわりと軽い小枝。短茎というのは、単に背丈を表しているだけではない。短茎草本は短さを受け入れている。それは彼らの個性なのだ。無視されていようが大事にされていようが、短茎草本はわたしの腿に届く高さには絶対に育たない。

それなのにいまや、わたしの「キツネの尻尾の大麦(フォックステイル・バーリー)」こと、ホソノゲムギはいったいどこへ？　わたしが好んでなでていた、あの長いふさふさの尻尾は？　わたしのインディアンライスグラスは？　子犬の頭をなでるみたいに指先でくすぐった、あの種子をつけた穂は？　どこにもいない。太い茎のエイリアンたちが〈トニック〉へいたる道を飲みこみ、コテージ正面の草地の大部分を占拠している。わたしは包囲されていた。しかも、相手は植物だけではない。もつれあう枝のかたまりの下では、こぼれたコーヒーに浸りながら、二匹のハタネズミがわたしの厚底の靴でバンパー・カー遊びをしていた。

モグラではないかって？　ちがう。モグラにはレスラーばりの前腕、象牙の熊手のようなかぎづめ、長くて毛のない鼻づらがある。かたやハタネズミは、ラセットポテト（男爵イモに似たジャガイモ）に似ている。まったく同じというわけではないけれど、そもそもふたつのイモだって、まったく同じ見た目をしているなんてことはない。丸々と太り、点のような目を持ち、尻尾も耳もないように見えるわたしの草地のハタネズミたちは、どんなイモのペアでもこれほどたがいには似ていないだろうと思うくらいにはイモに似ていた。牧場主たちはハタネズミを「レッドバック（赤い背中）」と呼んでいる。もっとも、その前後対称性のせいで、背中らしきものがあるとしても、どのあたりなのかはよくわからないけれど。

モグラのほうが評判はいい。モグラは頼みもしないのに寄ってくる昆虫を食べてくれる。ハタネズミが好きなのは球根だ。スイセンとか、チューリップとか、クロッカスとか、タマネギとか。高価な木の樹皮や、よく手入れされた低木の根もかじりとる。さらに悪いのは、ドブネズミと同じように、腺ペストの宿主になることだ。ハタネズミはたくましい小動物で、わたしのお気に入りの荒野のどこにでも姿を現し、氷点下の気温にもハリケーン並みの風にも一桁の相対湿度にも耐えられる。それでも、どんな齧歯類にも劣らず不器量で厄介な生きものだとはいえ、ハタネズミがドブネズミよりはかなり小さいことは自分に言い聞かせておきたい。結局のところ、ほめたたえられるとはいかないまでも、少なくともこれくらいのほのかな非難ですんでいるのは、彼らがそれなりのことをしてきたからだ。

その何年か前、わたしはアメリカ疾病予防管理センター（CDC）の仕事で何百匹ものハタネズミを捕まえ、採血し、体重を量り、性別を調べ、採寸していた。その現場で組んだ同僚も同じ仕事をしていたけれど、彼の扱ったハタネズミの多くは、恐怖のあまり死ぬか、でなければ自殺した。わたしが担当したハタネズミは、みんな生き延びた。そしていま、その小さな生きものたちが、わたしの土地に侵入しようとしている。たいていの庭師なら、隠しておいたリン化亜鉛の違法な毒餌をとりに走るだろう。わたしは違う。彼らの腸を致死量の瘴気（しょうき）で満たそうなんて気はない。恥ずかしながら、わたしはわたしのことを我慢してくれた動物なら、どんなものにも惹（ひ）かれてしまうのだ。

〈トニック〉の下の土にくぼみを掘り、卵黄を入れた卵の殻をそっと置いた。それから、足首の高さのオプンティア（ウチワサボテンのなかま）の隙間に座れる場所を探した。サボテンたちはわたしの罪なきお尻にとげを刺してやろうと、帰宅を待ちかまえていたようだ。〈トニック〉は屋根叩き魔のカササギたちの主たる社交場兼貯蔵庫になっている。二羽を除けば、カササギはわたしにはみんな同じに見える。見わけがつく二羽には、てきとうな性別を割り振って、見た目にふさわしい名前をつけていた。過去二年、ここで営巣している最有力のつがいだ。〈テニスボール〉は大きな丸い腹の持ち主。彼女の連れあいの〈破れ尾〉は、手錠をかけられたみたいに両の翼を背中で交差させる。

〈テニスボール〉、略して〈Tボール〉はくちばしで卵の殻をがっちりつかみ、〈ジン〉――〈トニック〉と並んで立つビャクシンの木――まで退却した。いちばん高い枝にとまると、上を向いて殻をタンカード（蓋のついた大きな金属製のジョッキ）よろしく傾ける。どろどろした卵黄を残らず飲み終えたあと、殻をビャクシンの葉のなかに落とし、くちばしの両側を枝で拭った。それから翼を広げて、尾をうちわのように開き、次の卵黄めがけて降下する。〈Tボール〉が降りてくると、黒い短剣のようなくちばしで土を突き刺していた小さめの三羽のカササギが浮上した。まるで、〈Tボール〉の広い翼に押された熱気のクッションに乗って空中浮揚したみたいだ。上昇してまた下降したあと、その小柄なカササギたちは、地面を引っかいてはつつく動作を再開した。〈Tボール〉が運び去った殻からあふれた卵黄の食べられそうなおこぼれを残らず探しだそうと、粘土質の土壌をタルカムパウダーのようにやわらかいぼろぼろの土手に変えていく。やがて、カササギたちは飛び去った。たぶん、谷のどこかにある鳥の餌台（バードフィーダー）を略奪しにいったのだろう。

同じ月のしばらくあとに、わたしは〈トニック〉のそばに座り、縁のやわらかいヤマヨモギのなかに両手を押しこみながら、異常に活動的な四羽のカササギが卵黄のしずくを半狂乱で捜索し、堅い土壌を粉砕していくのを眺めていた。四羽が去ると、二羽のハシボソキツツキ——地面で餌を探すにもかかわらず、木をつつくと非難されがちの鳥——がここぞとばかりにゆるんだ土壌にとびこみ、アリを吸いあげた。

〈Tボール〉はこの侵入者たちを大目に見る。ハシボソキツツキは、放っておいたら彼女の餌を食べてしまう、毒を吐くサッチアント（おもに北アメリカ西部に生息するアリ。わらぶき〔サッチ〕屋根のような塚をつくる）を吸いとってくれるからだ。炊いた米粒ほどの大きさしかないこのアリは大食漢ではないけれど、なかなか手際のよいお持ち帰り事業を営み、かなりの量の卵黄をカササギから奪い去れる。

土を踏み荒らすカササギと、アリを吸いあげるハシボソキツツキは、自分たちの生態的地位（ニッチ）が重なることに気づき、手を結んだ。その姿は、ジョン・ミューアの言葉を思いださせる――「なにかをひとつだけとりだそうとすると、それが宇宙にあるほかのあらゆるものとつながっていることに気づく」。こうした金言は、ミューアを二〇世紀屈指の名高い自然保護論者の地位へと押しあげた。

わたしはどうだろう？　だれか、しっかりつながっている相手がいる？　だれもいない。

それを悲しんでいるわけではない。ただ興味があるだけだ。記憶をたどれるかぎりの昔から、わたしはずっとひとりだった。想像できるかぎり先の未来にも、ひとりでいる自分の姿が目に浮かぶ。ときどき、自分にとってはそれが自然のような気がした。自分の心がぴったりはまるのは、このたったひとつの生きかたしかないような、そんな気が。わたしは一五歳で家を出た。最初のうちは、きれいさっぱり縁を切ったわけではなかった。自分のことを好いていない人たちといっしょに暮らすのがどんな感じか、あなたにもきっと想像できるだろう。心地悪いけれど、耐えられないわけではない。父は暴力的だった。それには我慢できた。というのも――わたしのかかりつけの医師に訊いてみるといいが――わたしはとても丈夫だったから。でも、父は軽蔑をこめてわたしを扱った。そして、それを我慢することは、わたしにはできなかった。だから、家を出た。ジョージタウン大学のキャンパスに移ってサマースクールに参加し、その年の秋、一六歳になったときに、当時住んでいた場所からいちばん近い大学だったアメリカン大学に入った。学校活動の記録、成績、テストの点数などをもとに、大学はあわただしくわたしの入学を認め、わたしは自分を養うための仕事を探した。人口統計学的に見ると、そこはそれまで慣れ親しんでいた場所とは驚くほど違っていた。鬱蒼（うっそう）とした近所の森をうろついても危なくない中流層の地域で暮らしていたわたしが移り住んだ街は、ほとんどの人が見たところ金持ちか貧乏のどちらかで、図書館を巡回するキャンパスの警備員が、足フェチに気をつけろ、森には入るな、と注意してまわる場所だった。

世界中から来た人たちと出会うのは好きだったけれど、都会は大嫌いだった。競技場のトラックを走っていないときには、自転車でチェサピーク&オハイオ運河の引き船道を走った。その土地は国立公園局の管理下にあり、わたしはあるレンジャーとなんとなくいっしょに時間を過ごすようになった。そのレンジャーから、ロッキー山脈の原野で山火事と闘ったときの話を聞いた。わたしは大学を離れ、車を三六七〇キロほど走らせてグレイシャー国立公園へ行き、そこでウェイトレスの職を見つけて（まだアルコールを合法的に給仕できる年齢にはなっていなかったが）、国立公園局のボランティアとしてはたらいた。このときは、きれいさっぱりどころではない、完全無欠の縁切りだった。父には二度と会わなかった。母にまた会ったのも数十年が経ったあとだ。くだんのレンジャーとはしばらく連絡をとりあっていた。彼が昇進して異動したサンフランシスコで再会し、プレシディオ周辺でハイキングや小旅行をして過ごした。わたしは昔から関係を築くのがひどく苦手で、いまはもう彼の名前も覚えていない。

わたしはずっとひとりだったたし、そのあいだ孤独を感じたことはいちどもない。それでも、どこかに心地よく収まりたい、なにかに属したいとは思っていた。だから、自分を土地に結びつけようとしたけれど、その関係は双方向的なものではなかった。土地はペットのようにはふるまわないのだと、わたしは悟った。そこを所有しているというだけでは、無条件の愛を差しだしてはくれないのだ。わたしは空間と岩と土と小川を買ったつもりでいたのに、蓋を開けてみれば、わたしが手に入れたのは、自分の歓迎は自分でしろと言わんばかりの動物たちのコミュニティだった。しばらくのあいだ、わたしは〈Tボール〉にちょっかいを出していた。彼女はここでいちばん大きな動物ではないけれど、いちばん大きな影響力を持っていて、おおぜいの追随者がいる。彼女に卵黄を運べば、そのお返しに、テラスにちょこんととまって、本を読むわたしのかたわらでやさしげに鳴いたりしてくれるのではないかと期待していた。庭仕事をするわたしのそばをうやうやしく歩いたり。例の木まで卵黄を運ぶわたしのうしろに、礼儀正しくよちよちついてきたり。屋根にどすんと奇襲をかけるのを慎んだり。

　観兵式で行進する兵隊さながらの足どりで〈Tボール〉がこちらに向かってきた。彼女のうしろに二羽が続き、一羽ずつ両側を固めている。その次の列には三羽が並び、最後方には四羽が陣どる。全員が背筋をぴんとのばし、でっぷりした白い腹を引きずり、長い首と細い頭を支えている。そのようすは整列したボウリングのピンに似すぎていて、大きなつやつやのボールで狙いをつけるところを想像しても罪悪感が湧かないほどだった。カササギたちは不安になるくらい近くまで歩いてきた。「餌をくれる手に噛みついたりしないでね」とわたしは言った。厳密に言えば彼女たちに餌をやっているわけではないことは、小さな鳥の脳にはたぶんわからないだろう。わたしが〈トニック〉の下に卵黄を運んでいるのは、だれであれそれを食べる相手のため——薪のなかに隠れているイタチでも、スカンクでも、アナグマの赤ちゃんでもいい。わたしは毎朝卵を食べるけれど、卵黄が医療界隈の寵愛を失ってからというもの、黄身を食べることはめったにない。

　わたしの手がぎりぎり届かないところでとまったカササギたちは、翼を掲げ、首をありえないほど前方にのばした。くちばしをぱかっと開き、皮のような濡れた舌を突きだす。わたしは尻切れトンボの格言にだまされていたのだ。餌をくれる手に噛みつくな……さもなくば？　さもなくば、なに？

　そのままカササギたちにとりいる努力を続けていてもよかったのかもしれない。でも毎朝、卵黄を持って〈トニック〉まで歩くたびに、ハタネズミがわたしの足の上を走りまわるようになっていた。ハタネズミを引き寄せる例の背の高い侵入植物たちは、わが家の壁板ぎりぎりまで広がり、玄関前の階段になだれこんでいる。お昼どきには、コテージ正面の窓辺でちょっと過ごしているだけで、招かれざる雑草が左右に分かれてハタネズミが姿を現す。その動きは、すっかり親しげとは言えないまでも、少なくとも親睦の幻想を振り払えないくらいにはゆっくりだった。あの慎み深い齧歯類たちを、わたしの「荷馬車」につなげないだろうか。そのためには、双方の利益になる活動さえあればいい。たとえば、ガーデニング・プロジェクトとか。

　例のＣＤＣの研究プロジェクトで齧歯類を捕まえていたときに、ハタネズミには、リアトリスの種子を集めて巣穴の外に積んでおく習性があることを知った。燃えあがる星（ブレイジングスター）とも呼ばれるリアトリス（リアトリス・プンクタータ）は、わたしのお気に入りの植物のひとつだ。まっすぐにぴんと立ち、一本の茎に密集した紫色の花をつけ、クロッカスと同じくらい背が高い。薄墨毛（うすずみげ）のウマの毛色をした草が果てしなく広がるこの野原で、リアトリスはかろうじて見えるくらいの、でも自分に注目を集めるほどではない色素を生みだす。しかも、ほかの顕花植物ほど文句を言わずに、シカと旱魃（かんばつ）に耐える。そうだ、リアトリスなら、うちの北側の野原を更生できるかもしれない。必要なのは、たくさんの種子だけ。そして、わたしはいまや、その種子を集めてくれそうな協力者を知っている。ハタネズミの愛すべき特性は、わたしを我慢してくれることだけではなかったのだ。

この互恵的ガーデニング・プロジェクトでわたしが果たすべき役割は、背の高い雑草の生える区画を世話することだ。のちに〈ハタネズミの森〉と呼ばれるようになるその雑草の区画は、キツネやタカだらけの世界でハタネズミの安全な隠れ家になる。わたしの計画は、こんなふうに進むはずだった。夏の終わりに、隣接する野原からハタネズミがリアトリスの種子を集めてきて、雑草の要塞に守られた巣穴の外に積みあげる。わたしは田舎のおおいなる地主を気どって自分の土地を歩きまわり、巣穴の入口から種子をかき集める。次の初秋までには、移植プロジェクトが進行しているはず。

わたしの分別のなさを責める前に、ハタネズミよりもさらに要求がうるさくて、もっと感じのよくない相手と一方通行の関係を持ったことはないか、自問してみてほしい。制限時間、一五秒。

氷河が削ったその広い谷は、ひどく乾燥した貧弱な土地だ。だから、肉を食べる者や穀物を育てる者には、たったいちどのしくじりさえ許されない。谷がささやかな幸運を投げてくれたとしても、砂漠で吹くシロッコのような風が吹き飛ばしてしまうだろう。過去一〇〇年のあいだ、ヒトとカササギは敵どうしだった。どちらもたがいの食べものを盗みあう。ニワトリの卵、穀物の種子、野生の果実、栽培されている果物。そして、たがいの戦術をまねしあう。群れをなし、おおぜいで騒ぎ、爆発的に繁殖する。

いま、あの丸い腹のカササギには、自分の行動圏をヒトと共有するという任務が課せられている。

一一世代にわたってその確執を生き延びてきた家系の末裔として生まれた家長たる彼女は、冷静沈着だった。いずれにしても、彼女は落ちつきのある鳥だ。それはこの世を超越した落ちつき、彼女を取り巻く喧噪からは思いもよらない落ちつきだった。

　集団生活を余儀なくされるほとんどのカササギは、独立に必要なスキルを持っていない。共同体のメンバーは自分の相対的な能力とニーズを見極め、それに応じて——そこに暴力が絡まないわけではないが——役割を分担する。たいていのカササギは自分のとれる選択肢を吟味し、絶え間ない空腹を癒して不要な責任を避けられる最善の道を選ぶ。家長たる彼女には、選択肢などない。合流点も交差点も選択肢もない道を行くように運命づけられている。知恵を受け継ぎ、修正し、次へと受け渡さなければならない。

　彼女は本能も受け継いでいる。それはかならずしも利点とはかぎらない。本能とは、ある特定の環境のある時点で集団の適応度を高め、遺伝的に受け継がれてきた行動パターンだ。だがときに、その有益な行動を育んだ特定の環境が変化し、それにゲノムが追いつけないこともある。何千、何万年ものあいだ、本能はヒトを追えとカササギを駆りたててきた。その本能は、とうの昔に無効になった太古の緊張緩和協定の遺物だ。数万年にわたってカササギと平和に暮らしていたヒトは、もはや存在しない。新しい人類の文化が風景を支配した。そして、ヒトとカササギが同じ食べものを求めて競いあういまとなっては、友好的な寛容さなどありえない。

　数千年を経るうちに、カササギの遺伝子は魔法のわざを振るった。環境にあまり適さない遺伝子型が衰え、適応度の高い遺伝子型が優勢になり、そのおかげでのちの世代がよりよい戦術を採用し、ヒトを避けるようになったのだ。だが、チャールズ・ダーウィンが予測したとおり、若干の行動のバリエーションはしつこく残った。あの家長のひなたちは、羽毛が生えそろってきたところだ。そして、初飛行に向けて母に巣から突き落とされたときに翼を上げさせるのと同じ衝動が、ひなたちを家へ、ヒトへ、建物へ——食べものへと駆りたてることになる。家長の彼女には、その衝動と現実を折りあわせることができない——飢えから身を守る盾としてのヒトは、重力に逆らう翼ほども頼りにならない。

尾羽の破れた彼女の連れあいがポーチの三角屋根でバランスをとっていたとき、ヒトが卵黄の入った殻を持って家から姿を現す。そのヒトがビャクシンの下に卵黄を置くと、彼はそちらへ向かって飛んでいく。考えなしのひなたちもそれに続き、下降する同心円を描きながらヒトの近くを飛びまわり、そこにいたって家長はむこうみずな家族のほうへ矢のように飛んでいく。

生まれてこのかた、生来のささやかな知恵が、彼女の遺伝子のなかに残るヒトを許容する素因を抑えつけてきた。だから、彼女はヒトに対して用心深さを保っている。「信じるな」と彼女はしわがれ声で鳴く。「餌で誘う手を信じるな」

雑草と呼ばれる植物はなんであれ、あまり多くを期待しない一生を送ると仮定しても差し支えないだろう。だとすれば、当然の推論として、三平方メートル弱の雑草の区画を世話するなんて造作ないはずだ。とはいえ、わたしはその区画に生える種をただのひとつも特定できていなかった。なにものなのかがわからなければ、なにを求めているかもわからない。手持ちの専門家向け植物ガイド『太平洋岸北西部の植物相』と『グレートプレーンズの植物相』は、どちらも色あせた布装丁の分厚い本なのに、あわせて二一三二ページのどこを見ても雑草には目もくれていない。川の上流へ六五キロほど行ったところ、人口六〇〇人の村にある鞍販売店の店主が『西部の雑草』という本を売ってくれた。この本は、過去に農民に罵られたありとあらゆる植物の犯罪歴をまとめた要覧だ。マグショットまで載っている。

〈ハタネズミの森〉を支配しているのは、四種類のユーラシア産の雑草だった。ホウキギ、シナガワハギ（イエロースイートクローバー）、ロシアアザミ、そしてロシアンタンブルマスタード（ハタザオガラシ）。ホウキギはミニチュア版のクリスマスツリーのような草。一年生の植物で、毎年、種子からまた芽を出すや、たちまちのうちに硬い枝にこれといった特徴のない花をつける。この雑草の区画が森だとすれば（そしてあなたがハタネズミなら）、ホウキギは中くらいの高さの林冠に属する。林床に陰をつくり、この高地砂漠を加湿して、ハタネズミをしっとり冷えた状態に保つ。

混沌とした針金めいた緑の腕で自分の首を絞めているように見えるシナガワハギは、このグループのなかではもっとも魅力がなく、イエロースイートクローバーというじつにまわりくどい英名を持つ。一本一本が無数の小さな花で埋めつくされていて、ティッシュのように薄い花びらは霧や露に反応して自然によじれ、ひとつひとつの見わけがつかないかたまりになる。そうなったら、あとからどれだけ陽光を浴びても、もうもとには戻らない。上に向かって渦を巻く緑の茎はたがいに絡まりあい、ごちゃごちゃのマットと化す。地面の下にのびる、いぼだらけの密な主根は、ハタネズミたちに絶えず糖分を供給する。

なかば木のようなロシアアザミは六〇センチほどの高さで、硬く鋭いとげで武装している。このとげが、ハタネズミを狙うキツネやタカが天蓋を突破するのを防いでくれる。秋になって種子が熟すと、根からぷつりと切り離され、遠くへ転がっていく。そして自前のとげを使って、回転耕耘(こううん)機さながらに、転がっていった先の土にわが子を埋めこむ。地面をならすロシアアザミのスカートの下で、ハタネズミたちは飽食と姦淫(かんいん)にふける。それを中断するのは、ホバリングするタカめがけてラズベリーを吹きかけるときくらいだ。

ロシア生まれの転がる植物(タンブラー)たちは、アザミのほうもマスタードのほうも、ロシアの農民からノースダコタの親戚へ送られた種子の袋に入って密航し、一八八〇年代に米国に侵入した。このふたつは、回転草(タンブルウィード)と総称される植物に属する。別の大陸に起源を持つにもかかわらず、タンブルウィードはベンケイチュウ（ハシラサボテンの一種で、米国南西部やメキシコでよく見られる大型のサボテン）と並んでポーズをとり、典型的なアメリカ生まれのような顔をしがちだ。だまされてはいけない。最初のタンブルウィードがベンケイチュウの頑丈な幹に激突したのは、アメリカ先住民の集団がこの地にやって来て消え去るのをそのサボテンが見届けたあとのことだ。タンブラーたちはいまや、ノースダコタとサウスダコタをあわせた広さの土地に侵入している。ハリウッド西部劇の名作の舞台を転がりまわるこの植物たちは、ガンマンとガンマンのあいだをタンブルウィードと砂ぼこりが吹き抜けてさえいれば、どんな見せかけの決闘だろうと本物と信じたがる相当数のファンを集めてきた。

栗色と灰色のツイードを粋に着こなすわたしのかわいいヨーロッパヤマウズラは、秋色に染まったスグリの木にタンブルウィードがぶつからなくてもいっこうにかまわないだろう。アルド・レオポルドが『野生のうたが聞こえる』のなかで「赤いランタン」と表現したスグリ属は、カエデのような葉を持つ低木のなかまで、フサスグリやブラックベリーが含まれる。高さ六〇センチに満たないうちのスグリたちが穏やかに風にそよぐ姿は、いったいどこのだれが秋のこんな早い時期にわたしのベリーを食べつくしてしまったのかしら、といぶかしんでいるみたいだ（スカンクの仕業）。レオポルドが教えてくれているところによれば、ヤマウズラが秋に望むのは、スグリの紅葉の下をそぞろ歩くことだけらしい（『野生のうたが聞こえる』の「赤いランタン」の項に出てくる「partridge」はエリマキライチョウで、ヨーロッパヤマウズラ〔Hungarian partridge〕とは異なる）。

わたしが暮らしているのはロッキー山脈の東側、レオポルドの「砂土地方」のはるか西だ。このあたりでは、ヤマウズラが秋の紅葉の下で日光浴をしようとしても、いくらも経たないうちに、いつのまにか頭上になにもないところで陽を浴びていた、みたいなことになる。最初のうちこそ、頭上を見あげたヤマウズラたちは、スグリの葉を透かして差しこむ赤とオレンジと黄色の陽光に陶然とする。ところが一日か二日もすると、まだ光に酔ってはいるものの、母なる自然の笑い声が聞こえてくる。「ほんの冗談よ！」ヤマウズラは身を震わせ、色あせた屍（しかばね）の渦に足首を取り巻かれながら、あわててビャクシンに避難する。霜があまりにも強烈に、あまりにも足早に訪れるせいで、スグリが多彩色のイリュージョンを省略することもめずらしくない。緑の葉が一夜にして黒くなってしまうのだ。あの〈ハタネズミの森〉の年は、秋が長くて暖かだった。広い葉をつけた小さなフサスグリはレオポルドの言う「赤いランタン」に変わり、ヤマウズラはなんの苦労もなく、低木のなかのサンルームを見つけることができた。というか、できるはずだった。わたしがあのタンブラーたちを増殖させていなければ。それもこれも、ハタネズミを増やしてリアトリスの種子を集め、コテージを建てるときの整地でブルドーザーがめちゃくちゃにした土地を更生するためだ。

ヨーロッパヤマウズラは、タンブルウィードと同じく移入種だ。そのせいで、渡り鳥保護条約法にもとづくわずかばかりの保護の権利さえ奪われている。連邦政府は渡り鳥という言葉を北米のなかで移動する在来の鳥のためだけに使い、ヨーロッパヤマウズラを猟鳥に分類している。渡り鳥を殺すのは犯罪だが、猟鳥を殺すのは娯楽だ。外国生まれの生きもの、もしくは外国生まれの先祖を持つ生きものは、わが国の生態系に害をもたらし、自然な生息環境を転覆させる。そんな主張に支えられた的外れの枠組みが、この侮辱的な扱いを正当化している。

ヤマウズラどころか、人間のじゅうぶんな生活環境がハンガリーにあるのかさえ、わたしはよく知らなかった（ヨーロッパヤマウズラは英語ではハンガリアン・パートリッジ〔ハンガリーのヤマウズラ〕と言う）。そして、わたしにはたっぷりの土地がある。過去数年、この地所ではヨーロッパヤマウズラの難民キャンプを維持し、移入者たちを雑草や野良ネコ、そして考えのたりない酔狂な枠組みから守ってきた。ところがいまやスグリの茂みは、〈ハタネズミの森〉と呼ばれる果てしない雑草の区画に覆いつくされようとしていた。でもわたしはもう、自分の荷馬車にハタネズミをつないでしまった。さらば、赤いランタンの秋よ！

一〇月上旬までに、わたしは一〇か所以上のハタネズミの巣穴昇降口から種子を集めていた。ランチ用の茶色の紙袋がいっぱいになるくらいの量だ。その謎の種子をマニラ封筒に入れて、ガレージにしまった。長い昼をきっかけに成長の季節がはじまる六月になったら、この種子を温かく湿った土に埋めればいい。付属器官を欠いているように見える動物にしては、ハタネズミが驚くほど多産だったのもうれしい発見だった。

育児室で身をよじらせる湿った新生児たちを見捨てた彼らは、行進してハタネズミのそばを通りすぎ、トンネルへ入る。黙々と、厳粛に、だが機敏に動くおとなたちは、トンネル入口の厚く茂る植物を押しわけ、並行するトンネルから逃れてくる何千何万ものなかまの移住者たちに加わる。頭をたれた彼らは合流して一本の列になり、陽の光のなかへ出ていく。この夏に生まれたすべての新生児に、緩慢で孤独な餓死を宣告する。それは簡単な決断ではない。だが、自分たちのコロニーのことだけを考える主権は、女王にはない。それよりも大きな支配力が放棄を迫っていた。リーダーが「死ね」と言うべきときを知らなければ、種は生き残れない。

基部に裂け目のある、「三本の歯」を持つヤマヨモギ（葉の先端が三本の歯に似ており、学名 Artemisia tridentata はそれに由来する）を女王が選ぶと、寵臣たちが群がり、やわらかい幹に嚙みついて蟻酸をまきちらし、道管を崩壊させ、ついには木をしおれさせる。幹にあいた穴は、アリたちの新しい主室になる。

サッチアントの塚はアカオノスリの巣ほどの大きさで、火ぶくれのようにこのあたりに散らばっている。どの塚も、ほかのあらゆる砕屑物の山と見わけがつかない。アリの巣ひとつが青い屋根の家の片側から反対側へ移動したところで、だれが気づくだろうか？

アブラムシは気づく。彼らはホワイトセージのやわらかいベルベットのような枝にしがみつき、樹液を吸い、蜜を分泌する。オレンジ色の頭を持つサッチアントは、この蜜に目がない。深く鋭い顎とおそるべき毒を武器に、アリたちはアブラムシを脅かすあらゆる生きものを撃退する。そうしてアブラムシとアリは、カササギとハシボソキツツキのように、たがいの生を撚りあわせ、一本の太く丈夫な紐をかたちづくっている。

ホワイトセージも気づく。アリが去ると、水玉模様の赤いテントウムシがホワイトセージに群がり、アブラムシを貪り食う。さらに大きく、さらに腹をすかせた昆虫もテントウムシに続く。次の新月までに、セージの大部分はバッタの内臓を通り抜け、塵に還っているだろう。

あの丸い腹のカササギも気づく。近隣住民に目を配るカササギの家長は、アリが夜の休眠に入るのを待ってから、アリ塚で転がりまわり、ダニを払い落とす。そして、彼女のひなの一羽にとって、アリの移動は重大事になる。ひなはアリが移動を終えてから、放棄されたアリの巣の上に足から飛び降りる。カビの胞子の雲がひなを包み、頭巾のような黒い羽毛を塗りつぶし、灰色に変える。ひながまだ息をつまらせているうちに、クーパーハイタカの骨ばった脚が彼を引っさらう。

アリたちがおそれる敵はひとつだけ——日陰だ。何千年もの昔から、一日のうちの数時間、一年のうちの八か月のあいだ、三万匹のアリは陽光を必要としてきた。丈の低い草とサボテンからなるこのヤマヨモギの草原地帯では、それほど高望みとは思えなかった。ところが、青い屋根の家——直近の氷期の収束以降、アリたちの居住区と行動圏にはじめてできた恒久的なヒトの建造物——が一瞬のうちにひょっこり現れた。その家に宿るヒトの世話する雑草が太陽を遮り、そこから生まれた怪物じみた日陰がアリたちを飲みこんだ。雑草とヒトを敵にまわすのは現実的ではない。雑草は闘うには数が多すぎ、たくましすぎる。そして家は――小屋といえども――攻撃するには大きすぎる。サッチアントが長い年月を生き延びてきたのは、なにかが起きたときにだれかのせいにしてきたからではない。差し迫った敵を見極め、闘争か逃走かを正しく選んできたからだ。影と闘うことはできない。だから、彼らは逃げた。

丈の低い草とサボテン、そして小屋からなるこのヤマヨモギの草原地帯では、八時間の陽光は、実のところ、高望みすぎたのだ。

一年でもっとも昼の短い日まであと一か月というころ、あのクロゴケグモが姿を消した。二か月後には、ガレージの奥の壁に沿って、茶と白の小さな若いクモたちが木彫りのボールよろしくそれぞれ糸からぶらさがり、ビーズのカーテンさながらに連なっているのを見つけることになる。次の春の終わりごろまで、わたしと過ごす赤と黒のおとなのクモは一匹もいなくなるわけだ。でも、わたしにはまだハタネズミがいる。コテージ正面で雑草がのびのび育っているかぎり、ひとりぼっちで朝食を食べるはめにはならない。

同じ月、一匹のハタネズミがわたしの野原の上空を飛んだ。そのハタネズミは、黄褐色の頭巾に淡い色の目を持つタカ科の鳥のかぎづめに乗っていた。まだ若いケアシノスリだ。北極圏のツンドラで生まれ、ハタネズミを食べて育ったその若いノスリは、一一月にここに来て、なじみのある気候となじみのない住民たちに遭遇した。シナガワハギ、アザミ、タンブルウィード、ホウキギ、そしてわたし。そのノスリは〈ジン〉——〈トニック〉よりも坂をくだったところにあるビャクシンの木——にとまり、ハタネズミが死ぬのを待たずに引き裂きはじめた。

ある日、ホバリングしていたそのノスリが〈ハタネズミの森〉に足から舞い降り、とげだらけの低木につま先をもつれさせたことがあった。ノスリは何回か木に引っぱられたあと、シナガワハギの生える一画によろよろと落ちた。それ以来、おもに土の道の向こうにある谷間の湿った草地で狩りをするようになり、見張り塔が必要になると、こちらに戻ってきて〈ジン〉のいちばん上の枝にとまった。わたしは家のなかから、双眼鏡を窓に押しつけて眺めていた。そのうちに、大きな黒いふたつの「目」に幻惑され、ノスリもこちらを見返すようになった。齧歯類を襲ったあとにはたいていわたしを無視し、四〇〇メートルほど離れた木製の「私有地」看板まで飛び、そこで獲物を食べた。でもときどき、狙いをつけていた齧歯類に逃げられ、どすんという大きな音とともに地面にぶつかることもある。かぎづめのあいだになにもないことに気づくと、若いノスリは頭をめぐらせ、わたしの大きな双眼鏡の目をまっすぐに見つめる。あれは絶対に、きまりの悪いときに心の慰めを求めているにちがいない。

はじめて〈キツネ〉を見たとき、わたしは双眼鏡の目で若鳥と戯れ、彼は〈トニック〉の下の卵黄の周囲を歩きまわっていた。その朝は、食べ残されていたひとつに加えて、卵黄四つを土に据えていた。わたしの土地の端にある谷間の湿地へ向かう前に、彼は卵黄をひとつ食べ、四つを残した。そのひとつでさえ、〈Tボール〉にすれば多すぎた。彼女は援軍を呼び集めながら、卵黄のまわりをぐるぐる飛びまわった。いまやカササギの大隊が卵黄を貪っていた。まさにその日の朝、自分たちが無視した卵黄を。カササギたちは明日なんて来ないかのように、今日が地球最後の日であるかのように食べた。キツネもまったく同じように食べる。それも当然では？　箱に入れられていない動物にとって、生はあてにならない。彼らは未知の未来と向きあっている。大きな違いは、一方がその未来と向きあっているうちに脂肪をたくわえたいと思っているのに対して、もう一方、つまりキツネのほうは、俊敏でありたいと思っていることだ。

春分の二週間前、例の若いノスリが、休眠中のムラサキウマゴヤシの野原をいばった感じでうろついていた。野原はいま、だれかの飼っているウシの放牧場になっている。双眼鏡のダイヤルをまわして倍率を下げると、黒いアンガス種のウシと〈キツネ〉が視野に入った。重いひづめで放牧場を歩きまわるウシたちは、寝ぼけた齧歯類を地中のこぢんまりした家から追いたてる。〈キツネ〉とノスリはウシのあとについてまわり、なかば眠った齧歯類をしとめる。ウシが新手の鳥猟犬になったみたいだ。追いたてるだけで、獲物を回収してはくれないけれど。

三月一五日、灌漑用水路に沿って朝の三〇分の散歩をしていたら、あのケアシノスリがねぐらにしているハコヤナギの矮林に出た。高さ一〇メートル弱のハコヤナギの木々が、表面を泥に覆われた泡のような雪の区画に影を落としている。雪からしみだす細流が、地面で腐敗する枯れ葉や枯れ枝のパッチワークを湿らせている。すぐ隣の草地では、シカの死骸が種々雑多な清掃動物の群れを引き寄せていた。屋根叩き魔のカササギたちもいる。〈Tボール〉はわたしに向かって急降下したあと、一羽のヒメコンドルにちょっかいを出しはじめた。あの若いケアシノスリは早くも林の上の空高くを飛翔している。雲たちはみずから筆をとり、ひとつながりのランダムな点と線からなる長い文字列を書きつけていた。空を覆うそのモールス信号がおそろしく均一に分布しているおかげで、空高く舞う猛禽のような変則的存在は、わたしの目から姿を隠せない。わたしの視線の先で、あの若いノスリが別の猛禽たちに加わり、さらに空高く旋回し、やがて消えていった。来年、北極圏から戻ってくるときには、ほかと見わけのつかないおとなの羽毛と、大きな望遠鏡を振る小さな人間を避けるだけの厭世観(えんせい)を身につけているのだろう。

人生とは往々にしてそういうものだが、わたしは自分の選んだものではなく、わたしを選ばなかったものに背中を押されて進んでいた。

川を八キロと小さな家二軒ぶんさかのぼった先にある雪山から吹きつける強い横風のなか、わたしは帰路についた。乾いた草と広葉草本の茎が、鉄条網のついた放牧場のフェンスと砂利の道を隔てている。わたしは通りすがりに、その植物たちの名を呼んだ。ウシノケグサ、アブラナ、チートグラス、モウズイカ、ヒマワリ、ロシアアザミ、ラビットブラッシュ、ヤグルマギク、ヤマヨモギ、シバムギ、ヒメアブラススキ、ウィートグラス、ノゲシ。

ウマにきれいに刈りとられた草地に近づいたところで、奇妙な植生パターンに足どりを乱された。わたしは風上を向きながら、両腕を広げてチョウゲンボウのようにホバリングした。ハタネズミの通路という通路を幼い植物が縁どり、モトクロスレースの小旗よろしく一対の葉を振っている。

リアトリスではない。

ハタネズミたちが砂利道沿いに集めては持ち帰ってきた大量の種子は、凶悪な黄色い雑草のものだった。ノゲシ――ソーシッスル（のこぎりのアザミ）という、的外れとは言えない名を持つ植物。タンポポの花をほとんど見えないくらいまで小さくして、茎を威嚇的な高さにまでのばして武装させた姿を想像するといい。半透明のひげのような突起が、有刺鉄線よろしく白い茎と華奢な主根を覆っている。

モンタナのどこかには、ハタネズミがリアトリスの種子を集めて食料貯蔵庫にためこむところもあるのだろう。ここではちがう。わたしが「荷馬車」につないだハタネズミたちは、それほど空腹ではなく、そしてもっと賢かった。自分たちの家とハイウェイのまわりに保護フェンスを築くために、ノゲシの種子を集めていたのだ。そして、〈ハタネズミの森〉が冬じゅうずっと捕食者からハタネズミたちを守っていたおかげで、いまや三エーカー（約一万二〇〇〇平方メートル）がハタネズミの巣穴であばただらけになっていた。彼らの通り道が網のように地面を覆っている。この先の数か月で、わたしは土から大量のノゲシの若芽をつまみだし、親指と人差し指を切り裂かれ、アリが隠れられるほど深い血まみれの傷をつくることになる。さいわい、例の袋にしまった種子はまだ植えていなかったので、この惨事に追い打ちをかけずにすんだ。あの種子は結局、ひとつ残らずガラス瓶に密封されて、ミノムシのようにごみ捨て場へ運ばれることになった。

ミュールジカが西の草地を行進し、雪が踏み固められたわが家のドライブウェイに入りこんでいた。そりを引くように整然と並んだ、植物へと続く草食動物の行列。先頭のシカに七組のシカが続いている。ひづめの下で陥没するもろい雪がなくなったので、どのシカもいっそう颯爽と動いている。わたしは朝のあいさつをしようと、コテージの陰で待っていた。わたしのところまで来る前に、彼らは道をそれて弾むように丘をのぼり、まばゆい真っ白なお尻ですでに斜面を水玉模様にしていた無数のミユールジカに合流した。そんなふうにして、わたしは三月一五日（アイズ・オブ・マーチ）——カエサル暗殺の日を過ごした。シカに避けられ、ノスリに見捨てられ、齧歯類に欺かれて。もうすでに、淡い緑の雑草の座葉（ロゼット）が、深く根を張った〈ハタネズミの森〉で密集する乾いた茎の隙間から突きだしている。わたしたちはみんな、この宇宙でひとつにつながっているのかもしれない。ミューアの格言は齧歯類にはあてはまらないのかもしれない。どっちでもいい。わたしは悟った（厚かましくも、と言う人もいるだろう）。想像していたほど、わたしはハタネズミとしっかりつながれてはいなかったのだ。

リバー・キャビンのクラスの面々ともう一日を過ごしたあと、わたしは図中の〈ハタネズミの森〉のラベルをハタネズミに変えた。あのキツネがわたしの土地に引き寄せられたのは、そこがハタネズミの聖域だと気づいたからだ。〈ハタネズミの森〉が引き寄せたわけではない。それどころか、あの森は彼を遠ざけていた。わたしはさらにふたつの星にラベルをつけた——卵黄とイヌ。

二匹の黒いイヌ

放棄されたリアトリス計画がわたしに残してくれたものは、雑草の聖域とハタネズミに対する新たな評価——つまりは、なにも残さなかったということだ。サッチアントの巣を日陰にして、その巣を湿った砕屑物からなるくぼんだかたまりに変えたことを別にすれば、〈ハタネズミの森〉はなんの役にも立たなかった。いっぽう、その天蓋の下ではハタネズミが繁殖し、想像を絶する密度になっていた。ある日、死にものぐるいの母親がわたしの革のブーツのつま先にしがみついてきた。下腹部をアコーディオンのように収縮させた彼女は、二匹のつややかな赤ん坊を勢いよくひりだした。赤ん坊はトマトソースをかけたインゲンマメそっくりだった。

わたしは〈ハタネズミの森〉の破壊を考えた。長いあいだ、わたしといっしょに過ごしてきたハタネズミたちのことを考えた。森の守護がなければ、タカ、イタチ、ラバーボアがその大半を虐殺していただろう。想像してみてほしい。草地の上を舞うアカオノスリのかぎづめに突き刺さったハタネズミから滴る血を。イタチがハタネズミのトンネルに忍びこみ、ぎざぎざの犬歯を毛の生えたうしろ脚に食いこませるところを。ラバーボアのベルトに両側からぎゅうぎゅう締めつけられて膨れあがったハタネズミを。想像すればするほど、わたしの罪の意識は大きくなった。

土地を所有する責任は重い。一歩進み、道を敷き、雑草を抜き、木を植えるたびに、億単位の結果が生じる。おおいなる地主、母なる自然から土地を借りる店子の最高責任者は、みずからの行動と結果の正しさを示さなければならない。単なる腹いせのために森――たとえハタネズミの森であったとしても――をつぶすわけにはいかないのだ。ハタネズミたちはもう、損害をもたらしていた。森を完全に破壊したところで、それを変えることはできない。

涸れ谷の日陰側のいちばん高いところに横たわったキツネは、ごちゃごちゃにもつれた雑草が風に吹かれてかさかさと鳴る音を聞いている。涸れ谷の向かい側、明るい日向では、春の雪解け水がガマにしみこみ、排水路をたどり、土の道の下へ流れていく。あざやかなオレンジ色をした、彼の二倍の大きさの母ギツネが、土の道の向こうの木のない丘に立ち、彼をじっと見ている。前にも、このゲームをしたことがある。母ギツネはまったく同じ位置どりをしていた。風下、すぐ近く、そして高いところ。見られずに見て、においを嗅がれずに聞きたいからだ。そうして、彼の失策を探す。自分の姿を不必要にさらしてはいないか。役に立たない生きものをふらふら追いまわしてはいないか。生き延びるために必要な務めを確実に完遂させたい。だから、悪さをしているところを見つけたら、鋭く叫んで彼を正しい道に引き戻す。

キツネは上唇の端から、ねばつくネズミの尾のかけらをなめとる。もしかしたら、彼の母が叫ぶのは、息子——前年に生まれたいちばん小さな子——が毛を逆立て、足指を広げ、爪で岩がちの地面をかちかち鳴らしながらとびはねているのを眺めるのが楽しいからなのかもしれない。ネズミのかけらを飲みこんだ彼は、上唇に舌を走らせる。母に背を向けたまま、彼は——前年に生まれたいちばん小さな子は、尾をぐるりと体に巻きつけ、くつろいでいるようなふりをする。ふり。

彼はハタネズミの通り道のほうに頭を向けつつ、母の燃えるようなふたつの目の発する光線がガマの上で一点に収束するところを想像する。さらに低く地面に身を伏せると、その一本になった光線が、甲虫の硬い殻についた水滴の反射する太陽のようにきらりと光りながら、彼の背中を滑るように走っていく。彼は丸まっていた身をほどき、なかば攻撃の体勢になる。母ギツネにはきっと、泉とハタネズミ、水と食べもののあいだで身がまえている彼の姿が見えるだろう。ぴんと立った彼の耳が、獲物のたてる音を聞こうとしているかのように前方に傾く。彼は尻を上げながら、かかとのほうに体重を乗せる。いままさに獲物にとびかかろうとする、なんの変哲もないキツネに見える。母ギツネのごく普通の子どもたちと同じようなキツネに。

罰すべき罪を見つけられず、息子を懲らしめる理由を奪われた母ギツネは、ウマの囲い柵のほうへ引っこみ、餌箱をめざすネズミの待ち伏せに向かう。想像上の光線が霧散する。

彼は母をだましていた。彼は狩りをしているのではない。だれかをこっそり見張り、餌でも敵でもない別の動物を観察して時間を浪費しているのだ。ぱっと見には、無駄な活動に思えるだろう。だが、それは思わぬ幸運をもたらす。母ギツネにではなく、この物語に登場する、その時点では幸運など信じていないある者に。

あなたはハタネズミを経験したことがないかもしれない。それでも、なにかの生きものに自分の領域を乱されたことはあるはずだ。ウサギ、モグラ、モリネズミ、イノシシ。ジリスがあなたのサクラの若木で宴会しようという気になることだってあるかもしれない。あなたは煙玉を炸裂させて、その見えざる脅威を木から追い払おうとする。それに失敗したら、ジリスのトンネルを水攻めする。翌朝、さらに多くのトンネルを目にしたあなたは、土が湿って掘りやすくなったおかげで、ジリスの動きがいっそう速くなっていることに気づく。あなたはその行動を阻止できそうなものを片っ端からトンネルにつめこむ。コーヒーの粉、虫よけ玉、尿、ばね式の罠(わな)。ひどいアイデア。

数日後、あなたは虫よけ玉が巣穴の外に投げだされているのを見つける。いまや作業中にひりひりするのはあなたの喉だ。シャベルと親指、そして罠に粉砕されずにすんだ右手の二本の指を使って、あなたは見つけられるかぎりのトンネルを突き崩す。ジリスはさらに深く掘る。あなたが眠っているすきに、ジリスは「鉄道」を掘り進め、木の根を食いちぎる。そのあとに残るやわらかい土とコーヒー粉の山は、あなたの世話に頼っているあの若木――この一エーカーで唯一のサクラの木の幹にどんどん近づく。あなたが(膨大な時間とお金をかけて)木の周囲でジリスを追いまわして三週間が経ったころ、ふと気づくと、その木が風に吹かれて傾いている。その高さ二メートルの木――もはや側根につながれていない――を宙に持ちあげると、末端がのみで削られたようにきれいに切れているのがわかる。あなたの木は死んだ。ジリスは死んでいない。丸々とした健康なジリスは育児用の巣穴にこもり、不格好な出っ歯の大群を産む。死んだサクラの木を切り刻み、世界一高価な根覆いにする前に、あなたはストリキニーネを持ちだす。

本気？

ストリキニーネ？

だって、あなた、それは復讐のための殺しだ。わたしならそんなことはしない。相手がどんな動物でも。わたしはそのジリスと共存してきた。たぶん、あなたがこれを読んでいるいまも、不格好な子どもたちか、その子孫たちといっしょにいるだろう。

土地の世話役の務めは、おそろしく難しい。厳しい環境の地ではなおさらだ。そして、あなたが単なる腹いせのために小さな齧歯類を殺したくてたまらないタイプの人なら、いっそう困難になる。だから、わたしは〈ハタネズミの森〉をつぶすのをためらっていた。わたしをその気にさせるためには、復讐よりも高潔ななにかが必要だ。

わたしの土地を前進する〈ハタネズミの森〉は、水を吸いあげ、日陰を広げていた。太陽を愛する植物たち――ゴルフボールほどの大きさしかない丸い玉サボテン、厚い葉を持つイエローバイオレット、紫色のマメ科植物がつくる円形のマット、めったにない赤紫色のビタールート――は雑草に埋もれてしおれかけている。わたしはとりわけ玉サボテンを愛していた。あと一か月もすれば、〈ハタネズミの森〉の支配から逃げおおせた個体から、くるりとうしろに反ったピンク色の花びらの王冠が生えてくるはずだ。気のりしないまま提出を迫られていた大学職の出願書類の束を気に病んでいた日々には、自分が高地砂漠に土地を持っていて、そこでは雪を頂く山々の影のなかで小さな五つ頭の玉サボテンが花を咲かせていることを思いだした。そうすると、それ以上は思い悩まずにすんだ。

そんなわけで、わたしは〈ハタネズミの森〉をつぶす理由を見つけた——太陽を崇拝する店子たちのために闘うのだ。

キツネは前足の爪を土に食いこませながらぐいと頭を上げ、顎が足の関節と交差するまで首をめぐらせる。家から出てきたヒトがくるくると回転し、長い金属の物体を振りまわしながら、宙に向かって叫んでいる。その長くしなやかないくつもの指は、ひどくたくさんの場所でいっぺんに曲がったりのびたりしている。樹液を飲むためにヤナギのなめらかな樹皮に穴を掘るキツツキのように、両手をすばやくぐいぐいと動かしているが、そこにはどんなパターンも見いだせない。アリを吸いこむハシボソキツツキだって、一方向にしか掘らないのに。キツネは交尾中の二匹のバッタをぴしゃりと叩き、その湿った内臓を感じるまで土に押しこむ。彼女の手はハリケーンを思い起こさせる。彼のいちばん嫌いな気象現象だ。エネルギーが多すぎ、使いみちが少なすぎる。でも、うまく流れに引きこめば、たくさんの可能性があるかもしれない。

もう動かなくなっていたバッタのつがいから肉球を持ちあげると、彼は一本の爪で二匹をまとめて突き刺す。腕と指と道具を振りまわす彼女を横目に、バッタをばりばり食べる。がちがち、ぶんぶんと音をたてる道具は、暴風の耳ざわりな、予測のつかない騒音を思いださせる。彼女の吐くうなり声と息が混ざりあい、ひとつの不協和音になる。破片が降り注ぎ、彼はぎゅっと目を閉じる。尾を鼻に引き寄せ、土煙が落ちくのを待つ。目を開けると、彼女はいなくなっている。

彼女が午後いっぱいを費やしていた絡まりあう低木のなかに、ほんの少しだけ、たぶん錯覚だろうが、隙間が見える。その混沌のなかのどこかで、ハタネズミたちが彼をあざわらっている。とげだらけの雑草は、そこへとびこんで通り抜けようとするほど愚かな者がいようものなら、だれかれかまわず目をつぶし、切り裂き、突き刺すだろう。いまは硬着陸（ハードランディング）をする気分ではない。彼は頭を両肩の下まで沈め、肩幅がどうにか収まるくらいの広さの隙間に鼻先を突っこむ。シカたちだったら、この午後に過ぎ去ったくらいの時間があれば、茂み全体を食べつくして原っぱに変えることができる。**できる**が、しないだろう。このタイプの雑草には、シカたちは一滴たりともよだれをたらさない。

彼がまだシカの厄介な性質について考えをめぐらせているうちに、〈ハリケーンの手〉がもっとたくさんの道具を持って戻ってきて、ヒトと植物の闘いが再開する。彼はそのアニメーションを楽しむ――ひたすらねじり、引っぱり、投げる。ばんばん、がちがちという音や叫び声は前よりも少ない。彼女がようやく家に引っこんだとき、陽の光は消えかかっていて、雑草の茂みは見たところなにも変わっていなかった。

〈Tボール〉はいつもいらだっているように見える——朝の卵黄が遅いとか、少ないとか、置きかたが悪いとか。彼女は何度か、四〇〇メートルほど丘をのぼったところで巣を補修している作業班を置き去りにして、こちらへ戻ってきてわたしに小言をいった。カササギはいつもそれほど敵対的なわけではない。アメリカ最初の野鳥ガイドの著者で、ジョン・オーデュボンがその名をキバシカササギ——ピカ・ヌッタリ（Pica nuttalli）——に与えたトーマス・ナトールは、先住民の子どもたちがカササギに餌をやって飼育するようすを見たときのことを書き残している。ナトールは一八〇〇年代にスネーク川沿いのショショニ族の土地を旅した。そして、ここから一六〇キロ離れた場所で、先住民の子どもたちがカササギを手なずけるのを観察した。鳥と子どもたちのなかま意識は彼を驚かせた。当時のヨーロッパでは、カササギは「排斥され、迫害され」ていた。人間を目にしたら攻撃する。おおぜいの人間を目にしたら逃げる。豊富な逸話と実験に裏づけられた証拠からすれば、カササギはその近縁たち——カラス、ワタリガラス、カケス——と並び、動物界でもとりわけ知能が高いとされる鳥だ。人間と同じように、迫害されれば迫害された者としてふるまうのは当然だろう。

蜃気楼のように黒く光る〈Tボール〉が、〈ジン〉のいちばん遠くまで張りだした枝にそっととまった。わたしはそのとき、狩猟用のこぎりで雑草を切り開いていた。彼女は尾羽を上げ、わたしのほうに尿酸を噴きつけた。正直なところ、血のついた柄と猟獣肉がこびりついて鈍った歯がなければ、わたしののこぎりは剪定のこぎりのふりだってできるだろう。いずれにしても、鳥がやかましくわめいているときに、不自由な道具で効率よく作業するなんて、できるはずがない。根掘り鍬が必要だった。このプロジェクトの開始から一週間でわたしに破壊できたのは、〈ハタネズミの森〉のほんの一部だけ。土のなかをはいずりまわっているおかげでアリに咬まれ、その腫れは何時間も引かなかった。風の強い午後には、わたしが湿ったタールであるかのようにマダニがくっついた。穏やかな午後には、死体の気分になるほどあっというまにブヨに覆われた。やはりヨーロッパから侵入してきた雑草のクレステッドウィートグラスは、一〇〇万本のひげ根で粘土質の土壌をがっしりつかみ、立派なシャベルが相手でも屈服しそうにない。しかも、わたしが使っているのは壊れたシャベルだ。爪楊枝でセメントブロックから雑草を掘りだすほうがまだましだっただろう。わたしは理想を低くした。完全伐採計画としてはじまったものは、間伐計画として終わることになりそうだ。おまけに、わたしは根掘り鍬を持っていない。

キツネは巣穴のテラスを覆うビャクシンの枝の天幕の下から頭を突きだし、息を吸いこむ。大きなビャクシンからのびる根は地中深くまで達し、彼の巣穴を三つの主室に分けている。首をのばした彼は、筋肉が引っぱられて温まるのを感じる。さらに体をのばし、身ぶるいする。その朝の空気は感じが悪く、見た目はもっと悪い。いつもなら青い屋根の家があるところを、ぼんやりとした灰色のかたまりが塞いでいる。じきに、雲が彼の頭の上に座りこむだろう。

天気がどうであれ、干あがった水路の向こう、〈丸い丘〉の下に広がる膝の高さの草のなかでは、エルクの死肉あさり計画が待っている。彼はエルクの死骸のまわりを歩き、夜のあいだにだれも侵入しなかったことをたしかめる。だれかが彼の尾を引っぱる。なんだよ、もう！　一瞬にして、彼はもう巣穴のなかにいる。

中央にある根の柱のそばにうずくまり、巣穴の三つの主室を見まわす。そのうちのふたつに、トンネル状の玄関から光が差しこんでいる。三つ目の、丘のいちばん奥深くにある部屋は暗いままだ。岩がなく、涼しく、乾いていて、安全な場所。そうはいっても、ちゃんとした四本の脚があるおとなのキツネが一日を過ごせる場所ではない。

尾を引っぱったのは、膝ほどの高さがあるオプンティアの葉だとわかった。その葉はいま、白くて長い彼の毛の束を振っている。霧雨がその毛を、悔いあらためることを知らないサボテンに古びた頭状花よろしくはりつけている。彼は顎を解けかけの雪にのせ、しゅうっとうなる。唇をぐっと引き、サボテンの両側に脚を一本ずつ置き、もういちどしゅうっとうなる。冬のあいだずっと、雪が地面をたいらにならし、穴を埋め、サボテンを覆っていた。いま、解けはじめた雪は、滑りやすいぬかるみと毛泥棒のオプンティアを置き去りにしている。彼の通り道に邪魔者が増えただけ。機嫌を損ねても当然のところだが、それは今日の計画の一部ではない。エルクの死骸が待っている。

泥だらけのエルクの腿を歯で引っぱる。それで得られたのは、あまり楽観的でないキツネだったらお手あげと見なすであろう成果だ。腿を骨盤につないでいる関節を嚙み切ると、彼の戦利品（トロフィー）が自由になり、まわりの湿った地面を掘ると完全に外れる。歯で引きずりながら、彼は長い骨をじりじりと巣のほうへ運んでいく。

翌日の午前のなかごろに〈ハリケーンの手〉を偵察した。帰路についた彼は、太陽に目をくらまされない最善のルートをたどるには、シカで埋めつくされつつある浅い盆地を横切らなければいけないことに気づく。でたらめに散る斑点で横腹を汚した子ジカが、母親の腹の下に顔を押しこんでいる。ウシたちが身じろぎ、その背中でマダニをついばんでいたコウウチョウたちが翼を広げてバランスを取り直す。シカがこの盆地にはりついているのは、そもそもそこに入ったのと同じ理由――低くなっているからだ。シカたちは単純に、そこにはまりこんだのだ。シカはよく、低いところにはまりこむ。その動きは落下に似ているが、それよりもゆっくりで、それほど派手でもない。自然は変幻自在ではない。そしてシカは、上に向かって落ちたりしないのと同じように、上のほうにはまりこんだりもしない。この浅い盆地から出るためには、エネルギーを費やす必要がある。シカにはどう見てもそれがない。そうでなければ、そもそもおもしろみのない窪地（くぼち）にはまりこんだりはしないだろう。難局をさらに悪化させているのが、どちらかと言えば小さなその窪地には数頭のシカを入れる余地しかないのに、長い行列をつくったシカたちがはまりこむ順番を待っていることだ。ぎゅうぎゅうづめのシカ。

作戦変更！　次善のルートは砂質の丘を縫って進むコースだ。丘には木がなく、ネコの尿のようなにおいがする。ひるむことなく、だが慎重に、彼は丘のあいまを跳ねるように進む。積み重なった丸太の下から一匹のネコが現れ、太く短い首の上で横幅の広い頭をぐるりとめぐらせる。

ネコを迂回（うかい）して開けた草地へ出たキツネの頭上を、ひとつの影がよぎる。斜面の上のほうに消えたあと、影はまた戻ってきて、上空を通過するたびに太陽を遮る。影を投げているのは、一羽の黒っぽいワシだ。あのワシなら、彼の頭全体を片足でつかめるだろう。ワシの脚は一本でも彼の首より太い。黒っぽいワシは死骸の餌場によく現れる。彼らはシカのはらわたを抜きだすのを専門にしていて、むやみやたらに創造的な方法をとることもしょっちゅうある。しかも、気まぐれだ。死骸に近寄りすぎた者の喉を喜んで引き裂くワシもいれば、それほど喜んでしないワシもいる。なかには、近くに死骸があるかどうかなんて気にしないワシもいる——キツネを引き裂きたい気分なら、とにかく引き裂く。どのワシにもそれぞれの個性がある。分析しようとしたら、面倒なことになりかねない。それに、どうしてわざわざそんなことを？　どのワシにもそれぞれの機嫌がある——だが、どの機嫌も、みんなひどい。

草地の上、ビャクシンの木の高いところでざわめいているルリツグミたちが、枝の先のほうに集まっておしゃべりをしている。この鳥たちの行動はよい兆候だ。彼の頭上で影を行ったり来たりさせているワシは狩りをしているわけではないのだ。いまはまだ。走るのと同時に鳥たちの呼び声の解釈もこなしながら、彼はちょうどよいときに巣穴にたどりつく。巣穴は静かで乱されていない。お気に入りの岩のてっぺんに、まだ新しい鳥の糞があるのを除けば。この任務はまた別の日、もしくは別のキツネにまわそう。

腹ばいになって体をのばした彼は、崩れかけの崖の下、巣穴近くの草地で日向ぼっこをする。その崖の上には、また別の草地と別の崩れかけの崖。どちらの崖にも、クーガー——エルククらい大きな毛の短いネコ——がうろついている。たいていのキツネは、つねに鼻を風のほうに向け、クーガーのにおいを嗅ぎとろうとする。彼はもっと賢い。いちばん安全に日光浴をする方法は、風に背中の毛を逆立てさせることだ。そうして、耳を澄ませる。崖を転がり落ちる石が風と同調していれば、なにも問題はない。空気が動いていないのに石が転がり落ちたのなら、そのときは、放棄されたアナグマの巣穴に駆けこまないといけない。

次の日、〈ハリケーンの手〉と青い屋根の家まで行く日陰のルート上にある唯一の切り返しが、シカの糞に覆われている。雌ジカの行列がその道にずらりと連なり、列をつくる動物の肛門(こうもん)から同時に放出される真新しい糞玉にみんなして足を滑らせている。シカは草食動物だ。その性質のおかげで、やりすぎなくらいに周囲を分析するという責任を免れている。一頭の雌ジカが足を滑らせ、砂利の多い土手に転がる。先に滑っていた別のシカが体をくるりとひねり、尻もち状態から立ちあがろうとしている。あれほどたくさんのシカが足を引きずっているのも無理はない。しかも、雨はまだ降りはじめたばかりだ。

雨から守ってくれる幹の長いヤマヨモギは、あの家の近くにある。でも、そこはやかましい場所で、丸い腹をしたカササギの巣の近くだ。ひなを守る義務にとらわれ、尾羽の長いつがいの鳥が餌を運んでくるのを待つ彼女は、騒々しいわめき声をあげる。ヤマヨモギと家のあいだでは、鼻をつんと刺す低木からシカたちがつやつやの葉をむしゃむしゃ食べては吐きだしている。どう考えても、放棄されたアナグマの巣穴のほうが静かな隠れ家になる。だが、それでなくても雲と雨が世界をこれほど縮こまらせているのに、暗い穴のなかでうずくまってさらに小さくする必要はない。それに、あのヤマヨモギからなら、窓の外を眺める〈ハリケーンの手〉が見える。

雨がやんでも、ヤマヨモギから水滴が残らず落ちきっても、太陽が雲を押しのけても、〈ハリケー

ン の手〉はまだ家のなかにいる。こんなに労働時間の短い動物はいない。彼女が外に出てくるのをじゅうぶんすぎるほど待ったころ、こと退屈にかんしてはこらえ性のない彼は、ためこんだエネルギーのいくらかを使える場所を探しにいく。

その晩、帰り道の途中で、どろどろになった低木の葉の山をいくつもまたぎ越す。朝にあのべとべとする葉を反芻(はんすう)していたのと同じシカたちが戻ってきて、さらに葉を食べては吐きだしたにちがいない。シカたちは明日も同じ植物を食べるのだろう。その次の日も、秋が来るまで毎日。そして毎日、食べた葉を吐きだしたあと、長い顎をあちらへこちらへと向けて、驚いた顔でたがいに見つめあうのだろう。まるで、こんなにまずいなんて、びっくりだよね、と言っているみたいに。

雨の波がスチール屋根を殴る音で目覚めると気力をくじかれるものだ。もっとも、わたしのように、屋根を叩くカササギの群れとの暮らしに疲れ果てていなければ、の話だけれど。しかも、その日の嵐の見た目は、音で聞くよりもひどかった。わたしは窓に鼻と両の手のひらを押しつけた。ウーブレック。

ドクター・スースは『ふしぎなウーベタベタ(*Bartholomew and the Oobleck*)』を、モノクロにひとつだけの色を使って描いた。たぶん本人としては、人間と天気の関係を掘り下げるつもりだったのだろう。でも、自分の作品が未知の海域へ船出したあとに、善意の海賊たちを統制できる著者なんているわけがない。白黒と緑で描かれたドクター・スースの本から得られる教訓は――腹をくって、自然に対して文句を言うな。この物語では、雪や雨のような平凡な気象現象に退屈した王が、新しい降下物を呼びだせと魔術師に命じる。母なる自然は自分こそが空の支配者だと王に思い知らせるために、王の愚痴に応えてウーブレックなるもの――どろどろねばねばとした、溶けもしないが蒸発もしない物質を降らせる。この新手の物質よりは退屈のほうがましだと悟った王は、みずからの命令を撤回する。

今日のわたしは、どこまでも意気消沈しながら、はっきりした形をとらない灰色のウーブレックを窓から眺めていた。マウントレーニア国立公園の原生地域(ウィルダネス)でレンジャーをしていたときにも、よく同じような分厚い霧が太陽を遮り、空と地面の区別をなくしていたけれど、それで気持ちが湿ることはなかった。霧が腿を包んだら、その「空気の沼地」からしばし避難し、その場にしゃがみこんで、セイガンサイシン（ワイルドジンジャー）のハート形をした葉の下に隠れているえび茶色の管状の花を探した。その近くでまだら模様のバナナナメクジを見つけたら、ポリプロピレンの手袋を外し、そのゴムのような胴体に人差し指を沈める。丸一週間、ほかの人間と会わずに過ごすこともあったかもしれないけれど、一匹のナメクジとの触れあいさえあれば、孤独を感じずにいられた。低地で雨が降れば、その日は古木の天蓋の下をハイキングした。高地で雨が降れば、その日は頭上にせりだす白い岩の下を横向きに歩いた。もちろん、閉所恐怖症でない人なら、小さな乾いた小屋にとどまって〈コールマン〉のランタンを灯したっていい。

わたしは昔から、昼間に青い空が見えない状態で屋内にいるのが苦手だ。たぶん、閉所恐怖症という言葉を聞いてあなたが思い浮かべるのは、クローゼットとかエレベーターとか公衆トイレの個室だろう。わたしはエレベーターを避けているし、うちにウォークインクローゼットはないし、たいていはジーンズのファスナーを上げ終える前にトイレの個室からとびだすけれど、とりわけ閉じこめられた気分にさせられるのが、重く低くたれこめた雲だ。その手の雲はわたしを不安にさせる。心理学者に言わせれば、閉所恐怖症はかぎられた空間に対する「不合理な恐怖」ということになるのかもしれない。でも、わたしが狭いところを避けるのは、不合理というよりは、むしろ本能ゆえのような気がする。

とはいえ、もはやバックカントリーのレンジャーではなく、パートタイムの大学教員としてふたつの生態学講義を受け持ちつつ、チェルシー・ハウス・パブリッシャーズと契約して中級森林学の教科書も書いている者は、屋内にいなければいけない。閉所恐怖症だろうがなんだろうが。

最終的に、その灰色はわたしを窓の少ない一階の部屋に追いやった。午前七時にいたるところにあったウーブレックは、午後七時には不滅の存在のようになっていた。窓がわたしを見つめ返している。一二時間の勤労時間に完遂できたのは、六時間ぶんの仕事だった。天気から逃げるために部屋から部屋へと移動し、窓の外を眺め、かすかな日光や月光を探して深淵（しんえん）を覗きこむ作業に、論文の採点と同じくらいの時間をかけていたわけだ。仕事を投げだす前に、わたしは〈虹の部屋〉（レインボー・ルーム）に戻り、被食者分布の集中パターンと分散パターンについて、オンライン生態学の授業をとっている学生たちと議論した。

埋めこみ式のバスルームがある〈虹の部屋〉は二階の全体を占めていて、端から端まで九メートルほどある。かつての仕事場だったシュライナー・ピークの火の見やぐらと同じように、狭くて窓に囲まれている。建設業者には、この部屋のなかではサングラスをかける必要があるよ、と警告された。彼の言うとおりだった。このコテージは丘の斜面に立っているので、〈虹の部屋〉の裏手は地面と同じ高さになる。二か所にあるガラスのドアから外へ出られる。正面のドアはテラスへ、もうひとつは裏の野原へ。六つのダブル窓とふたつのシングル窓、そしてふたつのドアのおかげで、芸術作品を飾る余地はほとんどない。それでも、マウントレーニア、クレーターレイク、イエローストーン、アーチーズ国立公園の写真をどうにか押しこんでいた。天井からぶらさげたグレイシャー国立公園の写真は、煙探知器の赤い光が眠りを妨げるのを防いでくれる。デスクの向こうの壁には、巨大なジョージア・オキーフの複製画三枚――どれも花の抽象画――がかかっている。

壁の残りのスペースを埋めているのは、本棚、写真、そして虹色のフレームのドアミラー。ドアミラーはバスルームを使うときにいつも通りすぎるけれど、単なる飾りだ。わたしは髪のセットもメイクもあまりしない。それはともかく、自分の見た目は気に入っていた――上の前歯のあいだで膨らんでいる、ピンク色の腫れぼったい組織以外は。それだけは大嫌いだった。たいていの人は肥大した上唇小帯についてあれこれ言ったりはしないいし、いずれにしても、わたしの高い頬骨がいつも注意のほとんどを引いてくれる。そう、わたしの頬骨はものすごく高い――背後に立っている人でも、わたしがほほえんでいるとわかるほどだ。でも、歯科医にはきまって、あなたの親はどうしてこの上唇小帯をどうにかしなかったのか、と訊かれた。「たいていは、子どものうちにどうにかするものですよ」といまのかかりつけの歯科医（とその前のふたり）は言った。彼はそれまで、上唇小帯が前歯のいちばん下までのびている成人を見たことがなかった。いや、わたしだってそうだ。それにきっと、わたしが観察に費やした時間は彼よりも長いはず。この上唇小帯は、わたしが大事に育てられた子どもではなかったことを伝えている。わたしがそれを悲しんでいるかって？ それはまあ、この上唇小帯は、ほほえみかたが大きすぎたり急すぎたりすると、裂けて出血する。笑い声をあげるときも同じ。しかも、いつも出血しているように見える。たぶん、これで質問の答えになっているだろう。

〈虹の部屋〉の窓には、それぞれ色の違うハニカムブラインド（ハチの巣のような六角形が並んだ断熱ブラインド）――紫、青、緑、黄、オレンジ、赤、紺――がかかっている。このあたりでは、晩春から夏にかけての時期に、数日ごとに虹が弧を描く。二重の虹もめずらしくない。ときどき、太い不完全な虹が雲から吐きだされることもある。「幻日（レインドッグ）」と呼ばれる虹だ。わたしはマーク・トウェインの『西部放浪記』で幻日を知った。トウェインは一八六六年にサンドイッチ諸島を探検したときに、船乗りたちからその虹のことを聞いた。虹と幻日にたいそう感銘を受けたトウェインは、クック船長に授けられたサンドイッチ諸島という名をレインボー諸島にあらためるべきだと主張した。もちろん、トウェインが訪れたときには（それを言うなら、クック船長が訪れたときにも）、その諸島はもう名前を必要としていなかった。有史上はじめてこの諸島を統一したカメハメハ一世が、クックの割りこむ数十年前にハワイと名づけていたからだ。そうした傲慢さを大目に見れば、トウェインの提案は虹のカリスマ性をよく表している。たしかに、虹はめったに見られない、つかのまの現象にすぎない。でもわたしは、普段のおこないではなく、最高のおこないを見て自然を評価するようにしている。いつの日か、自然も同じようにわたしを評価してくれるといいのだけれど。

『白鯨』のイシュメールは、「天」がマッコウクジラをひいきにしていて、それを示すために、クジラの噴きあげる潮をつうじて虹を届けるのだと考えている。船員なかまはクジラが哺乳類だとは、ましてや天の恵みに値するとは思っていない。だからと言って、彼をあざわらう人がいるだろうか？　いや、世のなかがすっかり変わりでもしなければ、体重一三〇キロ超の人食いの親友（『白鯨』に登場する屈強な銛打ち、クイークェグのこと）を持つ男にちょっかいを出す者なんていないだろう。

交尾期が終わってずいぶん経ったころ、キツネは一匹の年上の雄に遭遇する。ハコヤナギの低林に身を寄せている、母のつがいの一匹だ。キツネは尾一本ぶん離れたところで立ちどまり、頭を上に傾けて、年長のキツネの目を覗きこむ。「クワァ」

雌ギツネやもろもろの心配ごとから解放され、怠惰な午後を過ごしたいと思っていた年長のキツネは、疲れ切ったもの悲しい鳴き声をあげてから、一本のハコヤナギのうしろに戻り、身のしまったキノコの群生の隙間に横たわる。

年長のキツネの肩ごしに、〈キツネ〉はカナダヅルたちのようすを探る。散開したツルたちは、みんなしてカエルを狩っている。長いくちばしを沼のような原っぱに突っこむ彼らは、三本脚の鳥のように見える。あの頭を上げてくれさえすれば、最高の気晴らしになりそうだ。年長のキツネは鼻づらを横に傾けてやわらかく湿った土に押しこみ、あやしげな見た目のキノコを吸いこもうとしている。

あのキノコは彼を殺すか、午後の残りの時間をすっかりつぶすか、どちらかだろう。どちらにしても、膝が彼の頭より上にある三本脚の鳥たちを困らせることが、いまや計画表のいちばん上に来ている。

粉を吹いたような白い実の重みでたわむスノーベリーの枝を相手にするときと同じ要領で、彼はツルの脚の下に滑りこむ。ツルたちは跳びあがり、空中で彼を蹴る。長く鋭い爪に迫られ、ぎゃあぎゃあと騒々しい過剰な脅しを浴びながら、彼はぐるぐると円を描き、ほうほうのていで走りまわる。ムラサキウマゴヤシの野原に追いだされた彼は、回転する灌漑用パイプの影を遊び半分にさっとかわす。

二匹の黒いイヌが遠くの納屋からとびだしてくる。コヨーテより背が高く、横幅も広い。イヌたちはこちらに向かってくる。キツネは灌漑用水路づたいに丘を駆けおり、ハコヤナギの丸太をいくつか跳び越え、エルク臭の雲を突っ切る。川にたどりつくと、氷の棚が岸沿いにぷかぷか浮いている。作戦変更！　まだ葉のないヤナギの低木のしなやかな茎のなかを疾走してから、向きを変えてまた丘をのぼる。

イヌたちもついてくる。丘をのぼる？　まさか。イヌたちは首輪をつけていて、太りすぎで、閉じこめられていたせいで弱っている。しかも、それは身体面のハンディキャップにすぎない。丘がたいらになったところで、ひと息つこうとイヌたちの足が鈍る。あっというまに次の丘が来て、イヌたちは甲高い声で吠えはじめる。その吠え声は、彼に向けているというよりは、世のなか全般に向けた文句のように聞こえる。

行く手の涸れ谷では、積もった雪の上に氷が薄い殻をつくっている。彼はその氷の殻を飛ぶように渡る。長い翼のタカになった気分だ。追ってくる二匹の重い獣が氷の殻を踏み抜く。乾いた砂のように形を変える雪のなかを彼がひとしきり転げまわったあと、二匹のイヌが疲れ果ててあえぎながら、また姿を現す。彼らのすねには、氷の鋭い縁が切り傷とあざを残したにちがいない。

　青い屋根の家に着くころには、太陽はすっかり沈んでいる。彼はいま、なじみの場所にいる。だが、イヌたちは違う。家の正面の草地を走っているあいだに、彼らは未知のにおいと障害物に不安になり、混乱する。それは精神面のハンディキャップだ。

◆

　ここではイヌが吠えることはほとんどない。その物音でわたしは立ちあがり、外へ出た。シェパードくらいの大きさのある二匹のイヌが一匹のキツネを追いかけ、わが家の正面の野原をまっすぐ突っ切ってくる。だれであれ、これほど速くは考えをまとめられないであろうほどの速さで、わたしはモップをつかんでイヌに向かっていった。野原はサボテンが散らばり、滑りやすく、古い雪でぬかるんでいる。ウサギかシカだったら、そのまま放っておいただろう。でも、まだ顔見知りではなかったキツネに対するその反応は、本能的な、おそらくは先祖返り的なもので、自分ではまったく制御できなかった。わたしは取り乱したまま、目的を果たせず家に戻った。たぶんキツネには、わたしが追い払っていたのが彼なのかイヌなのかなんてわからないだろう。いまや彼は――雲に囚われた月の下で――一〇本の脚と三匹の逆上した動物から逃げていた。月が空高くのぼり、雲たちから逃れようとすればするほど、雲はいっそう頑固に月にしがみついた。

偶然にも、わたしが電話番号を書きとめていた唯一の隣人はイヌを飼っていた。「そっちがだれかなんて、わかってます」。自己紹介しようとするマルコに、わたしは口ごもりながらそう言った。「あなたの番号にかけたんだから。あなたのイヌがキツネを追いかけていたんですよ。キツネを」。わたしは大声で誇張した言いぶんを並べたて、極悪や不法といった言葉を使いながら、自分のイヌを制御できないマルコを厳しく非難した。もしかしたら、ほかのだれかのイヌかもしれないけれど。

わたしは全速力ででっちあげた実在しないキツネ保護法を引用し、マルコが返事をするたびに、文の終わりまで言い終えるのを阻んだ。

受話器からは、イタリアのアクセントまじりの単語とフレーズがもごもごと聞こえてきた。元妻が、街に、一匹しか、それからごめん、ごめん、ごめんよ。

仮説上の話に切り替えたわたしは、イヌなら脚を折ったり肉球を刺したりしても獣医師に治療してもらえると説明した。「ケガをしたキツネは死んでしまう。ひとりぼっちで。寒さのなかで。苦しんで」

「キツネ、だろう？　イヌより足が速い。だいじょうぶ。すごく速い」

「野生動物は法律で守られているんだから」とわたしは嘘をついた。「ペットに野生動物を追いかけさせたりしちゃ、いけないんですよ」。どんな場合でも。どうやらマルコの飼う唯一のイヌは都会に逃げた元妻が連れていったみたいだけれど、だとしても。

電話を終えると、さっきのキツネが玄関の階段の端に座っていた。ポーチの灯りをつけたら、彼はほっぺたが眉に届くほどぎゅっと目をすがめた。イヌを追い払うだけのつもりだったのに、怖がらせてごめん、とわたしは謝った。そのときはじめて、彼がわたしに話しかけた。「クワァ」。すぐに、彼には声帯がないのだとわかった。

もこもこのダウンコートをはおったわたしに護衛されながら、小さなお客はコテージ正面の草地を嗅ぎまわっていた。たぶん、ハタネズミを探しているのだろう。でも、わたしにはわかる。彼はわたしのにおいも学習し、わたしがネコともイヌとも暮らしていないことをたしかめようとしているのだ。わたしをうしろにしたがえて尾根を一〇〇メートルほどのぼったところで、彼は姿を消した。イヌたちはまだ、ときおり思いだしたように吠えている。フォックスハウンドは速くも賢くもないけれど、我慢づよくてしつこい。狙ったキツネをひたすら走りまわらせ、くたくたにさせるのが彼らの戦略だ。数十年をかけた品種改良が、時間はわれらの味方、というモットーを彼らに授けた。そのあいだ、月はあいかわらず囚われの身のままだった。わたしはほとんど真っ暗闇のなかを歩いて家へ戻った。

寿命の短い賢明な動物の例に漏れず、そのキツネも自分の時間をよく把握している。多すぎる硬着陸と少なすぎるハタネズミとともに、また一日が過ぎ去った。ケアシノスリはもういない。ムラサキウマゴヤシの野原では、ウシを急きたてるのを手伝ってくれるあの若鳥なしで狩りをしている。だが、イヌを追い払うヒトとの興味深い出会いに、ふとひらめいた。彼にはいま、ひとつの作戦がある。土の道から丘の斜面へ跳び移った彼は、ビャクシンととげだらけの低木のあいだに着地し、自分の巣穴へ向かう。巣まではやすやすと帰りつける。休まなくてもいいし、疲れることもない。鼻をつんと上向かせ、ふざけて急斜面を跳ねまわったって楽勝だ。でもそうするかわりに、ゆっくりとした足どりで開けたところへ出て、てっぺんがたいらになった巨礫に跳びのる。自分と、うしろをついてくる〈ハリケーンの手〉が、たがいの姿を見られるように。シカとそれほど変わらない背の高さの彼女は、低木の茂みや闇のなかにちょくちょく姿を消す。彼女が数歩しか離れていないところまで来るのを待ってから、彼はまたのぼり坂に戻って、ぶらつくときの足どりまで速度を落とし、エルクが横に並んで歩くのに使う道をたどる。ガチョウの羽毛のにおいがするそのヒトは、広い道ではさっきよりも速く歩けるが、夜のキツネにかなう者はいない。彼女が遅れはじめていると感じたら、彼は足をとめ、埋めてあったネズミを掘りだし、その場でしばし土をならしながら、追いついてくるのを待つ。彼女はしばらく遅れずについてきたが、そのうちに足どりがよろめきはじめ、くっつきやすいラビットブラッシュにしがみつく——いや、倒れこんでいるのか。しかたなく、彼はそのまま走り去る。彼女が自分の家までゆっくり帰れるように。新しい相棒を疲労のあまり死なせたりしたら、それこそ作戦失敗だ。ゆっくり鍛えなければいけない。

彼は満月をうまく利用し、雲に覆われているときには速度を落とし、月が雲を振り払ったら走る。そのあいだずっと、彼のモットーが鳴り響いている——時間はだれの味方でもない。べたつく葉のスグリの茂みをこすらないように巨礫に跳びのったあと、彼はその日最後の厄介ごとを迂回する。積み重なるように眠るシカたち。彼らはまぬけな動物だ。だが、ひとりきりで生きるほどまぬけではない。

雨のキツネ

小鬼(ゴブリン)の光、姿を見せない虹、玄関を叩く謎めいた音。その日は奇妙な一日だった。「そこにいるのはだれ?」とわたしは鹿肉のシチューに訊いた。ニンジンで汚れた指をブルージーンズで拭きながら導きだした唯一の論理的な答えは——だれもいない。そこにはだれもいない。なにしろ、「そこ」にたどりつくためには、わが家のドライブウェイを見つけないといけない。茂みに縁どられた細いそれは、道路からはほとんど見えない。だれかがどうにか見つけられたとしても、一三五メートルの砂利道がひそかな侵入を妨げる。

でも、その日は論理に縛られた日ではなかった。明け方から、ひとつの雲が空全体を覆い、雪で縞(しま)模様になった山脈のなかばあたりまでたれこめ、わたしをあざわらっていた。その図太さにもかかわらず、雲はずっと薄いままだった。わたしがほんの一秒だけ重力に見放され、手のひらを開いてバンザイをした格好できりもみのように空へ昇っていったのなら、指先で簡単に突き通せそうなほど。正午までに、その雲はわたしの足首にまとわりつき、わたしを飲みこんだ。夕方には、風に吹かれて通りすぎた弱い雨が雲を追い散らし、のこぎりの歯のような山脈をあらわにした。虹が出るのを待っていたのに、ひとつも現れなかった。そのかわりに、小鬼の光が湿った夕暮れにしみこんだ。濡れた草でさえ輝かないほど、陰気な光。

二度目のノックはなかった。一階にはかきまぜるべきシチューがあり、ラジオは二階でしか受信できない。重要なニュースがあるとわかっていれば、シチューをつくったりせずに、乾燥肉（ジャーキー）を食べる。

だれか来たのなら、どうしてドアベルを使わなかったのか？

うちにドアベルがあるなんて、本気で思っている？

普通の晩なら、自然光だけでは本やバーベルにつまずくのを防げなくなるまで、ブラインドを上げて電気を消したままにしておく。その習慣は、環境保護とも倹約とも関係ない。わたしの一か月の電気代はシカタグ（狩猟許可を証明する標識）ひとつと同じくらいで、ダイヤルアップのインターネット接続サービスよりも少しだけ安い。たっぷりの灯りをつけっぱなしにする余裕はじゅうぶんにある。でも、一日の活動をゆるめて停止させるためには、夕暮れどきの原始の光が欠かせない。その晩の光はざらついていて、身の毛のよだつ感じだった。だから、ブラインドをぐいと下ろして締めだし、ぐらぐらするフロアランプをつけていた。

玄関のはめこみ窓を覆うたわみやすいアルミのブラインドに片手を押しこみ、親指と人差し指で二枚の羽根の隙間を広げて外を覗いた。だれもいない。ともかく、ノックするほど近くには、だれも。ただ、がらんとしたポーチの向こう、石を投げれば楽々と届くくらいのところに、だれかが背筋をのばして座り、わたしをじっと見ていた。小さな濡れたキツネ。わたしはドアを開けた。「こんにちは」と言いながら、甲羅から顔を出すカメよろしくコテージから首をのばした。キツネは頭を下げて首をひねり、ドライブウェイを見据える格好になった。彼の視線を追う。なにもない。わたしのエキナセア（ムラサキバレンギク）を食べる者を突きとめるために設置した〈ブッシュネル〉の監視カメラは、暗くなるまで作動しない。

彼がキツネではなく人間だったなら、わたしは彼の行動を、真のノッカー（彼）から注意をそらし、実在しないノッカーがドライブウェイを逃走したとほのめかす戦術と解釈したと思う。わたしをかつごうとしている、と胸のうちで思っただろう。どこかの思慮の浅い夕方のノッカーがしでかした嘆かわしい迷惑行為を、ふたりともが共有しているようなふりをしているのだ、と。でも、いま玄関先にいる相手は、人間ではない。伝承や神話がなんと言おうが、科学者たちはキツネを戦術家や詐欺師のなかまには入れていない。そうした個性を持つためには、先を見越した思考、計画、目的意識などなど、野生のキツネのもとを訪れたとはついぞ知られていない数々の性質が必要とされる。わたしの博士課程の教育でも、その程度のことは教えてくれた。

キツネはあいかわらず、わたしをじっと見てはドライブウェイをにらむのを交互に繰り返している。

侵入者の有無を調べようと、わたしはドライブウェイを歩いて「だれ？」と呼びかけた。だれにも返事をしてほしくないと思っている人が出しそうなくらいの大声で。裏手の草地にまわりこむと、いかにも雌ジカらしい目をした一頭の雌ジカがいて、子ジカ二頭が横になっていた。もしかしたら、わたしが聞いたあの二連ノックは、このうちのだれかが木のドアを蹴った音だったのかもしれない。とはいえ、どのシカも、さっきまであたりを軽やかに歩きまわっていたと思えるほど快活なようすではなかったけれど。コテージ正面の草地に巣をつくっているスカンクたちがドアに石を押しつけた可能性もある。そぞろ歩きをする彼らが敷居につまずく音は、しょっちゅう耳にしていた。スカンクたちはいつも忙しく動きまわっては、ハチを追いまわし、多年生植物の根を引っこ抜き、わたしの監視カメラの前で下品なポーズを決める。でも、そのどれをとっても、深夜になる前にすることはめったにない。

わたしはラジオを聞きに二階へ行った。ほどなくして、不穏なにおいとまとわりつくような煙が追ってきた。少しばかり不快だったけれど、ニュースほどの引力はなかったので、そのまま無視した。煙探知器が鳴り響いたときには、シチューを救うにはもう手遅れだった。本日のディナーは、白い磁器の皿にちょこんとのったナシひとつと、それを取り囲む深紅の鹿肉ソーセージ数切れに変更になった。金色の紙に包まれた四角いチョコレート三つがナシのうしろで斜めに並び、ナシのなめらかな緑色の皮を引きたてている。わたしはピンストライプの薔薇(ばら)色のソファに沈みこみ、長方形をした古材のウッドトレイの上でディナーのバランスをとった。完全に下ろしたブラインドを除けば、どこをどうとっても悪くないディナーだ。ブラインドは厚手の布製のハニカムブラインドで、淡い緑色をしている。壁とふたつのドアの色はオールドローズ。このとりあわせは、一般に「プレーリースモーク」と呼ばれる野草、ゲウム・トリフロルムの花と葉の色と同じだ。〈レイク・イエローストーン・ホテル〉のサンルームの配色をまねた。ときどき、ソファがテレビのほうを向いている家を想像してみては、窓の外の穏やかな色を、山々を、雲を眺めずに食事をするのはどんな感じだろうかと考える。単に、テレビを持っているのはどんな感じかと考えることもある。

ラジオから、鐘の音を背景にして響く、重々しい荘厳な外国語の祈禱が聞こえてくる。たぶん、ラテン語だ。さまざまな組みあわせの年齢、性別、アクセントの人たちがインタビューを受け、亡くなったばかりの聖者――わたしがほとんどなにも知らない男性の善行を回想している。今日は悲しみの日であり、おおぜいの人が彼の不在をさびしく思うだろうという点で、全員の意見が一致していた。鐘が鳴りつづけるあいだに、さらに多くの重く沈んだ声が新たな項目を追加し、故人の神聖なるおこないのリストはどんどん長くなっていった。

普段なら、だれかが死んだときには、死因を知りたくなる。わたしも同じように死ぬだろうか？でもこの夜は、自分の善行を故人のそれと比べたくなった。わたしも同じように悼んでもらえるだろうか？　わたしがいちばん誇りにしている偉業は、生き延びてきたこと、文字どおりの意味で死んでいないことだ。父に言われた、とある言葉が記憶に残っている。それを覚えているのは、内容もさることながら、父がそもそもわたしになにかを言うことがめったになかったからだ。「おれは子どもなんかほしくなかったし、おまえが子どもを持とうがどうしようが、そんなことは知りたくもない。おまえがどうなろうが、おれの知ったことじゃない」。一瞬の間をおいて、父は続けた。「よかったじゃないか、おまえが出世したとしても、少なくとも、おれに感謝しなきゃいけないなんて気をつかう必要はないんだから」。父がそう言ったのは、わたしが一二歳のときだった。わたしに対する態度全般をよく表しているこの発言は、以来、わたしの感情状態とあらゆる人間関係、そしてわたしのすることすべてにのしかかった。わたしはずっと、父がそう言ったのは苦痛を与えるためだったのではないかと疑っていた。そしてその言葉を、同じ家に住んでいるあいだは姿を消していてくれ、という警告と解釈した。

わたしは姿を消すのが得意になった。まだ大学生だったころ、父がわたしを追ってきて、学生ローンに署名しろと迫った。父はその金を受けとって行方をくらました。ローンはわたしが返済した。

わたしはますます姿を消すのが得意になった。生き延びてきたことを別にすれば、それはわたしの最高の偉業だったけれど、善行のうちには入らないだろう。もちろん、いま悼まれている男性――それまで名前も知らなかった人――はわたしよりも年上で、四〇年早くスタートを切っている。それでも、今日、わたしのために鐘が鳴るのなら、その音は素っ気ないものになるだろう。やせっぽちのキツネを太ったイヌから救った。これは善行のひとつだ。ほかには……ええと……太ったイヌは二匹いた、とか。

戸口に腕しかさらさないようにしながら、ドアを開けた。そのキツネは、水を吸った灰色の布巾みたいにずぶ濡れのまま、そこから動いていなかった。でも、雨は降っていない。ちょっと前に降ったけれど、雨粒はごくごくまばらだったので、まるまる太った動物でもなければ濡れなかっただろう。小柄で機敏な者なら雨粒をかわせたはず。あの大きなイヌたちに溝に追いこまれたのだろうか。どの溝？ それよりも、川に追いこまれた可能性のほうが高そうだ。追われるキツネは川へ逃げるし、泳いで渡ることさえある。でも、今日の川はひどく増水していたから、浅瀬を少し泳ぐくらいしかできなくて、すぐに岸に戻ったのかもしれない。

彼はわたしのほうに顔を突きだした。普通のキツネなら、ドアが開いたら逃げるはず。彼の図太さは、わたしが彼のなわばりのなかにいるのであって、その逆ではないのだと暗に伝えている。

わたしはドアを閉め、そのままそこに立っていた。しばらくして、ブラインドを何回か上げ下げしてから、完全に開いた状態で固定した。外を覗いて、その光景についてあれこれ考えたあげく、わかりきった結論にたどりついた。そこに、玄関の階段のすぐ先に、教皇ヨハネ・パウロ二世の死から数時間後に、びしょ濡れで震えながら座っているのは――一匹のキツネだ。

踊るハエ

小さなコテージ、たくさんの窓、神出鬼没のキツネ。彼を避けるのは数学的に不可能だ。それを証明する計算法があるにちがいない。二階建てのコテージ。フロアあたり一部屋＋一バスルーム。四方向に開いた窓。視程は無限大。キツネ回避の確率＝〇・〇〇一。コテージの総和――見張る対象のない見張り台、鐘のない鐘楼。わたしの閉所恐怖症との平衡状態。

閉所恐怖症は別にしても、わたしは座っているのが苦手だ。あのキツネの一八分よりは長く座っていられるけれど、人間に期待される通常値よりは短い。この通常値は、一五歳まで通った小中高での経験から割りだした。アメリカの生徒は、地球上で過去に進化したどんな固着生物にも匹敵するほど長い時間を座って過ごす。たしかに、過剰な座り時間はわたしにとって一種の身体的拷問だった。とはいえ、精神的拷問ではなかったので、わたしたちの多く（わたし自身も含む）は、ともあれAの成績をとっていた。

わたしの受け持ちのクラスはオンライン授業なので、屋外で立ったまま講義をすることができる。

屋内で仕事をするときには、広い窓台がデスクがわりになる。クラスの仕事を終えたら、フェンスを直し、石を集め、排水溝を掃除し、低木に根覆いを施し、雪かきをして、砂利を敷き、植物を刈りこみ、鳥を数える。外ではたらいていないときには、外を眺める。

だから、理屈のわかる人なら、ヨハネ・パウロ二世の死の数日後、探していたわけでもないのにまたキツネを目撃したことを妙だと思ったりはしないはずだ。探していたわけではない。玄関先に来た日の彼が、どんなに哀れで困った顔をしていたとしても。それから毎日、彼の姿を目にするようになった。彼はうちのドライブウェイをぶらぶらと行き来し、うちの巨礫の上で日向ぼっこを楽しみ、うちの草地で狩りにいそしみ、うちのハタネズミを持ち逃げした。例のリアトリスの大失敗と、生殖器を欠いているように見える動物の飽くなき繁殖力のおかげで、いまやハタネズミの供給は無尽蔵になっていた。

石の壁の上に立ったキツネは、うしろ足をしっかり踏みしめ、首をのばしてあたりを見わたし、あの家の正面に目を向ける。〈ハリケーンの手〉が、危険なほどいかつい道具を振りまわしている。その動きはひどく不規則で、彼女がすっかりコントロールを失っているかのようだ。それか、道具が逃げだそうとしているか。彼は〈ハリケーン〉から目を離さずに、自分の頭の二倍の大きさがある岩を押して、壁から落とす。じっと動きをとめたまま、岩が石の壁をからからと転がり落ち、乾いた草をばさばさと突っ切り、硬い粘土の上にどすんと落ちる音に耳を傾ける。それほどの音がしても、〈ハリケーン〉はぴくりとも気づいたそぶりを見せない。彼——賢いキツネ——は隠密作戦中だ。〈ハリケーン〉を観察する時間は、何日かあとまでとっておいてもいい。いまは重要な任務が待っている。そして、ずる休みは彼には我慢ならない。一匹の年上のキツネが、巣もつくらずに立ち去っていた。そのあとに残った放棄されたなわばりを手に入れるつもりだ。乾燥した台地のふもとの丘では、空白のなわばりができても、想像の産物かと思うほどすぐに消えてしまう。

ときおり放尿して新しいなわばりにマーキングしながら、彼は家の裏手の砂利道を速足で歩き、自分の足音のリズムに耳を傾ける。そのビートはひどく退屈で、彼ほど鋭敏でない者なら眠りに落ちてしまうだろう。だが、鋭敏な観察者は退屈なリズムの真価を知っている——シンコペーションを引きたててくれるのだ。ほどなくして、調子はずれのビートが割りこんでくる。不器用に足を引きずる、かすかな音。一匹のずんぐりした黒い甲虫が長い脚を広げ、石によじのぼろうとしている。一瞬の静寂と静止のあと、甲虫の頭が前足の硬い縁の下でつぶれる。狂ったように円を描いて走る頭のない甲虫は、やがてジグザグに方向転換し、また円に戻る。頭のないミニチュアの〈ハリケーンの手〉だ。

不快きわまりない雌スカンクのかすかなにおいでさえ、行き先を変える正当な理由にはならない。今日の彼の動く速さを前にしたら、スカンクもまた、進路を遮るもうひとつの雑草にすぎない。行く手の小丘は、獲物の隠し場所として有望だ。地下水面よりも上で、わかりやすい目印になる場所。そこになら、まさかのときに備えてあまった獲物を埋めておける。丘のまわりを一周しても数歩しかからない。三回跳ぶだけでてっぺんまで行ける。

小丘はゆるく寄り集まった小石で覆われている。その構造は、穴を掘るアナグマがうしろに蹴りだした土の山にそっくりだ——だとしたら、クマサイズのアナグマということになるが。クマサイズのアナグマ？

冗談じゃない！　彼なんてぺちゃんこにつぶされてしまうだろう。彼は小丘のてっぺんにへたりこむ。〈ハリケーンの手〉は家の外にいて、長い金属の道具で豆の茂みを攻撃している。

あのよく曲がる指とあの道具なら、クマサイズのアナグマをアスファルト上のジリスみたいにぺちゃんこにやりこめられるだろうか？　きっとできる！　作戦続行！　彼はぴょんと跳びおり、小丘の外周に放尿して、自分のなわばりに組み入れる。

　なわばりの端のいちばん高いところまで来ると、彼はくるりと向きを変え、丘の下へ向かう。高く上げた脚の下、広げた足指の向こうで、またひとすじの尿が〈ムラサキウマゴヤシの平地〉の巣穴めがけて飛んでいく。年上のきょうだいたちは、みんないなくなっていた。今年の一群もそれに続くだろう。彼が、ひと腹のなかでいちばん小さかった子が、この高地をわがものにしたのだ。その偉業を想像できずにのらくらとなれあうキツネたちは、じきに彼の残した下賜品——腹に発泡スチロールがつまった食べかけのネズミ——をめぐって争うことになるだろう。

　小丘を離れた彼は任務を続行する。野生の放尿（レ・ピピ・ソヴァージュ）を終えるころには、尿が真新しいなわばりをぐるりと囲んでいる。もうするべきことはない。あとは、ふんぞり返って巨礫から巨礫へと歩きまわり、戦利品のひとつひとつに輝かしい尾をこすりつけるだけだ。足をとめていちばん大きな巨礫のにおいを嗅いだ彼は、表面がでこぼこになっているところで、いくつかの小さな溝にほんの少しだけ水がたまっているのを見つける。あとで腹をマッサージしに戻ってきたときに、この水が皮膚を湿らせてくれるだろう。

彼はいちばん高い巨礫の上に立ち、先端の白い尾を振って大きな弧を描き、侵入してくるならず者どもに、新しい頭領がいつでも取っ組みあってやるぞと知らしめる。だが、ならず者はどこにも見えない。

その岩はキツネの鼻のように黒くなめらかで、乾燥していて、その上で日光浴できるほど温かい。彼は脚を広げて岩の両側にたらし、それぞれの足のいちばん大きな指で岩にしがみつく。一匹のハタネズミが巨礫のふもとでにおいを嗅いでいる――哀れな生きもの。キツネはふと気づく。だれかに引っくり返されないかぎり、あのハタネズミには上が見えないだろう。ハタネズミには首がない。サギのような首を持つキツネには、そう見える。

小丘に戻ってきたときには、そのハタネズミ――ほとんど刺し貫かれているが、穴が開くところまではいっていない――がキツネの唇をぴくぴくとくすぐっている。キツネは奥歯でぐっと噛み、皮を破らずにその生きものの背骨を折る。足ふたつぶんの深さに埋められた首のないハタネズミは、いずれ秘密の宝物の一大埋蔵地になるであろう場所に隠された最初の宝石になる。

⁂

わたしは木の階段に座り、縁のやわらかいヤマヨモギをつま先でもてあそんでいた。一匹のハエができたばかりの膝のかさぶたにしがみつき、汚らわしい小さな口で血を吸っている。わたしはちょくちょく息を吹きかけては、ハエを宙に追い払っていた。が、ハエはほんの数回の偵察飛行をしただけで、すぐにかさぶたに戻ってくる。吹きとばされては、ぶんぶんうなる。その嘲笑が続いていた。やがて、ハエを追い払うよりも観察するほうに関心が引かれはじめた。時間は飛ぶように過ぎていく。わたしは注意力の倍率を上げ、この醜い生きものにピントをあわせた。ハエはしゃがみこんで手をこすりあわせ、不規則にかくかくと頭を動かしている。

わたしの目に入ったとき、彼は二メートルも離れていないところにいた。身をかがめ、ヘビのように体をくねらせている。その筒形の体がひとくねりするたびに、彼が前方に押しだされ、わたしの膝にいるハエに近づいてくるようだ。これほど狙いすましてハエを注視している彼に、はたしてわたしの姿は見えているのだろうか。わたしの腕が届く距離まで来たところで足をとめた彼は、目をくるりと上げてわたしと視線をあわせた。ネズミの尾の先っぽが上唇の左側にはりついている。

「〈キツネ〉」とわたしは小声で言った。彼は鼻を下に傾けてわたしの膝のほうに向け、ほっそりした鼻づらをあらわにした。目と目はまだあわせたままだ。そのときわたしに見えていたものは、一匹のハエとふたつの琥珀(こはく)色の目だけだった。「〈キツネ――――〉」とわたしは吐息まじりにささやき、もう息を吸わないとだめだというところまで最後の音を長くのばした。「〈キツネ――――〉」。

そのあとは、もうハエも音もにおいも動きも存在しなかった。ふたつの琥珀色の目だけ。なにかがぱちりと音をたて、わたしは彼のイメージをとらえて心のなかに閉じこめた。それから先は、望むときにはいつでも、目を閉じれば〈キツネ〉の顔が、いまもまだ彼を見つめているみたいにはっきり浮かぶようになった。そのイメージが現れるたびに、わたしは感謝した。彼の目は美しく、濡れていて、みごとなまでの凸面だった。

遠くにいるときの彼は、よくいる小さな動物、わたしよりも四五キロくらい軽くて膝の高さにも届かない動物のように見えた。でも、これほど完璧に目と目をあわせて、たがいに真正面から向きあっていると、体の大きさの違いは消えてなくなる。あんなやさしい目を持つだれかがいるなんて、わたしは予期していただろうか。それは自分でもよくわからないけれど、そのだれかは、まちがいなく彼ではなかった。彼があんな目をしているなんて、どうしてわかる？　それまで、あれほど近くでだれかの目を覗きこんだことはなかった。だから、あれは直観的なものだったにちがいない。わたしがほほえんでいることが彼にわかったはずはない。それでも彼はきっと、わたしの呼吸のペースのなかに歓迎を感じとっただろう——ゆっくりと安定した呼吸。

彼の右の前足がかすかに動くのが見えた瞬間、ハエにかわって彼の注意を引くものが必要だと気づいた。片手をポケットに忍ばせると、冷たくて丸いなにか、大きなビー玉か小さなボールのようなものに触れた。石にちがいない。再利用する真鍮（しんちゅう）のライフル実包を除けば、わたしのポケットまでたどりつけるのは自然のものだけだ。松ぼっくり、羽根、莢（さや）、カタツムリの殼、ヤマヨモギの葉、ビャクシンの球果、閉じたままのバラのつぼみ。その品々の由来を聞かれたら、勝手に落ちてきてポケットに入ったのだと説明しただろう。ある日、仕事なかまにそうではないと指摘されるまでは。そのとき、カーティスとわたしは国立公園局の仕事で燃料負荷を測定しながら、全国を歩きまわっていた。休憩のために池へ向かう途中、彼が前方で足をとめて巨礫にもたれた。「ほら！　まただよ。ポケットにてない」

「まさか」と言いながら、わたしは強調するために顔だけでなく全身で振り向いた。「そんなことしてない」

「いま、たしかにしたよ」

わたしはポケットから、赤いやわらかなロッキーマウンテンメープルの葉を引っぱりだした。それが人間の眼球だったとしても、あれほど驚かなかっただろう。

「ずっと見てたんだよ。どうするのか。そうしたら、きみはまるで……」。カーティスはぐるりと目をまわし、天を仰いだ。

わたしはポケットから冷たい石を出した。ほぼ球形の晶洞石（ジオード）。暗いピンク色の縁が結晶面を取り囲んでいる。その石を階段に置いてから、フィールドベストの背中のポケットに手をのばして、彼の注意を引きそうなさらなる小間物を探し、綿（わた）のようなヤナギランの種（たね）のかたまり、あざやかなインディゴブルーの羽根の束、ワイヤーカッター、もうひとつのジオードを引っぱりだした。ベストと全部で九つのポケット——ファスナーやボタンやナイロンテープやフラップで閉めるもの——が重さの変化にあわせてシーソーのように揺れた。「石」と言いながら、クルミ大のもうひとつのジオードを階段に放り投げた。

「本物のジオード。気に入った？」その石を自分の顔の前に掲げながら、拾った場所、見つけたときにいっしょにいた人、そのときしていたことを説明した。ジオードで階段をこんこんと叩くと、背筋をのばして座っていた〈キツネ〉は両耳をうしろに引き、しげしげと眺めた。口は閉じたままだ。たぶん、鋭い歯がわたしを警戒させることを知っているのだろう。わたしは彼がいっしょにいることに興奮し、長いあいだ感じたことがないほど幸せな気持ちになった。でも、それもほんのつかのまだった。だれかに見られるかもしれない、キツネとコミュニケーションをとるのはタブーだ、という思いを振り払うことができなかったのだ。まちがった行為をしている恐怖が、その行為の運んできた幸福感をすぐに押し流してしまった。

インディゴブルーの羽根の束をなでて形を整えようとしたけれど、よじれて見栄えの悪い団子状になっただけだった。「あんまりよくないね」と謝った。それでも、じゅうぶんに美しいと思った。〈キツネ〉の火花を発するような目を見て、それがしょせん羽根であることを思いだした。シームポケットから別の羽根をとりだしながら、最近あったルリツグミの殺戮（さつりく）について、なにか知っているかと尋ねた。「この羽根を、あなたが座っていた巨礫の上で見つけたんだけど」

その巨礫は多色づかいのコラージュだった——ピンク、白、黒。カリ長石と少しの柘榴（ざくろ）石がピンク色の頬紅を差している。白の部分はおもに灰長石。黒の斑点にはさまざまな鉱物が貢献している。裏手の野原の高いところに陣どる、だいたい三十数億歳、地球そのものとほとんど同じくらい古いその大きな岩を見ると、わたしたちの惑星はそもそものはじまりから美しかったのだとあらためて思う。この谷を北へ流れていた氷河が、一万五〇〇〇年ほど前にその岩をここに落とした。キツネがうちのルリツグミを何羽かかっさらうのはかまわないけれど、できればわたしの大事な先カンブリア時代の巨礫の上では食べてほしくない。

彼は顔をわたしのほうに突きだし、鼻を下に向け、大きく開いた丸い目でじっとこちらを見た。過去にいちどもキツネを見たことがない人でも、わたしの前に座るこのキツネのあまりに無邪気な顔を見れば、彼はルリツグミを追いまわしたことなんかないし、ましてやばらばらに引き裂くなんてするはずがないと結論づけるだろう。

「そうだね、〈キツネ〉、チョウゲンボウもルリツグミを食べるしね」。わたしは目をくるりとまわした。「わたしがまちがってた」

ポケットから出した乾燥した根のかたまりは、色の薄い小さなニンジンに似ている。その属名レウイシア（Lewisia）は、米国の発見隊（コープス・オブ・ディスカバリー）ことルイス・クラーク探検隊のメリウェザー・ルイスにちなんでいる。一八〇六年七月一日、現在のモンタナとアイダホの州境近くで、ルイスはとある苦い根を採集した。乾燥した状態で数か月にわたって貯蔵されていたその根は、フィラデルフィア自然科学アカデミーで息を吹き返した。種名のレディヴィヴァ（Rediviva）はラテン語で「復活」を意味する。一般にビタールートと呼ばれるその植物は、フクシアの四分の一サイズのカップ状の花を咲かせ、茎のない花が地面の上にちょこんと座る。わたしはその根を木の階段に置いた。ベストのポケットから大きな郵便切手くらいのサイズのマニラ封筒を引っぱりだし、なかに入っていたクジラの形の種子をビタールートの隣に並べた。

「たぶん、コロンバイン（キンポウゲ科の花）の種（たね）。フサオウッドラットの隠し場所から救出したやつ。マウントレーニアの、スリーレイクスの小屋で。予備のソックスマントルが行方不明になって、ラットの貯蔵庫に踏みこんだときに」。飼いネコの足にぴったりはまりそうなそのソックスマントルは、プロパンランタン内のガスパイプにかぶせるものだ。ふたつの立派なソックスがなければ、わたしの〈コールマン〉は灯らない。「けっきょく、ソックスはラットにあげちゃった」。わたしはため息をついて頭を振った。「歯型の穴があちこち開いてたから」。人差し指と中指を齧歯類の歯の形にして、ちょこちょこ動かす。〈キツネ〉はつやつやした黒い種子のすぐそばに鼻を置いた。種子をラットからくすねたのは、それ以上の窃盗行為を思いとどまらせるためだと彼には説明したけれど、それは嘘だった。フサオウッドラットと同じく、わたしもつやつやした小間物を大事にためこんでいるのだ。

関係がはじまったばかりのころは、向かいあっていないほうが会話をしやすい。わたしは小間物に注意を引かれ、〈キツネ〉のことを忘れた。彼は小間物のにおいを嗅ぎまわり、わたしのことを忘れた。まさに「見せてお話(ショー・アンド・テル)」のトリックだ。ひとりごととしてはじまり、知らぬまに会話へと移り変わる。どうりで、幼稚園の先生たちがこの手法を使っているわけだ。この方法なら、自意識を軽くして、恥ずかしがり屋の子どもたちに話しかたを教えられる。

わたしはカップのように丸めた両手のなかで、30-06弾の美しい真鍮の薬莢(やっきょう)ふたつをからからと鳴らした。キツネはぴくりと背をのばした。「これがどこから来たのか、知らないんだけど」(もちろん、知っている)。二本の指に挟んでくるくるまわすと、真鍮の薬莢が陽を浴びてかすかに光った。「うーん……ミュールジカかもね。東(イーストフロント)側をのぼった、デュプイエの近く。断言はできない」。でも、彼が近づいてきた。窓のなかを覗けば、壁にかかったミュールジカの一対の枝角が見えただろう。また招待されたい客ならだれもがそうするように、彼も気づいていないふりをした。

わたしは昔から銃が好きだった。銃床とグリップが木製の、昔ながらの銃。わたしが幼かったころ、祖父はわたしを拳銃といっしょにフォード社製〈サンダーバード〉の後部座席に乗せて、警官に気をつけろと言いながら車を走らせた。たぶん、冗談を言っていたのだと思う。でも、わたしはそのゲームと、なにか重要なことをしているような興奮が大好きだった。わたしたちの車がとめられたことはいちどもない。祖父はわたしに暴力を振るわなかった。だから、わたしは銃に恐怖心を抱いたことも、銃を暴力と結びつけたこともない。

キツネが頭の向きを変え、立ち去りそうなそぶりを見せたので、わたしはすかさずまた別の小間物を取りだした。わたしたちは前後に行きつ戻りつして、やがて（人間の）腕一本半ぶんの距離に落ちついた。その時点で、わたしが五センチとびだしたら、彼が五センチあとずさるようになっていた。こちらが五センチ下がったら、彼が五センチ前に出る。わたしたちがドリトル先生の双頭の「オシツオサレツ」（『ドリトル先生』シリーズに登場する、前後に頭のついたヤギのような動物）だったとしても、これほど精密には動けないだろう。

小間物をひとつひとつ鼻で探るあいだ、彼は片方の前脚を上げ、背中を丸めたままだった。すぐに逃げられる体勢。その数か月後、食料雑貨店で会話をする人たちのうしろで身動きがとれなくなったときに、わたしはまさにその姿勢をまねてみた。わたしを追いこんだふたりの人間は、感じ悪く肩を前傾させたわたしの窮地を無視したけれど、当のわたしはといえば、緊張した胴体とわずかに上げた脚のおかげで速やかに脱出できた。

その週の後半、わたしは紫の窓に向かって、窓台をデスクがわりにして学生たちの小論文に取り組んでいた。ここで言う「取り組む」とは、『ランダムハウス英語辞典』の完全版で剽窃の婉曲表現を調べることを意味する。その重さ四・五キロの本は、二〇年前に一〇セントのコーヒー一杯といっしょにモンタナ州カリスペルで買ったものだ。剽窃のかわりとして、ランダムハウスは「～を奪う」をすすめていた。「～」の部分に言葉とかアイデアとかデータを代入すればいいわけだ。それとも、「罠にかける」を意味するラテン語の語源から連想して、もう少しやわらかい言いかた――横からいただく、とするか。辞書の上、窓の外では、鼻でがむしゃらに狩りの獲物を探しながら、あのキツネが〈ピルボックス帽の丘〉を速足で着々と横切っていた。無視するには近すぎるけれど、屋内から鑑賞するには遠すぎる。言葉を奪う学生は待たせておいてもいいだろう。

〈キツネ〉はジグザグに行ったり来たりして、ゆるやかなカーブを描きながら、少しずつわたしのほうに前進してくる。地下水がしみでる湿地まで来たとき、さび色の脇腹のうしろのほうに、はげかかった部分がちらりと見えた。

疥癬（かいせん）。

この土地を買って、自分のなしたことを噛みしめながらはじめて歩きまわったとき、薄墨毛色と黄（おう）麻布（まふ）色の広がる地面の上で、熟したブルーグラマの半月形の穂が、わたしにあいさつしようとしてもがいていた。わたしは恋に落ちた。まさにその瞬間に、この土地とそこにいる全員に対する責任を引き受けたのだ。わたしが檣頭に立っているあいだは、だれも疥癬で死なせたりするものか。

「ヒゼンダニ（サーコプティック）による疥癬は――」。ウェブサイトの記事を読んでいたわたしは、そこでいったんとまり、石棺（サーコファガス）という言葉について考えた。「ダニが寄生することで生じる。通常、キツネはゆっくりと苦しみながら死にいたる」。英国立キツネ福祉協会（ＮＦＷＳ）の支援を受けているそのサイトには、医療にかんする情報と支援の申し出に加えて、合成薬もしくは（急を要する場合の）ニンニクによる治療が奏功する前後のキツネの写真が掲載されていた。キツネの好き嫌いが激しすぎてニンニクを拒むようなら、ＮＦＷＳが無料で薬を送ってくれるらしい。

もしかしたら、ＮＦＷＳは無料の薬が三〇〇年にわたるキツネ狩りの償いになると思っているのかもしれない。ウマ、長距離の追跡、キツネを引き裂くイヌの群れが絡む現代のキツネ狩りは、とある十代のイギリス人による猟犬品種改良プログラムとともに、一七五〇年にはじまった。一九一〇年までに、キツネ狩りは広く定着した。そのせいでキツネがまばらになり、欧州大陸からさらなるキツネをイギリスに輸入しなければならなくなったほどだ。

イングランドにおけるキツネ狩りは、法の上では二〇〇四年に多かれ少なかれ禁止されたが、この「スポーツ」（わたしに言わせれば、キツネに残忍な仕打ちをする儀式）の人気は禁止されても衰えなかった。わたしがたった一匹の疥癬持ちのキツネを救おうとしていた年に、イングランドでは二万匹を超えるキツネが猟犬に殺された。その数には、イヌたちの食欲をそそろうと躍起になった飼い主により、生きたまま餌として猟犬に与えられた子ギツネは含まれていない。インターネット上で見つけた情報には衝撃を受けた。死骸をどうにか検分できた獣医師たちの報告によれば、キツネたちは多くの深手を負い、「苦しみながら死んだ」という。〈ハウンズ・オフ〉という非営利団体のサイトには、腹からとびでたみずからの内臓に取り巻かれたキツネの写真が掲載されている。

友だちのダグとチュンにジュリアン・フェロウズの《ダウントン・アビー》をすすめられていなかったら、キツネ狩りがどんなものなのか、さっぱりわからなかっただろう。わたしは全シリーズのＤ

VDを、アメリカでこのドラマを放送したPBSから購入した。シーズン六の幕開けは一九二五年。黒いシルクハットに赤いブレザーといういでたちの馬上の人たちに、召使と執事が飲みもの――たぶんシャンパン――を供している。その騎手たちに、キツネを殺す気満々の活力あふれる猟犬の群れがつきしたがっている。全員がなんとも洗練されたたたずまいだ。当時は、同性愛をおおやけにできず、ホテルの部屋を共有した結婚前のカップルが恐喝者に金を払い、未婚で妊娠した女性が国外で出産する時代だった。自動車と電話はめったになかった。スカート丈はふくらはぎの真ん中あたり。それから一〇〇年たらずで、《ダウントン・アビー》の道徳的慣習は古風な記憶になった。キツネ狩りを除いては。

キツネ狩りが「foxhunting」という一単語で表されるのは、シジュウカラ（titmouse）がネズミ（mouse）に似ていないのと同じくらい、狩り（hunting）とは似ても似つかないからだ。馬上の騎手はキツネの肉も皮も獲らない。厄介な動物を根絶する安あがりな手段にもなりえない。キツネ狩りはひとつの儀式だ。おとなの男女が背の高い白馬に乗って「タリホー！」と叫びながら、自分たちよりも小さな一匹のキツネを追いつめる最大六〇匹の猟犬のあとについて丘や谷を駆けまわる。しかも、赤いウールのブレザーと、ガラガラヘビがいる土地のためにつくられた膝まである黒いブーツという格好で。それ以上に滑稽に見えるものがあるだろうか。

そのすべてをキツネなしですること。あるとしたらそれくらいだ。

シェイクスピアのオセロは、「輝かしい」戦いは「誇り、華麗さ、威厳のある儀式」で構成されると語っている。キツネがいなければ、キツネ狩りの華麗さは威厳を失ってしまうのだ。

キツネを殺すこれ以上にひどい理由は、わたしには想像もつかない。

〈キツネ〉は注意深く、ゆっくりと、春の草がたいらになってできたかすかな道の痕跡をたどっていた。ニンニクと生卵のてらてらと光る混合物の入ったボウルが彼を待ち受けている。いちどだけ長々とにおいを嗅いだあと、彼は一歩下がった。その薬を前脚でまたぎ、ボウルの縁に鼻をぐるりと滑らせる。卵のなかに舌を入れようとはしない。もうひとつ卵黄をたして希釈してもだめだった。「親の顔が見たいね、〈キツネ〉」

「わかるよ。同感」

彼がさらに何歩かあとずさる。

「でもね、要するに——健康にすごくいいものはまずい。そういうものなの。みんな知ってる」

それについて考えてみる。まずい食べものは健康を促進する。おいしいもの——脂肪の多いもの、塩のきいたもの、甘いもの——は健康を損なう。それ以外に、気色悪いものを食べる理由なんてある？　こと味にかんしては、ケールよりひどいものはない。そこで、いったん家に戻って、デモンストレーション用に冷蔵庫からケールのかけらをとってきた。不快なものを食べるのは、健やかになれるからだと〈キツネ〉に説明しながら、ケールのかけらを嚙みちぎって咀嚼(そしゃく)した。すぼんだ口がもとに戻ってから、もういちど、健やかと言った。というのも、その言葉を口に出す機会があまりないからだ。ティートン山脈のトレイルで学生相手に言ったことがあるけれど、学生たちはどこか神経質な、わたしのことを哀れんでいるみたいな笑い声をあげた。

ひどいにおいのするケールの葉を、〈キツネ〉の顔の前で振った。あふれだした臭気が、ケールの欠点をわめきちらす——塩気なし、甘さなし、こってりもなし。そんなものを、だれが喜んで食べる？　どんなキツネだって食べないだろう。座って見つめあっているうちに、〈キツネ〉の背後で、半月から満月へ向かう途中の凸状の月が山脈の上にのぼってくるのが見えた。わたしは彼を無視して、月が山頂に達し、紫色の雲で縞模様になった淡い黄緑色の空に浮かぶさまを眺めた。だれであろうが、どこにいようが、その光景を見たら息をのむだろう。でも、〈キツネ〉はあやしげな葉野菜から目を離さなかったので、青い山脈の上にブイのように浮かぶ月を見逃した。

「まずさを埋めあわせるくらい、ヘルシーなはずだから」。わたしはケールをもうひと口食べた。本当にひどい味だ。そこそこヘルシーくらいでは、これを食べる正当な理由にはなりそうにない。ヘルシーの極致であってもそうだろう。わたしは冷蔵庫のケールを残らず回収し、〈キツネ〉がよそを向いているあいだに、ライラックのまわりに散らしてウサギ避けにした。いったいどれくらいヘルシーだったら、ケールはこの味を埋めあわせられる？

わたしを不老不死にするくらいでないと無理だろう。

それほどヘルシーだとは思えないので、以来、ケールは買っていない。〈キツネ〉はどうやら、卵白に対して同じことを感じているようだ。ニンニクが混ざっていようがいまいが、彼は卵白を食べようとしない。全卵を出すと、舌をスプーンがわりにして白身と黄身をわけた。舌を使ってボウルのなかで白身をぐるぐる動かし、ゴルフボール大のかたまりをつくる。卵白と唾液でできたそのボールがてらてらと揺れながらボウルの縁にはりついているあいだに、〈キツネ〉はずるずると音をたてて卵黄とニンニクの混合物を飲んだ。

以後、わたしはニンニク入りの生の卵黄を〈トニック〉の下に置いた。殻は細かく砕いてから、土壌構造を発達させて水はけをよくするために、粘土質の土に埋めた。〈Tボール〉はよく、飛びながらくちばしを使って卵黄の入った殻をつまみあげていた。殻がなくなったいまは、ボウルの滑りやすい縁をつま先でつかむのに苦労していた。翼をばたつかせて舞いあがったり前へ出たりしてバランスをとりながら、かぎづめで乱暴にボウルを引っかく。それでも失敗した。ボウルの隣に立ち、縁の向こうに首をのばしても、ねばつく卵黄の一センチ手前までしかくちばしが届かない。もっと小さいボウルにするか、もっとたくさん卵黄を入れれば、この問題は解決するはずだ。でも、これは彼女の問題であって、わたしのではない。彼女は殻を買いもの袋のように使って、まだ羽の生えそろわないひなに卵黄を運んでいた。おなかをすかせた幼いカササギの鳴き声を聞いたら、あなただって、合法的で効果があるならどんな手段でも使って黙らせようとするだろう。わたしはその鳴き声を無視した。もしかしたら、〈Tボール〉の苦悩を眺めて楽しむ気持ちもあったかもしれない。でも、わたしたちの関係の基調を決めたのは、そもそも彼女のほうだった。それもこれも、わたしがここに越してきたときに、彼女が巣づくりの真っ最中だったからだ。だから、わたしが彼女を好きじゃないのは彼女のせい。軽蔑をこめて扱われることに過剰反応してしまうのは、わたしのせいだけれど。

ちなみに――合法的でありながら効果がある手段なんて存在しない。

ニンニクの甲斐なく悪化したら、〈キツネ〉は離れにしまってあるハヴァハート社製ケージトラップに入れられて、獣医師のところまで車で運ばれることになる。協力的な獣医師が見つからなかったら、うちの選挙区の上院議員はわたしの訪問を覚悟しておくほうがいい。モンタナ州に疥癬を持ちこんだのは連邦政府だ。だから、その影響を緩和する責任は政府にある。しかも、その導入は不慮の事故なんかではなかったのだから。コヨーテやオオカミが入植者の家畜を食べていると考えた連邦政府は、二〇世紀のはじめからなかばまで、捕食動物を殺す目的で疥癬を広める策をとっていた。そのやり口はこうだ。土地管理者がヒツジやウシの死骸を集め、疥癬を引き起こすダニ――ヒゼンダニ（サルコプテス・スカビエイ）を植えつける。ダニを宿したその死骸を巣穴の近くに放置する。キツネ、オオカミ、コヨーテがその死骸を食べる。ダニは死骸から生きた動物へとび移る。その汚れた六本の脚を届くかぎりのオオカミ、キツネ、コヨーテの体毛に巻きつけ、捕食動物の皮下に入りこむ。

土地管理者の手で意図的に感染させられてから野生に放された「おとり」動物も疥癬を広めた。このおとりテクニックは評判がよく、感染させた動物を用いた捕食動物抑制を義務づける法律を一九〇五年にモンタナ州が可決したほどだ。オオカミ六頭とコヨーテ六頭にヒゼンダニを植えつけることがモンタナ州の獣医師に義務づけられ、そうして放たれた一二頭のおとり動物がなかまたちを感染させた。

疥癬の情報を探しているうちに、無益な残虐さをめぐるとある牧師の説教に行きあたった。キツネを痛めつける農夫たちのようすを伝える一九四八年の『ライフ』誌の記事を引用した説教だ。その記事では、キツネを殺す手口が詳しく説明されている。おおぜいの成人男女と子どもの集団がキツネを隠れ場所からあぶりだし、野原へ追いこんだら、そこで取り囲んで打ちすえ、ゆっくりと死にいたらしめる。わたしも自分の目で何枚か写真を見た。使われた武器はほうきの柄ほどの幅しかなく、一撃で命を奪うことなどとうていできそうにない。ある写真には、棒を持って笑みを浮かべながら、たった一匹の手負いのキツネを追いつめる一群の人々がとらえられている。別の写真では、ひとりの子どもがキツネを叩いている。さらに別の写真には、棒で叩いて殺す前にキツネを掲げる狩人というキャプションがついていた。その牧師の説教を読んだあと、わたしは確信した。キツネたちは最大限の痛み、苦しみ、屈辱を与えられる方法で虐殺されたのだ。

そのキツネ虐殺の日、現場に近づかずにいただれか——たぶん小さい男の子——が、きっといたはずだ。近づかなかった理由は、『星の王子さま』を読んでいたから。そして、その子にとって物語は大切なものだったから。わたしにとってそうであるように。

グレイシャー国立公園で季節限定の仕事をしていたときに、リバーガイドと本を交換して『星の王子さま』を手に入れ、そのペーパーバックをスキーキャンプに持っていった。ラッセン火山国立公園のだれもいないキャンプ場でひとりきりで過ごすあいだに、わたしは王子さまにすっかり惚れこんだ(キツネのことはあまり覚えていないけれど)。人生ってそんなもの、とそのとき思った。自分のいまいるところからはじめて、先へ進むしかない。王子さまがしたように。振り返ってはいけないし、くだらないことを自問してもいけない。わたしが王子さまを愛したのは、彼が幼いと同時に老いていたから、そして意味のある来歴を持たなかったからだ。彼のうしろには、責めるべきものはなにひとつない。すべては前にある。わたしが前方に望むもの、それは動物たちにかかわる仕事だ。その決心の基礎になったのは、グレイシャー国立公園でともに生き、ともに暮らしたすべての野生生物たちだった。その週、キャンプ場を離れる前に、わたしはモンタナ大学で動物学の学位をとるための出願書類を書き終えていた。動物のことを書きたい。そう伝えた。

毎週水曜の午後二時、酒場の主人の妻は二時間の休憩をとり、モンタナ州ウィンチェスターで唯一の司書になる。この日、たいていの水曜日と同じように、ひとりの少年が酒場の緑色のベルベットのふたりがけソファに座り、万華鏡をまわしながら待っている。店の外では、数百頭の妊娠中のヒツジが流れるように通りすぎ、低地にある出産用の囲いへ向かっている。酒場にひとつだけある鉢植え植物、その蠟（ろう）を塗ったような鋭い葉を透かして外を見た少年は、ウマの背にまたがる羊飼いのなかに兄の姿を見つける。ガラスを汚したくはないが、それでも少年は片手を上げ、ガラスに触（ふ）れないようにしながら、自分の勇気が許すところまで窓に近づける。外では、渦を巻いて空に舞いあがった鉄分の多いほこりがヒツジたちの綿毛の背中に降り積もり、さび色の縞模様を描いている。

道を塞ぐものがなくなると、少年は革のかばんを肩にかけ、司書のあとについて重いオークのドアから外に出る。「足もと！」と司書が言いながら、山盛りのウマの糞を指さす。わざわざ振り向いて少年がうなずくのをたしかめたりはしないが、注意深く尿の水たまりやヒツジの糞を避けて歩く彼の乱れた歩調を聞きとる。黒っぽい丸太の酒場とは違い、図書館は白い下見張りで、唯一の窓とドアを赤い枠が囲っている。そのまわりを、石で縁どった花壇が取り囲む。図書館の正面を見ると、少年は数学の授業を思いだす。完璧な正方形のファサードの上にのった正三角形。

図書館に着くと、小間物がところせましと並ぶトランプ用テーブルが少年を出迎える。鍋つかみ、ティーポット用カバー、赤ちゃんのよだれかけ。どれもグレーンジ結社（農家の利益促進のために創立された秘密結社）のメンバーの手編みで、本の購入費や図書館の暖房費をまかなうために売られている。少年はまっすぐ新着図書のかごへ行き、ひとりきりで惑星に立つぼさぼさ髪の男の子の絵が表紙に描かれた本を見つける。惑星は紺色の空に浮かんでいる。モンタナの夜明けの色。その本は五年近く前からニューヨーク・シティに出まわっていたが、ここモンタナの羊飼いの町では、奇妙な名前を持つ外国生まれの作家が書いた本の入荷を図書館委員会がためらっていた。図書カードを手渡す前に、少年は図書館の備品の鉛筆を削り、自分の名前を筆記体で書き、鉛くずを吹き飛ばす。家へ帰る途中、足をとめてシバムギの茎を摘みとり、三重に折りたたんでしおりがわりにページに挟む。

その本はすてきな絵に彩られている。キャラクターのなかには、よく知っているものたちもいる。ヘビ、ヒツジ、実業家、王さま。とげのある礼儀知らずのバラ。少年の父はウシとヒツジの牧場を経営し、軽飛行機を飛ばし、自前の離着陸場を持っている。母は赤と黄色のバラを束にして、アーチ形の戸口にかけている。当然、バラはアーチから落っこちる。「しつけがなってない」。父は頭を直撃されるたびにそうつぶやく。「おれの牧畜犬（ヒーラー）の行儀がおまえのろくでもないバラくらい悪かったら、撃ち殺してやるところだぞ」

キツネ虐殺の日、少年は牧場主たちと低いうなりをあげるイヌたちのあとについて、殺戮の場になる野原へ向かう。だが、一列に並ぶ支柱と横木の切れ目につくられたキャトルガードが彼の足をとめる。深い穴の上に、ちょうどウシのひづめの幅くらい離れた数本のスチールパイプを渡したキャトルガードは、ウシをとめることにかけてはよい仕事をする。ひづめがスチールパイプの上で滑ってしまうので、ウシはバランスをとることができない。人間なら、規則正しくゆっくり歩けば渡れる。このキャトルガードゆえに、その日の集まりに加わる牧場主のひとりひとりは、慎重に、よく考えて自分の道を選ぶことになる。

少年はキツネたちの叫び声を聞き、血のにおいを嗅ぎ、彼らの傷を想像する。そして、手に入れたばかりの本に出てくるキツネを思う。生きているキツネは遠くからしか見たことがなかったが、いまではキツネたちのことを知りたくなっている。休耕中の畑にじっと座っていたら、人なつこいキツネが近づいてきてくれるだろうか？　今年、少年はキャトルガードを渡らない。『星の王子さま』の表紙の男の子みたいに、ぼくも自分だけの惑星にひとりきりでいるんじゃないか。そんなことを考える。あまりにも小さくて、自分と引退したブルーヒーラー（オーストラリアン・キャトル・ドッグ。牧畜犬の一犬種）だけでいっぱいになってしまう惑星に。ときどき、校長先生や、夕食の食卓に座っている女の人や、ウマに干し草を運ぶ男の人が、自分とはまったく違う惑星に住んでいるような気がすることがある。「どうしてなのかな」と少年はひとりごちる。「同じ時代、同じ場所に生きている人たちのすることには全然なじめなくて、そこの言葉を一生話さないだろう国、一生行かないだろう大陸の飛行機乗りが、ぼくにヒツジを描いてみせる方法を知っている、世界でただひとりの人だなんて、どうしてそんなことがあるのかな」

夕食の席についているこの少年と、ヒツジをうまく描く方法を知っている想像上の外国人を結ぶものはなにか？　精神だ。それはとても大切なもので、王子さまのキツネに言わせれば、「心で見なくては」よく見えない。血、法、商売、あるいは物理的な近さは、わたしたちを家族や隣人、義理の親族、同僚に結びつける。けれど、心の結びつきは時代と場所を超越する。アントワーヌ・ド・サン＝テグジュペリはそれを知っていた。アントワーヌの母マリーが息子の友だちにふさわしい人を列挙していたとしたら、レオン・ヴェルトはその長いリストに入りさえしなかっただろう。それでも、スイスのエリート寄宿学校を卒業したアントワーヌは、二〇歳年上で公立学校を中退しているレオンを「この世でいちばんの友だち」と呼ぶようになる。辛辣なウィットに富んだコラムや芸術・社会批評で知られるレオンは自由奔放な無政府主義者で、ユダヤ人でもあった。ヒトラーの軍隊がパリに侵攻した一九四〇年、レオンは徒歩でジュラ山脈へ逃れた。当時、すでに名を成し、敬意を表される存在だったカトリックのサン＝テクスは、ニューヨークのマンハッタンで安全に暮らしていた。それなのに、親友がジュラ山脈で寒さと飢えに苦しんで貧窮していると知るや、ナチスと戦うためにヨーロッパへ舞い戻った。その決断は、地中海への死の墜落で終わりを迎える。あの話のなかの王子さまと飛行機乗りの友情は、そしておそらく王子さまとキツネの関係も、レオンとアントワーヌの現実の関係を下敷きにしているのだとわたしは思っている。

踊るキツネ

わが家の東の草地では、四本のコロラドビャクシンの木がほぼ正方形の菱形の角を占めている。その中心では、過去一〇〇年のあいだ陽光にお目にかかっていなかった水が自噴泉から流れでている。じわじわとしみだすように丘をくだってガマの草地を抜けたあと、その水は暗渠を通過し、やがてイエローストーン川に合流して北へ、それから北東へ流れ、ミズーリ川、次いでミシシッピ川に合流し、最終的にメキシコ湾に放出される。

四本のビャクシンはそれぞれ高さが四・五メートルほどで、ヤマアラシでも幹に抱きついて両手を結べるくらいやせっぽちだ。ヒノキ科に属するこのビャクシンたちは球果をつける針葉樹だが、このあたりの球果をつけるほかの木々とは似ていない。マツ科のマツ、トウヒ、モミといった木とは違って、ビャクシンには雌雄があり、雌性か雄性どちらかの球果（球花）をつけ、両方はつけない。雌株の〈ジン〉と雄株の〈トニック〉は、菱形の四つの角のうち、わたしのコテージに近い角に立っている。菱形の遠いほうの角に立つ名前のないビャクシンは、片方が雌株、もう片方が雄株だ。このビャクシンたちの樹齢は三〇〇年ほど。彼らが見あげる太陽をだれも遮らなければ、あと七〇〇年は幸せに暮らせるはずだ。

典型的な雌株の例に漏れず、〈ジン〉は雄株よりも青みがかっている。ゆったりと広がり、大きく優美な弧を描く彼女のよくたわむ枝は、一羽のルリツグミの重みにさえ優雅にはずむ。人間と同じように、〈ジン〉も卵をつくる。その「卵」は球果のなかにあり、そこで「精子」により受精し、発達して種子になる。あざやかな青に染まった豆粒大の球果には、たがいに融合した肉厚なうろこがあり、そのおかげでベリーのように見える。虫眼鏡で観察すれば、サッカーボールのような継ぎ目と、小惑星B612の火山よろしくちょこんと上に突きでた包鱗(ほうりん)に気づくだろう。

〈トニック〉の枝はぎゅっと密集している。ムクドリモドキの軍団に襲撃されても、枝はぴんとのびた状態を保つ。組み紐のような小葉の先端からのびる彼のもろい球花は、花粉の粒を空へ向かって放出する。ときには、人間が山火事の煙と誤解しそうなほどもうもうとした花粉の雲ができることもある。花粉は「精子」を「卵」に運ぶためのものだが、しばしば道を外れる。山中の湖に着水すると、水とともに渦巻いて独自の模様を描き、その金色の粒からなるマットが、コバルト色の湖水を壮麗な液体の大理石に変える。あるとき、裂開した球花の雲が、停車していたわたしのハッチバックのフロントガラスに飛んできたことがある。わたしは人差し指をほこりのような層に沈めて、いちばん近くにある雌株のビャクシンを指す大きな矢印を描き、彼らのなかまたちがもう少しうまくやることを祈った。

数週間前から、午後の遅い時間になると、さまざまな種の鳥たちが四本のビャクシンのどれか一本にとまるようになっていた。ほかの三本はほとんど空いたままだ。鳥たちは毎日ちがう木を選ぶけれど、予測可能なパターンがあるわけではない。わたしの興味をそそったのは、選択のプロセスではなく、共有するという、その行動だった。種ごとに分かれるのではなく、さまざまな種の鳥たちが同じ木でいっしょに休憩している。ボノボやオランウータンと並んで、ひとつのピクニックテーブルで食事をするヒトを想像してみてほしい。わたしたちヒトは、自分と同じ種のメンバーといっしょにいるほうを好むとされている。どうして鳥たちはそうではないのだろう。人間は種の分類に躍起になる。いやそれどころか、属の分類にも躍起になる。わたしたちはホモ属の称号を、アブラムシを守るサッチアントにも負けない用心深さで守っている。現生人類とネアンデルタール人が交配し、生殖能力のある子をつくったことがわかっているにもかかわらず、ネアンデルタール人をわれらが属に含めるのでさえ渋々だったほどだ。でもたぶん、鳥たちには血統は重要ではないのだろう。

目下、ビャクシンたちがよく見える場所に陣どったわたしは、双眼鏡を首に下げて地衣類に覆われた巨礫の上にしゃがみ、湿ったウールのようなにおいのするパーティクルボードのクリップボードを握りしめている。できるだけ正確に鳥の数をかぞえて、異種間の友情は単なる想像ではないと自分を納得させたかったのだ。前日には、遠いほうの雌株に四種の鳥一八羽がとまっていたのに対して、ほかの三本にはせいぜい四羽の鳥しかいなかった。底のやわらかいマクラクでライムグリーンの地衣類を踏みしめつつ、わたしは体を安定させて双眼鏡に集中した。すでにルリツグミの群れが〈ジン〉にとまり、生まれつき神経過敏な鳥にできるかぎりの落ちつきを見せている。あいにく、鳥類学者はルリツグミを「神経過敏」とは分類せず、スズメ目の一員としている。目（もく）というのは分類階級のひとつで、綱と……ほら、小学校でそらんじた語呂あわせをあなたも覚えているだろう——King Philip Calls Out For Great Sex（フィリップ王は最高のセックスを所望した）。それか、目をぐるりとまわしながら、自分はカトリック系の学校に通っていたんです、と文句を言うわたしの学生たちみたいな人のために言うと——界（kingdom）、門（phylum）、綱（class）、目（order）、科（family）、属（genus）、種（species）。目は科よりも幅広く、綱よりも具体的な分類階級だ。スズメ目の鳥は木にとまってさえずるのを好む傾向がある。例外は、少なくともうちの敷地内では、カササギとワタリガラスだ。この変わり者たちは、ホバリングしてぎゃあぎゃあ叫ぶのを好む。

ワタリガラスはここに巣をつくらないけれど、ちょくちょく飛んでくるし、イヌワシがシカを引き裂いたときにはきまって集団で押し寄せる。死骸をめぐる狂騒は、同じ種のなかでさえ、友情とは相容れないほどの自分勝手さを助長する。カササギとワタリガラスのあいだの友情となれば、言うまでもない。〈Tボール〉と〈破れ尾〉が友だちをつくりたければ、どこかよそを探さないといけないだろう。とはいえ、スズメ目のほかの鳥たちはあてにならない。カササギは肉食だが、スズメ目の小さな鳥たちはベジタリアンだ。そうした鳥たちはうちの敷地では種子や昆虫を食べているけれど、町では屋外のカフェテーブルの下をちょこちょこ走りまわり、パンくずをついばんでいる。公園では、ピクニックテーブルにとびのって食べかすをかすめとる。

ワシやタカがカササギと仲よくするのではないか、と期待する人もいるかもしれない。でも、彼らは別の目——ハヤブサ目——に属し、肉しか食べない。わたしの観察したかぎりでは、寡黙な美食家は騒々しい雑食家とはつきあわない。〈Tボール〉と〈破れ尾〉は、孤独なはみだし者になる運命にある。

わたしはスズメ目を残らず追跡しているわけではない。この分類は多様すぎて役に立たないのだ。そのかわりに、「ＢＢ」と「その他」の見出しをつけた欄にわけて鳥たちを記録している。ＢＢは「breadcrumb busker（パンくず稼ぎの渡り者）」の略だ。ＢＢたちは、一羽の歩哨が先導する単純で整然とした配置の小さな群れをつくって、時間差でここに渡ってくる。そのときどきの群れを構成するのは、ルリツグミ、コマツグミ、キレンジャク、ユキヒメドリ、アメリカムシクイ、マキバドリ、各種のムクドリモドキ、スズメ属の種々の鳥だ。三月からこのかた、春の侵攻の第一波としてやってくるルリツグミがわたしのコテージの張りだした軒でくつろいでいた。五月が終わったいまでは、すべてのＢＢたちが上陸していた。

谷の下のほうにいる、九か月の冬眠から目覚めたばかりのジリスと同じく、渡りをするＢＢたちは猛禽の格好の獲物だ――身を守る準備も整わないまま、新しい環境をうろうろとさまよっている。時間差でやってくる渡り鳥の波を朝食、昼食、夕食と考えるといい。波と波のあいだに、猛禽たちには消化して食欲を回復させる時間がある。渡りの時期になると、猛禽たちはハコヤナギの枝にとまり、湿った腸をずるずると吸いこみ、細い骨をぽきりと折る。ときどき、わたしは猛禽の食事中に木の下に立ち、餌食になったＢＢの羽根をつかまえたりする。

ＢＢたちがいっぺんに到着したら、無口なミュールジカと越冬して過敏になっているわたしの聴覚神経は押しつぶされてしまうだろう。歌をさえずる鳥たちがわたしの野原にまきちらすあざやかな色彩は、三月のうちは悪くないが、五月には不要になり、六月にいたっては邪魔になる。そのころまでに、野の花々が騒音も混乱も起こさずに同じサービスを提供してくれるからだ。氷でゆるんだフェンスを張り直すときには、自分の目とフェンスの向きを無事に保ちたいのなら、集中してかからないといけない。五月にはいつも、ハゴロモガラスたちが絶えまなくマラカスを奏でるかたわらでフェンスを直すはめになる。五月にはいつだって、パーティークラッカーかコンフェッティ・キャノン（クラッカーと同様の、紙吹雪などがとびだす筒型のパーティー用アイテム）さながらに顔のまわりで炸裂（さくれつ）する、あざやかな色の不安げなＢＢ全般をひょいとかわさなければいけない。

今朝、「おめでとう（チーリオ）」と何度も歌おうとしてわたしを起こしたやかましいコマツグミには、感謝したい気もした。でもその騒音は、蝋燭（ろうそく）の炎にかざした濡れた指のようにわたしを縮こまらせた。感謝するかわりに、わたしは起きあがって窓を閉めた。沈黙。それがわたしに必要な安らぎだ。ＣＤを聴くのは、ウェイトリフティングか掃除のときだけ。騒がしいと不安になる。どこかひとつだけ自分を変えることができるのなら、きっとこれを選ぶ——予想外のノイズを、トランジスターラジオのようにつけたり消したりできない音を、もっと我慢できるようにしたい。

わたしはクリップボードを手にとり、双眼鏡を背中のほうにまわして、まだざわざわしているルリツグミを恥じいらせるほど整った軍隊式行列で到着した六羽のテリムクドリモドキ（ユーファグス・キアノケファルス）を記録した。ぐるりと渦を巻いて木のなかほどにとまった茶色い雌と黄色い目の雄が、日陰になった天蓋の奥へ横歩きで移動している。占領者のいない〈ジン〉のいちばん上の枝は、タカたちに上下に揺さぶられるせいでむきだしになって曲がっていて、空に向けて開いた手のひらをやさしく揺する指の長い手に見える。やがて、八音の旋律を繰り返し歌っていた一羽のマキバドリが、そのいちばん上のとまり木を占拠した。だれもマキバドリに拍子をあわせようとはしない。チアノーゼさながらの青黒い色をした規律正しいテリムクドリモドキも、尾羽をはためかせながら風のなかで危なっかしくバランスをとる二羽のハシボソキツツキも、絶対に相手を見ないようにしながらコマツグミにさらに近づこうとするフウキンチョウも。

ルリツグミの恥じらいも、テリムクドリモドキの誇りも、フウキンチョウのゴシップ好きも、わたしは記録しなかった。グラフ用紙のマス目は、言葉ではなく、数字を書くためのものだ。わたしはひとつひとつの生物を、グラフ上の簡潔なチェックマークに圧縮した。それ以外の方法で観察したら——鳥たちを客観化しそこない、さえずる青い閃光（せんこう）がビャクシンに充満してプロパンバーナーの種火よろしく木を揺らめかせるようになるまで眺めていたら、そうしたらたぶん、起きてもいないことを想像するようになってしまうだろう。同じ低木のベリーを食べているだけなのに、ルリツグミとコマツグミがゴシップに興じていると想像したり、単にまわりを気にしていないだけなのに、マキバドリの上から糞をするテリムクドリモドキが意地悪をしていると考えたりしてしまう。わたしがチェックマーク式調査をするのは、自分の脳にトリックを仕掛けられないようにするためだ。どんな人の脳もトリックを仕掛ける。でないと、マジシャンは生計を立てられない。自然は、あなたさえそれを許せば、あなたをだます。自然は熟練のマジシャンだ。さいわい、わたしは科学的手法を勉強したので、自分の直観を食いとめておく方法を知っている。

サン＝テクスは『人間の土地』のなかで、サハラ砂漠の飛行場で遭遇した一連の砂嵐について書いている。「離陸に問題なし」と聞かされたあと、彼はほかのパイロットや技師といっしょに外へ出て、空を調べる。サン＝テクスの小さな軽飛行機でさえ離陸になんの支障もないと全員が同意する。飛行服を身につける前に砂漠へ出ていったサン＝テクスは、蜉蝣（かげろう）が飛んでいるのに目をとめ、強風がその蜉蝣を飛行場まで吹き飛ばしたのだと気づき、砂嵐が迫っていることを悟る。自分よりも立場が上の人たちの意見に異を唱え、あと三分もしたら、だらりとたれた吹き流しがぴんとこわばるだろうと予測する。彼の言うとおりだった。蜉蝣から得た直観が、危険な砂嵐のなかでの離陸を防いだのだ。「未来がすべて、かすかな物音としてだけ予告される原始人のように」（『人間の土地』堀口大學訳、新潮社）、サン＝テクスは死にかけた蜉蝣の絶え絶えとした羽ばたきに砂漠の怒りを読みとった。それは彼を「原始的な悦び（よろこび）」で満たした。

BBたちの行動を直観でとらえてもよかったのかもしれない――鳥たちが同じ木を共有するのは、彼らが人間の引く境界にしたがって共同体をつくっているのではないからだ、と。でもわたしはそうせずに、風速計を吹き抜ける突風を相手にするように、鳥たちをひたすら計測した。それから一週間のうちに、わたしは〈キツネ〉に導かれ、このばかばかしい取り組みからそれた道を歩むことになる。そして、とある本を見つけ、彼に読み聞かせることになる。「僕らはもちろん、生きるというのがどういうことかわかっているから」と『星の王子さま』の語り手は言う。「数字なんてかまわない！」

午後四時三〇分ごろ、〈キツネ〉が小走りでドライブウェイをたどり、コテージの向こうに消えた。たぶん、ここからは見えない玄関前の階段近くをうろうろしているのだろう。わたしはそのとき、〈ジン〉のてっぺんにいるほっそりした一羽の鳥の種を特定するのに苦労しつつ、綿の上着ごしに腕を温める陽光を楽しんでいた。彼を待たせて鳥の計数を続けているうちに、鳥たちはうちの敷地が猛禽だらけだと気づき、どこか別の場所にあるもっと安らげる宿泊所を探しにいった。しばらくして〈キツネ〉が視界に戻ってくると、わたしは巨礫の上で身をよじらせて、彼が鼻づらをヤマヨモギのなかに潜りこませ、さえずるコマツグミを捜索するようすを眺めた。植物の破片が彼の全身に降り注ぐ。彼はコルク抜きさながらに身を震わせ、破片を振り払った。脇腹のうしろのほうは、両側ともまだはげている。

次の日の夕方五時ごろ、わたしは玄関前の階段付近、わたしたちの見せてお話（ショー・アンド・テル）会場になった場所あたりをうろつき、両腕を振りまわした。〈キツネ〉がわたしに気づいて、こちらに走ってこられるように。運がよければ、半径二メートル以内まで近づいて、わたしが石を打ちつけたり、羽根を振ったり、お話を語ったりするのを眺めてくれるだろう。彼をなつかせて、わたしが呼んだときに、でなければ少なくともわたしの都合のよい時間、午後六時くらいに姿を現してもらえるようにしたかった。そうすれば、疥癬の具合をたしかめられる。一九四〇年代、北米を代表する野生生物の専門家のひとりで、アラスカでオオカミを研究していたアドルフ・ムーリーは、キツネに「ちょっとした」餌を与え、自分の吹く口笛にしたがうように訓練した。サン＝テクスの王子さまは、「音楽みたいに」彼の足音にあわせて踊りたがるキツネをなつかせる。今日の午後六時、〈キツネ〉はわたしを無視した。

ロシアの遺伝学者で、キツネが人間の発する特定の音を聞きわけているとわたしに確信させた研究をしたドミトリ・コンスタンティノヴィッチ・ベリャーエフ博士とその後継者は、五〇年を費やして研究対象の動物たちを手なずけた。そして、人間が近づくと尻尾を振り、トレーナーの視線や指さしにしたがうキツネを育てることに成功した。ベリャーエフの研究がはじまったのは一九五二年。スターリンがソヴィエト連邦内でこの手の遺伝学研究をするのを——死の刑罰つきで——禁じた年だ。ベリャーエフは人なつこさの遺伝的性質を——こう言ってもいいだろう——死ぬほど理解したかった。家畜化された動物によく見られるように、ベリャーエフのキツネのなかには、白地に黒い斑点の散るものがいた。その人なつこいキツネたちがわたしの人生に入ってきたのは、形質継承の遺伝的基盤にかんする新入生向けの生物学講義をするために情報を集めていたときのことだ。そのころのわたしは、ベリャーエフのキツネたちのことをしょっちゅう考えていた。大学の新入生向けに進化学の講義を準備しながら思いを馳せられる対象として、その白と黒の毛に青い目を持つキツネほど考えるのが楽しいものなんて、そうそうなかったからだ。

一九八五年にがんで惜しくも世を去ったベリャーエフは、人為選択という手法で人なつこいキツネをつくった。ブリーダーがハトやほとんどの一般的な家畜をつくったのと同じ方法だ。チャールズ・ダーウィンは一八五九年の著書『種の起源』のなかでこの手法を説明している。選択は、人為か自然かにかかわらず、さまざまな性質の違いに頼っている。ブリーダーには、望ましい形質を選びだす基盤となる選択肢が必要だ。ほとんどのキツネは、人間を怖がるか、でなければ嫌う。それに目をとめたベリャーエフは、その傾向から外れた、人間のまわりで臆病にも喧嘩腰にもならないキツネで実験をはじめた。

野生のキツネに対する集団としてのわたしたち人間の態度は、彼らが人間に対するときと同じ——敵意を持つか、怖がるか。もちろん、ベリャーエフは違った。わたしもそう。ひと目見た瞬間に、〈キツネ〉をなつかせられるかもしれないと思ったのは、そのせいだろう。

ロシアの毛皮用キツネ農場にいたキツネから、ベリャーエフはいちばん人なつこいキツネ数匹を選んで交配させた。そうしてできた子のなかから、またいちばん親しみやすいキツネを選んで交配させ、それを何世代も繰り返した。時とともに、ベリャーエフの実験集団における従順なキツネの割合は上昇していった。

そうしたおとなしいキツネたちは、ふるまいが変わっていただけではない。形態的にも変化した。尾がカールし、耳がたれた。そして、まだら模様の毛皮をまとっていた。野生の世界では、アカギツネは銀、青みがかった黒、ブロンド、黄褐色、明るいオレンジ色、もしくは灰色の外見になるけれど、まだら模様にはならない。全体の毛色がどうであれ、どのキツネも尾の先に白い房飾りをつけ、黒いロングブーツを履いている。ベリャーエフはまだら模様のキツネをつくるつもりで交配させたわけではない。毛色の変化は思いがけない結果だった。ベリャーエフが選んだのは家畜化に向いた遺伝子を持つキツネだったが、まだら模様をつくる遺伝子がそこにたまたま乗りあわせていたのだ。人なつこさには遺伝的基盤があるというベリャーエフの信念は、過去にうちの近所に住みついた多くのキツネがよそよそしかった理由を説明している。そして、おもにブロンドと赤と灰色の毛を持つ〈キツネ〉をなつかせるのがほぼ無理そうな理由も。

次の日の午後五時半から六時まで、〈キツネ〉は〈ピルボックス帽の丘〉の向こうのほうで狩りをしていて、そのあいだずっと、わたしは彼の注意を引こうとちょくちょく腕を振っていた。ポップコーンの形をした雲が頬をピンク色に染めながら、灰色の空をひとりきりでシュッシュッポッポッと渡っている。雲の輪郭はくっきりしていて、固体のように見えるほどだ。雲が頬を染めるのをやめた午後八時には、どこもかしこも灰色に沈み、手なずけられない小さなキツネのようすを探ることはできなくなっていた。

〈キツネ〉をなつかせようとしはじめてから四日目、午後四時を少し過ぎたころ、わたしの注目を待ちわびている電話代、電気代、ガス代の請求書といっしょに、キッチンブースに座っていたときのことだ。灰色のフランネルのようなシカの耳ふたつがぴょこんと現れ、キッチンの窓をこすってしみをつくった。その耳にくっついていたのは、どちらかと言えば小さい雄ジカだった。誘うような目を除けば、ごくごく月並みなシカだ。

そのなかまに加わろうと外に出て、あやうく〈キツネ〉につまずいて転びそうになってからようやく、ドライブウェイの端、道から少し外れたところで、鼻先をシカのほうに向けている彼に気づいた。雄ジカはくたびれたようすで、ふさふさの毛を生やした小さな動物に煩わされるほどの元気はなさそうだったけれど、〈キツネ〉のほうはそうでもなかった。

〈キツネ〉は片方の前足を上げ、獲物の場所を伝えるブリタニースパニエルのような格好になった。わたしは彼の救難信号（メーデー）に気づいたけれど、腕を胸の前で組んだまま、その場から動かなかった。月明かりのなかでよだれをたらすイヌたちを追い払うのは、なかなか先鋭的な仕事だった。雄ジカを脅して追いだすのは降格のような気がした。とくに、この雄ジカが相手では。

「ほら、彼は草食動物だよ、〈キツネ〉。牙はない。かぎづめもない。歩いているし。ほとんど動いてない」。〈キツネ〉がシカを好きでないのは知っていた。残念なことだ。というのも、シカのほうは彼に惹かれているように見えるからだ。以前、自分のすぐ近くにシカが腰を下ろすや、彼が立ちあがって移動するのを目撃したことがある。当然、シカは彼の新しい休憩場所に近づく。すると、〈キツネ〉は立ちあがってまた場所を変える。今回、〈キツネ〉は場所を変えようとしなかった。

わたしは無関心を装った。〈キツネ〉は足で地面を叩き、身を震わせた。雄ジカを怖がっているのは疑いようがない。それに、わたしを試してもいる。わたし相手にどこまで自分の言いぶんを押しとおせるのか、見極めようとしている。わたしは雄ジカを放っておいた。そうすれば、〈キツネ〉がシカとの経験を積み、自信をつけられるかもしれない。でも彼、〈キツネ〉は、あいかわらず震えている。緊張させた首をぐっと上にのばし、小さな体をぷるぷるさせたまま、すがめた目でわたしのほうをじっと見ていた。わたしは〈キツネ〉の視界に囚われていた。彼のいらだちはどんどん増している。こうなっては、雄ジカを追い払わないわけにはいかないだろう。

わたしは手を叩き、雄ジカに移動を促した。雄ジカは身がまえ、芝生に置かれた未塗装の置き物そっくりになった。わたしは手を叩きつづけた。雄ジカは空気が粘土でできているかのようにゆっくりと、わたしのほうに顔を向けた。鼻孔を広げ、腹を膨らませて息をする彼の呼吸を数えながら、わたしは騒々しい自分の呼吸で彼の呼吸を追い越そうとした。雄ジカは自分の呼吸にあわせて息を吐きだすわたしの呼吸の音に何分か耳を傾けたあと、次はあなたの番だと言われていることに気づき、目をぱちくりとさせた。そのころまでに、わたしはもうじゅうぶん手間どっていた。わたしが玄関の階段のほうに向きなおる前に、〈キツネ〉は姿を消していた。毛の生えた葉につくナメクジ並みの代謝量しかない動物たちの呼吸競争に、いつまでもつきあっていられなかったのだろう。

五日目。夕食後。午後五時半。四六時中〈キツネ〉を待っているわけにはいかない。イエローストーン川の向こうでは、雨のほうきが尾根を掃き、ふわふわの黒っぽい雲たちを引っかきまわしている。雲たちはほこりのウサギよろしくぴょんと跳ねてから、山のふもとの丘の谷間にまた落ちつく。稲妻が夜をにらみつけていた。わたしの土地を山火事に備えさせないといけない。おおいなる地主は、自分の地所で自然な火災体制を奨励する――その体制では、火災はめったに起きず、起きてもゆっくり進む。それが、バンチグラス、小川、岩がちの斜面、まばらな木からなるこの土地で予想されるものだった。ところが、足もとでは反乱が進行していた。〈ハタネズミの森〉を構成するシベリア生まれのアザミをはじめ、ヨーロッパやアジアから持ちこまれた新しい草たちは、彼ら独自の火災体制を推し進める――頻繁に起きる、動きの速い火災。この反逆の草たちは密なシート状で地面に広がり、暑くて風の強い季節に乾燥する。それに対して、在来の草たちはかたまりになって生え、みずからのまわりを耐火性の土や砂利でかためる。そしてたいてい、落雷の季節が終わるまでしっとりした状態を保つ。

「チート」（ごまかしの）グラスとも呼ばれるウマノチャヒキはシートのように広がって生える草で、落雷シーズンの早いうちに枯れ、山火事の絶好の誘い水になる。ウシ、シカ、エルクは乾燥したチートグラスを食べないので、ブロンズ色の醜い姿のままいつまでも居座る。しかも、素手ではさわれないほど鋭い。最悪の習性は、急な斜面に生えることだ。それができる植物はごくわずかしかいない。火の動きは、斜面をのぼるときにいちばん速くなる。だから、わたしはうちのまわりの斜面を、岩がちのなかば不毛な状態に保っておかなければいけない。どうして炎が丘を駆けのぼるのか、その理由を理解できないのなら、たいらなところに立って、自分が炎になったふりをしてみるといい。まわりを見わたして、両腕をのばす。あなたに点火できる燃料は、どれくらい近くにある？　答え――燃料があるのは地面の上。草が足首までの高さだったら、あなたは足から足首までの範囲を加熱――うまくすれば点火――できる。さて、次は丘に立ってみてほしい。斜面のほうを向いて、両腕をのばす。燃料があなたに近づき、出迎えてくれるはずだ。足首から胴体中央まで、斜面が急ならさらに上までの範囲の燃料が、あなたに近いところに来る。

兵士がいなければ、山火事との戦争は闘えない。チートグラスを押し返し、丘から追いだし、水を奪いとってくれる者が必要だ。リアトリスは丘をのぼれるけれど、花を咲かせるのが遅すぎて競争できない。リアトリスが芽を出す前に、チートグラスが種まきを終えてしまうのだ。いずれにしても、例のハタネズミの敗北のせいで、わたしは自分の土地でリアトリスを育てる試みに警戒心を抱くようになっていた。サルシフィ（フトエバラモンギク）は開花が早い。先の尖った花びらでめかしこみ、ひらたいヒナギクのような顔をしたサルシフィは、大きさも形も野球ボールみたいな綿毛（頭状花が種子をつけたもの）をつける。綿毛を構成する無数の種子の先端には、羽毛のように軽い羽根の回転翼を備えた長いシャフトがついている。サルシフィの綿毛に息を吹きかけると、ひとつひとつの種子がふわりと浮きあがり、ヘリコプターの編隊よろしく次々と遠くへ飛んでいく。それは最高の気晴らしになるけれど、最高の兵士というわけではない。世捨て人気質のサルシフィは、まばらな配置をとる。一本のサルシフィを取り囲む広い空間には、チートグラスなどの可燃性の草が簡単に進出できてしまう。

カットリーフデイジー（エリゲロン・コンポシトゥス）は、侵入してくるチートグラスを締めだせそうなほど密集したマット状になって生える。五セント硬貨大のその顔は、ロデオの衣装を飾るフリンジのように細くまっすぐ裁断された花びらに縁どられている。デイジーのなかまは、植物学者がキク科（コンポシタエ）と呼ぶ科に属している。この名称は、円形の頭花がふたつの特徴的な花――舌状花と筒状花――の組みあわせ（コンポジション）で構成されていることに由来する。どっちがどっちかは、たぶんあなたにもわかるだろう。ライオンのたてがみのような部分を構成する長く白い花びらは、一枚一枚が自分専用の舌状花に属し、したがって自分専用の子房を持ち、最終的に自分専用の種子をつける。黄色い顔にあたる部分は、何百もの筒状花からなる。筒状花はぎゅっと密集していて、花びらをつける余地さえない。あなたはわたしのこの説明を信じるしかない。というのも、ひとつひとつの筒状花は肉眼では見えないからだ。言うまでもなく、そもそも花を観察するためには、腰を曲げて、顔をありえないほど地面に近づけないといけない。足首の高さの茎にのってぴょこぴょこ揺れるデイジーたちは、ふくらはぎの高さのチートグラスが生える野原を侵略しようとしても、日陰でしおれてしまうだろう。

　幅の広い茂みをつくるバターウィードは、茂みから外へ向かってやわらかい灰色の葉を広げる。そのかよわい茎は、デイジー風の顔をしたオレンジ色の花の重みで曲がっている。とりたてて特別なところはない。でもそれは、花びらの乱れた配置に気づくまでの話だ。とはいえ、哀れをもよおすほど乱雑なわけではない。バターウィードの乱れっぷりはチャーミングで、花びらを残らず引っこ抜いてしまった幼い子どもがあわててつけなおしたような感じだ。大きな隙間に隔てられている花びらもあれば、窮屈にくっつきあっているものもある。一般にバターウィードと呼ばれる植物はどれもキオン属のなかまで、この属に含まれる種は星の数ほどある。というか、どうせならそれくらいあってほしい。どちらにしても、ここで育っているのがどの種なのか、わたしに見極められる公算は変わらないのだから。重要なのは、種の名前ではない。この属のなかまはシートのように広がり、早い時期に花を咲かせる。チートグラスを日陰者にするくらい背が高く、秋まで乾燥しないキオン属は、危険な草に対してわたしにとれる最善の防御であり攻撃だ。掘りだして、戦略的な場所に移しさえすればいい。

六日目。お昼どき。体の大きな、炎のような毛色の雌ギツネが、わたしの土地の東端に沿って、砂利と草が出会うあたりをうろついている。それなのに、わたしの草地には尾の影さえ落とさない。〈キツネ〉がコテージのまわりに放尿して、なわばりをマーキングしたのだろうか？　そうであってほしい。あの炎の毛色の雌ギツネが近くにいると、わたしは絶対にくつろげない。彼女の存在は、いつもきまってわたしを玄関近くに押し戻した。ちゃんとした理由がないかぎり絶対に攻撃してこないのはわかっているけれど、こと「ちゃんとした理由」の定義にかんしては、彼女は寛大にちがいない。〈キツネ〉は午後四時一五分に到着すると、間をおかずに体を丸めてワスレナグサの茎をなめた。その時間割を、わたしは平常からの逸脱と解釈した。彼はあくびをして、ピンクの舌をのばした。その舌は、唾液に埋まった完全無欠の青い花びらで飾られていた。

七日目から、天気にかかわらず、〈キツネ〉は午後四時一五分に来るようになった。都合の悪い時間だ。わたしの都合を彼の都合よりも優先させるべきでは？　そもそも、キツネに都合なんてある？　彼はどっちにしても一日じゅう外にいて、なんでも好きなことをしている。わたしには仕事がある。午後六時まで待ってくれれば時間があくし、カササギたちだっていなくなるのに。それなのに、〈Tボール〉のほぼ絶えまないわめき声のかたわらで本を読む努力をしながら、彼を待っているなんて。

ろくでもないアイデア。〈Tボール〉は叫び声が完璧にひとつながりにならないように、念入りに気をつかって、一秒から四秒の沈黙をきいきい声のあいだに挟んでいた。そのうっとうしい音が一定のパターンにしたがっていれば、次にいつ来るかを予想し、背景ノイズのなかに同化させることができる。でも、〈Tボール〉はランダムな間隔で叫ぶ。数学的にランダム。いつなんどき襲ってくるかわからない。まるでマラリアみたいに。

もしかしたら、あなたは社交が得意かもしれないし、見せてお話（ショー・アンド・テル）に頼って知らない人との交流の緊張を和らげようとしたのは、スーパーマンの描かれたお弁当箱を持ち歩いていたころが最後かもしれない。ミーティングや会議や夜会には疲れないたちかもしれないし、礼儀の要求と同じくらい無尽蔵な忍耐の持ち主かもしれない。でも、社交に尻込みし、緊張してかたくなり、食料雑貨店でだれかに話しかけられそうなときには片脚を少しだけ上げておくタイプの人なら、来る日も来る日も客をもてなしたりすると、ひどくみじめな気持ちになるはずだ。しかも、あなたの客が気の短いキツネで、あなたの披露する芸に退屈したら歩み去ってしまうような場合は、レパートリーに磨きをかけなければいけない。ひとりきりでいるのを病的なまでに好むタイプの者にとっては、煩わしいことこのうえない。わたしがあのキツネに話しかけるのをためらっていたのは、わたしたちが違う種に属するからでも、彼がものを言わないからでもなく、自分のことをだれかと話す習慣がわたしにはなかったからだ。それどころか、『星の王子さま』の語り手と同じように、どんな内容であっても、だれかと話す機会はほとんどなかった。毎日午後四時一五分に訪れる客をもてなす必要に駆られたわたしには、本を読む以外の選択肢はなかった。まあ、そういうわけだ。

高等教育を受けた人間が、キツネと本を読む以上に重要なことがなにひとつないスケジュールを軸に毎日の予定を立てはじめたからといって、あなたにとやかく言われるすじあいはない。かさぶたの上のハエみたいに踊るために、キツネの足音を待つ。それよりもくだらないことを、わたしは短い人生のなかでずっと、やむにやまれずしてきたのだから。

パンサー・クリークの子ジカ

〈リバー・キャビン〉クラスの最初の夜、わたしはトビイロホオヒゲコウモリをひょいひょいとかわしながら、〈キツネ〉との関係が自然な道筋をたどったことを、それが完璧に論理的――まさに不可避――だったことを、わたしたちのあいだには科学の不変の法則を曲げるような現象はなにひとつ起きていないことを示す地図を描きはじめた。その最初の夜が終わった時点で、地図上の道筋にあるランドマークは〈ハタネズミの森〉ひとつだけだった。それから四日経ったいま、イエローストーン国立公園での次の野外授業の日を前にして、さらにいくつかの場所にラベルがついていた。黒いハエ、見せてお話(ショー・アンド・テル)、疥癬。そして、クラスはまだ二日残っている。

わたしたちを乗せたバスがフローティング・アイランド湖を通りすぎたあと、その先にはもうあまり見どころがないことを知っているわたしは、講義をやめて受講生たちからの質問の時間に切りかえた。うしろのほうに座っているだれかに、バックカントリーから大学院へ鞍がえしたのはなぜかと訊かれた。よくある質問なのだから、型どおりの答えを用意しているだろうと思うかもしれない。わたしが答えのかわりに用意していたのは、ひとつの物語だった。「パンサー・クリークの子ジカ」。マイクのスイッチを入れながら、それを語りはじめた。

　物語の舞台はマウントレーニア国立公園。上司のボブとともにピックアップ・トラックでカユース峠を走り、一週間ずっとかかりきりになっていたシカをめぐる事件を締めくくろうとしている場面からはじまる。ボブはこう言った。「これ以上エキサイティングになることは、ないと思うよ」。彼が言っているのは、わたしの仕事のことだ。原生地域(ウィルダネス)を歩きまわるレンジャー。彼のその評価は、忙しい一か月を経たあとに下されたものだった――救急出動が数回、遺体回収が一回、小規模な山火事が一回。最悪の事態が起きる前にこの仕事――わたしがそれまでに得た最高の仕事――をやめるほうがいい。ボブはそうほのめかしていた。〈ゴアテックス〉の手袋で担架を握りながらサンライズ氷河を蹴るようにくだり、添え木をされて酸素マスクの下で顔を歪める遭難者を見おろし、現場にいたのは、これで全員ですか、と質問するはめになる前に。退屈につかまったら最後、絶対に放してはもらえないし、そうなったらこれまで積み重ねてきたすべての思い出の価値が下がってしまう。それはわたしにもわかっていた。大切な思い出とともに去らなければ、なにひとつ残らない。わたしがもらっているわずかばかりの報酬は、先の先までわたしを支えてはくれないだろう。

　わたしがバックカントリーを去るのが早すぎたのなら、それはパンサー・クリークのせいだ。

　その連絡はパーク指令センターから無線で届いた。非公式の〈パンサー・クリーク〉キャンプサイトで、リードのついていないイヌたちがシカを追っていたとの報告が目撃者から寄せられたのだ。この場所はおもに、くだりの道を運んでいくのは簡単だけれど、のぼり坂になる帰り道に持って帰るのを心配するほど貴重ではないものをともなうアクティビティに使われる。たとえば、ビール瓶とか。ワインのこともある。もちろん、イヌは自力で坂をのぼって帰れる。でも、リードをつけているかいないかにかかわらず、イヌは規則で禁じられていた。「非公式」と言ったのは、公園当局はこのキャンプサイトを管理しておらず、だれにも利用を推奨していないからだ。

　パンサー・クリークの駐車スペースでクルミ大の松ぼっくりを靴の下でぱりぱりと砕きながら、わたしはモミの枝のカーテンを押しわけ、人の行き来でできた道（ソーシャル・トレイル）を探した。ソーシャル・トレイルの起点はけもの道（ゲーム・トレイル）と似ていて、何人かが土を踏み固め、枝を折り、本来なら侵入できない森林にどうにか分けいれるだけの道を切り開いた痕跡が見られる。パークレンジャーはソーシャル・トレイルに段々をつくったり、雨水の通り道を設けたりしないので、とりわけ斜面の急なエリアでは、土壌が洗い流されてしまう。わたしはいつも、浸食を防ぐために、枝でトレイルを覆って来園者が近づかないようにしていた。

　わたしたちはソーシャル・トレイルを避けて森のなかを進んだ。ボブの話によれば、シアトルから主任科学者がパークの視察に来ているらしい。「いつまでかなんて、だれにわかる？」これは質問ではない。ここで彼の言う「だれ」は、わかる人なんて「だれも」いないという意味だ。

　数分後、わたしは言った。「それで？　その人、わたしたちのところに来る？」

　さらに数分後、ボブが言った。「重要じゃないところには、どこにも行かないだろうな」。そんな調子の会話がずっと続いた。

　坂をくだっているあいだ、地面に対して体を垂直に保つことに意識を集中させた。両足をそろえて立ってみてほしい。あなたの両のかかとは、二本の線の交点に位置する。一本の線は、かかとから頭まで、あなたの背中を走る線（脊柱線）。第二の線（トレイル線）はあなたのかかとから前方にのび、あなたが向きあっている床、もしくはトレイルに沿って走っている。たいらな地面に立っているときには、トレイル線と脊柱線の交わる角度は自然に九〇度になる。次は、自分が丘に立っていると想像してみてほしい。のぼっていようがくだっていようが、体を傾けたくなるはずだ。でも、転びたくないのなら、トレイル線と脊柱線を九〇度に保つようにするほうがいい。重いリュックを背負って急なトレイルをのろのろのぼっているハイカーは、体を前方の丘に向かって傾ける。疲れてくるとさらに傾き、脊柱線とトレイル線がつくる角度は鋭角に縮む。すると、重心がかかとから離れ、足が後方に滑り、鼻が前方にダイブする。転倒を受けとめた手のひらは丘を滑り落ち、そのうちにすり傷でぼろぼろになる。

坂をくだっているハイカーは、急斜面に不安を煽られて後方に傾く。脊柱線とトレイル線がつくる角度は鈍角に広がる。そうなると、かかとが否応なしに滑って体を支えられなくなり、尻とリュックが泥のなかに落ち、裏返しになったカメよろしくじたばたするはめになる。

ボブもわたしも、一〇年後に「マルチタスカー」として知られるようになるタイプではなかった。いちどに複数の真剣なプロジェクトに集中しようとすると、わたしの性格が邪魔をする。マルチタスクが流行して辞書に載ったとき、わたしはその言葉から、パークレンジャーよりもアメリカアカリスによく見られるような神経質さを連想した。アカリスが頭を下にしてトウヒの幹を駆けおり、隠しておいた球果を数え、交尾できそうな相手を追跡し、子のようすを確認し、トウヒの球果の軸を噛み切り、子を叱りつけ、交尾相手から姿をくらますあいだ、ずっと警戒の声を出していられることを、あなたは知っているだろうか？　アカリスがあまり長く生きないことは？

　カエデの枝が、皮膚に線状の跡ができるくらい強くわたしの頬を叩いた。この木々は何千年も前から、わたしよりも大きい哺乳類たちの侵略を撃退してきた。だから、枝を払いのけたときの反撃のスピードや敏捷(びんしょう)さに、わたしがかなうはずもない。マツはたがいに寄り集まり、太陽を遮ってわたしの視界を暗くする。トレイルは急で、その前の冬に降った豪雨が落ち葉を残らず押し流していた。ダフ（森林の地面で腐敗した枯れ葉や枯れ枝）がないせいで、太古の怒れる根たちが完全に露出している。モミとシーダーはコケだらけの甲高の足を整備されていない道に突きだし、一キロの重さがある〈ピヴェッタ〉の革のトレッキングブーツをつかみ、わたしの足をすくおうとする。J・R・R・トールキンの『指輪物語』に出てくるお茶目なエントにでもなった気でいるのだろう。

　現場に到着すると、パンサー・クリーク沿いの堆積原に広がる灰色の丸石の帯から、空(から)のビール瓶がいくつも突きでていた。倒木の上を歩き、クリーク中央で停滞する丸太でできた島へ渡ると、そこでは一頭の子ジカが助けを求めて鳴き声をあげていた。尻に裂傷がある。骨はどこも折れていないようだ。わたしたちは彼女を川岸へ運んだ。「なあ、例の動物規則があるから」とボブが言った。わたしが子ジカの温かい胸郭の上に手を置き、浅く乱れた呼吸を感じているあいだに、ボブは話を続けた。

「主任科学者が帰るまでは、この子ジカにはなにもできないぞ」

「上まで運ぶくらいはできるよね。それか、獣医に下まで来てもらうとか」

「だめだ。原生自然(ウィルダネス)の体験に干渉すべからず」。それがわたしの耳に届いたボブの言葉だったけれど、彼がアーモンド形をした目の片方をぱちりとつぶったときに、わたしは彼の言わんとしていることを悟った。お上品な街から来た身のほどしらずの管理者連中に、やつらが知りもしないことの規則をつくられてたまるか。動物とか、森とか、「原生自然（ウィルダネス）」とか。

括弧でくくったのには意味がある。米国議会は一九八八年にマウントレーニアを原生自然（ウィルダネス）地域に指定した。この特別な指定により、マウントレーニアはグレイシャーやイエローストーンといった国立公園とは扱いの異なるものになった。グレイシャーやイエローストーンでは、一日じゅう森を歩きまわり、グリズリー（アメリカヒグマ）に唾を吐きかけられても、「ウィルダネス」にいると主張することはできない。

〈パラダイス〉の草原や〈古老の森〉（いずれもマウントレーニア国立公園の見どころとされるスポット）と同じく、「ウィルダネス」もマウントレーニアの本質的な特徴をかたちづくっている。それは管理方針に影響を与え、自然を軽視するアクティビティを阻む。原生自然（ウィルダネス）保護法では、騒々しかったり景観を邪魔したり、あからさまに機械に見えたりする仕掛けは禁じられているし、新しい道路、救急用以外のトレイル、観光用標識、恒久的な保管庫も同様だ。わたしはウィルダネスという言葉が大好きだし、原生自然保護法のうち、わたしに理解できる単純な部分は気に入っている。わたしに理解できないのは、このシカのことだった。

国立公園の来訪者たちは、入園料を払った以上は「ショー」を楽しむ権利があると信じている。ボブはわたしにそう念押しした。そして、そのショーには苦しむ動物の見物も含まれる。もっとひどいのは、動物の屈辱を目撃する権利を売りものにしていることだ。カメラをぱしゃぱしゃと鳴らし、フラッシュを光らせて悦に入る見知らぬ人間たちの前で苦しみながら死んでいく動物を目撃する権利を。

別の生物個体の残酷な死を平然と観察すれば自己評価を高められるとか、自分をもっと科学的で博識な者らしく、あるいは男らしく見せられると思っている人はあまりにも多い。

「入園チケットに、そんな条項が書いてある？　野生生物に屈辱を味わわせるって？」

ボブは子ジカを見て、またウィンクした——風がつくった涙を目から振り払うためだ。

国立公園で長く仕事をしてきたわたしたちは、たくさんの野生動物が、その死を「自然」と見なす規則のせいで、苦しみながら死んでいくのを目にしてきた。そしてこのときはじめて、ささやかではあるけれど、自分が結果に影響をおよぼすことのできるエリアでそれが起きていた。

ばかげた基準——規範（パラダイム）——がわたしたちに重くのしかかっていた。規範というものは、ぼんやりとしていながら、ねばねばとまとわりつく。ドクター・スースのウーブレックと同じで、それがどこから来たのか、どうやって脱けだせばいいのか、その答えを見つけることはできない。慣行と方針という点で言えば、自動車事故を除き、どんな場合であっても、公園局の職員が負傷した野生動物を安楽死させたケースは、わたしもボブも聞いたことがなかった。ましてや、獣医師を呼んで治療なんて、あるはずもない。主任科学者がシアトルに戻ったら、すぐに子ジカを助ける。そういうことで、わたしとボブの意見はまとまった。手負いの子ジカが助けを待っているあいだにハイカーが近づかないように、パンサー・クリークの非公式トレイルを葉っぱや藪で覆い隠した。

それから二日続けて、わたしは午前中に森を突っ切ってパンサー・クリークまで坂をくだり、子ジカに毛布を届けた。カエデのむちも、重いリュックも、くだり坂を走ることも気にならない。わたしくらいの歳の人間は、そんなことに気をもんだりはしないものだ。子ジカが口にしてくれるとは期待していなかったけれど、アルミ製のシェラカップでクリークの水をくみ、彼女の隣に置いた。鼻づらの前で湿った指を広げ、半透明のイチイの実を差しだした。傷をむきだしにしたまま横たわる彼女は、顎を足首にもたせかけ、助けてとすがるような目でわたしを見た。大昔からずっと、けがをした子ジカは人間に助けを求めてきたにちがいない。彼女の頭上では、大きなヘムロックの木が中央の二本の枝を上向きに曲げている。緑色をしたオジロワシの翼のようだ。木のてっぺんはパンサー・クリークのほうに曲がり、マスを探しているみたいにおじぎをしている。露出した根は、獲物をつかんで上昇しようとするかぎづめのように、がっしり地面をつかまえている。わたしも、同じくらい大昔からずっと人間がしてきたことをした。「心配しないで」と言いながら、手の甲で彼女の肩をぽんぽんと叩く。「助けてあげるからね」

「このアンモニア臭は、いったいなんだ?」とボブがわめいた。わたしは彼に続いてガレージに入った。わたしたちは横向きになって消防車二台のあいだをよたよたとすり抜け、アンモニアの雲をたどってガレージの奥へ進んだ。すみっこでくしゃくしゃになっていたのは、シカの尿でぐっしょり濡れた白い毛布だ。

「ああ、あの子ジカの毛布」とわたしは言った。胸の前で腕組みしていたボブは、その腕をほどくそぶりをちらりとも見せなかった。まばたきひとつしない。わたしは途切れ途切れに情報を伝えた。

「ええと……あの子、立てなくて……体が冷えていたから……」

「だれがこんなことをするんだ」。これは質問ではない。ここで彼の言う「だれ」は、わたしのことだ。

わたしは口ごもりながら説明を続けた。「それで……毛布におしっこをして……だから、ここに持って帰って、新しいのをとりに……救急隊の備品から」。そこで肩をすくめた。「わたし、毛布を持ってないから」

「くそ」

アンモニア臭に負けてふたりで後退しながら、ボブは大声で叫んだ。「明日だ！」明日になれば、お上品な街から来たわたしたちの「友人」が朝食前にここを離れるとボブは請けあった。明日には、あの子ジカを助けられる。

「朝六時。きっかり」

「わかった」

「五時のほうがいいな」

「了解」

わたしたちは闇のなかで車を走らせた。それから無言で森を突っ切った。側面に革のパネルのついた氷河用サングラスが、むちを振るうとげだらけの灌木(かんぼく)からわたしの目を守ってくれる。両手でハンノキの細い枝をつかみながら、わたしたちは川へ向かって、音とその不在のほかには導いてくれるものがなにもない闇のなかを滑るようにくだっていった。

その日のしばらくあと、カユース峠を車で走っていたときに、ボブが「これ以上エキサイティングになることは、ないと思うよ」と言ったのだ。別のところへ行ったとして、どんな「これ以上エキサイティング」なことがあるというのか。わたしはボブにそう尋ねた。「大学院」とボブが答えた。
「博士号、ほら、なんて名前だっけ、あの彼みたいに。虫の人（バグ・ガイ）」
バグ・ガイ？　ボランティアの？　公園局はバックカントリーを巡回する報酬をわたしに払っているのに。

わたしにお金がないことをボブは知っている。公営の寮に越してきた日、わたしは直角駐車しないといけない割りあての駐車スペースを使わず、レンジャーステーションの環状道に自分のボルボを停めた。

「バックギアもないなんて！」とボブは言った。それから、「レンジャー隊へ、ようこそ」
「ほかの四つはありますよ」とわたしは答えた。「はじめまして」

そのボルボを買った日、わたしはまだ大学にいて、ヒッチハイクをしていた。拾ってくれた銀髪の男の人から、二部構成のお説教を受けた。ヒッチハイクは危険だ。そして中古車は安い。第一部のほうは無視したけれど、でも、このわたしが車を買える？　月面にサルが降り立ったと告げられた気分だった。幼い女の子ふたりを世話する週末の仕事は給料プラス部屋と食事つきで、それに事務職員の仕事もかけもちしていた。マットレスの下から現金をとってきたあと、銀髪の男の人に自動車販売店でおろしてもらった。それから、地階の借り部屋に車で戻った。赤信号という赤信号で誇らしげに停車し、青信号という青信号でおそれおののいてスピードを落とした。いまにいたるまで、あのときほどおおぜいのドライバーにクラクションを鳴らされたことはない。そのマニュアル車には説明書がついていなかった。連邦判事をしている女の子たちの父親に、マニュアルトランスミッションの操作方法を教えてもらった。以来、わたしはずっとその車を所有していた。マットレスの下に現金を隠すかわりに、革の縁どりがある布張りのシートの隙間に押しこむようになった。それでも、ヒッチハイクはやめなかった。その車は、長く持ちすぎていたせいで、故障することが多すぎたのだ。

ボブはザイオン国立公園のバックカントリー・レンジャーという第一級の職を筆頭に、バックカントリーで長いキャリアを積んだあと、もっと安定した管理職へと駒を進めた。さらに重要なのは、彼自身が安定していたことだ。ボブにはガールフレンドがいたし、やがて妻と子もできた。マウントレーニアで過ごした年月をつうじて、わたしがまがりなりにも定期的に接した相手のなかで、ボブは最年長の男性だった。わたしは二八歳。ボブの四〇回目の誕生日はまだ祝っていなかった。大学院という彼の考えは、筋がとおっているような気がした。

そうはいっても、大学院の学位取得課程がわたしを受け入れてくれるだろうか？　レンジャーなかまの年下の男の子から、大学院に出願するための重要な共通試験、ＧＲＥ試験の情報をもらった。わたしたちは模擬試験に目をとおし、わたしが入学する道を探った。わたしの得点は言語能力、分析能力、生物学関連で九八パーセンタイル（自分の下に受験者の九八パーセントがいる、つまり自分は上位二パーセントに入っていることを意味する）に入っていた。これなら、どこかしらの大学が受け入れてくれるだろう。

でも、わたしは都会での生活を思い描けなかった。それに、自分が科学者になるなんて想像もつかない。わたしはいつも、思い描けるけれどさわれないものに手をのばし、そちらへ向かって進んできた。さわれるものは近すぎるし、想像できないものは遠すぎる。わたしが思い描くのはいつだって、どこかのウィルダネスで亜高山の尾根にぽつんと立つ自分の姿だった。

ボブに言わせれば、最大の障壁はわたしの髪（「バックカントリーのレンジャーみたいだ」）だった。わたしは櫛を持っていなかった。その意見にはわたしも同意した。それからわたしたちは、慢性疾患の患者が医者の人生に、あるいは受刑者が弁護士の人生に思いをめぐらせるときのような態度で、科学者についてあれこれと考えた。

「科学者になる心配なんて、しなくていいんだよ」とボブは言った。「学位をとって、その手の連中が何をしているのか、知るだけでいい」。大学院にかんして過去にわたしがもらった助言は、それがすべてだった。

そして実際のところ、ボブが餞別としてくれた櫛とあわせれば、わたしの必要としていた助言も、それがすべてだった。

グレイシャー国立公園の一介のレンジャーになってからずっと、科学者とはなにをする人たちなのだろうと考えていた。いちど、パークの本部から来た科学者――博士号持ちの人――に、水生生物学研究用のサンプル集めを手伝ってほしいと頼まれたことがある。まだ動物学の学士号をとる前だったわたしは、二本のガラス瓶、点眼器、指示書とともに、誇らしい気持ちでその任務を受けとった。

ヤマナラシ属の木々に守られたバックカントリーの小屋まで歩いたあと、カットバンク川に駆けおり、ガラス瓶に水をくみ、点眼器からなんだかわからないものを一滴たらした。小川の水が入った瓶を太陽にかざし、やさしく揺らして、蚊くらいの大きさの赤い小エビたちが小さなガラスの部屋のなかでくるくると回転するのを眺めた。小屋に戻ってから、ベッド脇のテーブルにその瓶をうやうやしく置いた。薪ストーブが温まってぱちぱちと音をたて、湯が沸きはじめたころ、自分に託された小さな生きものたちのようすを見にいった。やだ……うそ……そんな。蚊くらいの大きさの赤い小エビたちは、一匹残らず沈んでいた。わたしが全員を殺してしまったのだ。

その晩はあまり眠れなかった。夜明けとともに歩きはじめ、七六〇メートルのぼってピタマカン峠へいたり、また七六〇メートルをくだった。距離にして三〇キロ弱。息をのむような風景で、ほかの人はだれも見かけなかった。グリズリーの密度の高さのせいで敬遠されているのだ。トゥーメディスン・レンジャーステーションで車をつかまえて、いつもの持ち場のイーストグレイシャー・レンジャーステーションまで乗せてもらい、次の日、さらに車を乗り継いで本部へ向かった。

それで、どうなったかって？　あの科学者は小エビたちが死ぬことを知っていた。点眼器の小瓶に入っていたのは毒だった。彼は小エビの数を測定したかったのだ。わたしが動物を殺したのは、生物学の博士号持ちの人がその数をかぞえられるようにするためだったってこと？　はっきり言おう――わたしが動物を殺したのは、漁業生物学の博士号を持つ男性の監督のもと、漁業生物学の修士号を持つ別の男性が実際の計測を（そして学部生が記録を）遂行できるようにするためだった。そのために、わたしは動物を殺したのだ。わたしはその場に立っていた――汚れて、汗だくになって、あちこち痛む体で。彼は座っていた――スーツを着て、くつろいで、涼しげに。ことのなりゆきは、あなたにもわかるだろう。ふたりのうち、泥で汚れた人、立っている人、ぼさぼさ頭の人のほうがものを知らない。だれもが当然のようにそう思う。くそくらえ。エビみたいに背中を丸めて座ってろ。そう、たしかに、彼らがなにをしているのか、そこのところは知っておくほうがいいかもしれない。

あのパンサー・クリークの子ジカがどうして死ななければいけなかったのか、そのわけを知っておくほうがいい気もした。わたしはすっかり忘れていた――死は自然なもの！　自然は残酷なもの！
あのヘレナのキツネ虐殺のときにも、牧場主たちはそう自分に言い聞かせていたのではないか？　虐殺をめぐる説教をした牧師は、キツネを殺したその行為を、キリスト教の神、ナザレのイエスのはりつけと並べて描写した。その並置は、牧師に言わせれば、ひとつの謎を示している――愛情深い神のいる世界に、なぜ無分別な残虐さが存在しているのか？

　わたしがマウントレーニアでレンジャーになったころには、世間は残虐さを無分別な行為と解釈するのをやめていた。わたしたちが野生動物の苦しむさまを眺めるのは、貧しくて、無知で、羊飼いだからではない。豊かで、大学教育を受けていて、ホワイトカラーだから眺めるのだ。動物の苦痛という泥にまみれることを、わたしたちは望んでいる。そうすれば、世界の残酷さを知っているふりができるから。野生動物が苦しんで死んでいくのを眺めながら、わたしたちは短い顎をあちらへこちらへと向ける。「自然は残酷だ」とわたしたちは言う。そうして、その知識の重みを背負ったおかげで軟弱な心がたくましくなったようなふりをする。

　いっぽう、〈リバー・キャビン〉クラスの受講生たちといっしょにバスに揺られるわたしは、容認しがたい動物ストーリーに陥ってしまったものを弁明しようと四苦八苦していた。そのときわたしは、「バスが動いているあいだは立たないでください」の掲示を背にして立ち、受講生たちと向きあっていた。みんな、これからクマだらけのトレイルで自分たちを先導するのはどんな種類の人間なのかといぶかっている。けがをした子ジカの世話をするのは、自然なことではない。そんなことも理解できないなんて、いったいどんな種類の人間、講師、ナチュラリストなのか？　クモを殺すこともできないと自慢する、あの手の人たち――あの手の人たち――のひとりなのではないか。受講生たちはそう疑っていた。

　バスが方向を変え、外側のタイヤをやわらかい路肩に落とすほど大きくカーブした。ちょうど、あのパンサー・クリークの子ジカにじっと見あげられたときのことを受講生たちに話しているところだった。彼女はそのたびに、憐れみを請い求めていた。最後に見たとき、彼女は目を開いたまま死んで横たわっていて、わたしは腹のなかが空洞になったような悲しみを覚えた。バスが巨大な穴を直撃し、わたしはあいた片手だけで体を支えようとじたばたした。「わたしはクモを殺しますよ」と言った直後に、はずみで否応なくうしろ向きになりながら、運転手の頭上にある例の掲示にそうしろと命じられたみたいに、言葉を続けた。「真っ正面から」

リバー・キャビンでの最後の日

ひとすじの文明——きれいに刈って水をやったばかりのナガハグサ〈ケンタッキー・ブルーグラス〉のどぎつい緑が広がる細長い一帯——が、わたしの泊まるキャビンと、イエローストーン川を縁どる混沌としたヤナギの茂みとを隔てている。わたしは川岸に立ち、セラミックのマグカップを揺らしていた。暗褐色の釉薬(ゆうやく)が施されたマグは、くぼみに尿のたまった乾いたバイソンの糞(バッファロー・パイ)みたいに玉虫色に光っている。大学が主催する成人教育コースは、最後の朝食を終えていた。もうすぐ、隣人夫婦とそのテレビのくぐもった声やぱちぱちという雑音を壁ごしに聞いたり、〈キツネ〉が——サン＝テクスの大蛇ボアのように——帽子にまちがえられるのではないかと心配したりする必要もなくなる。

　イエローストーン川はココアさながらの茶色だった。植物の残骸でできたいかだが、ジェットコースターのような波に乗っている。あと二か月もすれば、川面はすっかり平坦で半透明になり、マガモが足先を少し濡らすだけで岸から岸までかき乱せるようになるだろう。わたしはがらがらと音をたてて、川岸の丸石の上を歩きまわった。サンダルの下に履いた分厚いフリースの靴下は、冷たい空気を涼しく感じるにはちょうどよい厚さだ。あと一時間たらずで、受講生たちが最後のハイキング授業に出るために集まってくる。わたしは息を吸い、肩を揺すって腋の下の湿っぽい感触を振り払ってから、また息を吸った。野外授業ではこの一週間ずっと、だれもが意識しているのにあえて口に出そうとしない話題が、身動きするのを拒むゾウのようにわたしたちにつきまとっていた——人間しか持っているはずのない性格を持つキツネ。

人間と野生動物に共通する性格なんてあるわけがない。受講生たちはそう思っている。何か月か前、フロリダ州立大学でわたしの授業をとっている学生のひとりが、その理由を理解するのに手を貸してくれた。そのときの講義は、ホモ・フローレシエンシス（フローレス人）がテーマだった。二〇〇三年に化石が発見されたインドネシアのフローレス島にちなんで名づけられた人類だ。わたしは〈ナショナルジオグラフィック〉から拝借した、ホモ・サピエンスとホモ・フローレシエンシスが並んで立つ絵を学生たちに見せた。その並置はあくまでも推測にもとづいている。サピエンスとフローレシエンシスはどちらも一万三〇〇〇年前に東南アジアで暮らしていたけれど、両者が並んで立つことがあったかどうかはだれにもわからない。その絵のなかで、サピエンスの女性は動物の皮をまとい、胸と股間を覆っている。やはり女性として描かれているフローレス人は裸で立っている。この衣類の差を、学生たちに説明してもらった。「気温」。いちばんできのよい学生がそう答えた。「フローレス人は熱帯気候の地域で暮らしていたから、服は必要なかったんです」。サピエンスは同じ気候条件下で服を着ていたとわたしは指摘した。この講義でなによりも驚いたのは、フローレス人がネアンデルタール人——もうひとつの姉妹種——よりも二万年あとに生きていたにもかかわらず、道具をつくれたのはずがないと思われていたことだ。「あれほど小さい脳では」と学生のひとりは書いていた。「フローレス人はおそらく、服をつくろうと思いつかなかったのではないか」。身長一メートル前後のフローレシエンシスの脳は現生人類よりも小さいけれど、それでも彼らはばかではなかった。発掘現場から出土した道具は、フローレス人が器物や織物をつくっていたことを示している。

フローレス人はサルに近く、厚い毛皮に覆われていたから、服は必要なかったのだと考える学生もいた。これもまちがい。生物学者のあいだでは、ホモ属のメンバーは七万年前ごろに厚い体毛を失ったと考えられている。その証拠となるのが、コロモジラミの種分化だ。頭からつま先まで毛に覆われている動物には、頭からつま先まで、一種類のシラミがつく。わたしたちヒトのなかまは毛のない皮膚の面積が広く、毛のある領域がそれぞれ隔離されているので、別々の領域に寄生するシラミは交配できない。そのため、わたしたちには二種類のシラミがつく。陰毛に寄生するケジラミと、頭部に寄生するアタマジラミだ。わたしたちの陰部と頭に宿るシラミ種は七万年前ごろに生まれた。そのころまでに、人類は体毛を失っていたと考えられる。でなければ、一種類のシラミしか存在していなかったはずだ。

わたしの目を開かせてくれた学生は、画家の偏見が絵にしみこんでいるのだと解釈した。彼女の考えによれば、画家は無意識のうちにアダムとイヴの物語を下絵（この比喩は意図的なものだ）にして、裸を恥じらう意識を持つのは現生人類だけと決めてかかったのだという。フローレス人の女性が裸なのは、暑いからでも毛深いからでも愚かだからでもなく、恥じらいを感じる能力を持っていないからだとその学生は主張した。恥じらいは現生人類だけのもの。それがアダムとイヴの物語だ。その学生の言うことが正しいのなら、慎み深さのような性質が別の人類種にあったと考えることさえできないのに、人間で言うところの性格をキツネが持っているなんて、いったいどうして考えられるだろう。

その週ずっと、あのキツネのことはできるだけ語らないように、できるだけ話題に出さないようにしてきた。個人的すぎることや誤解を招きそうなことも、話すのを避けるか、でなければ脚色を加えた。踊るハエの向こうに見えた〈キツネ〉の目とか。不都合な四時一五分の待ちあわせを黙認したこととか。毎晩、夕食前に〈リバー・キャビン〉から車で家に戻って、彼のようすをたしかめていたこととか。卵黄とカササギのことは話した。ハタネズミとリアトリス。疥癬と、おおいなる地主の義務のことも。

それでうまくいっていた。でも、うっかり「キツネとわたし」という言葉を少しばかり多めに使ってしまった。受講生たちには、それを忘れてもらわないといけない。わたしには計画があった。ちゃんとした計画というよりは、希望というにはちょっとたりない、そこはかとない願望のようなものだったけれど。自然史について雄弁に語りたおせば、わたしと〈キツネ〉の関係をめぐる質問から受講生の気をそらせられるかもしれない。一〇〇万エーカーのウィルダネスで、いったいだれが一頭の「ゾウ」を見つけられる？ いつのまにか、空をのぼる太陽が峰の頂（いただき）を越え、空（から）になったマグを照らしていた。わたしはバックパックをつめに部屋へ戻った。

「『わたしたち』と言うのって、つまり、もうカップルになってる、ってこと？」まだ歩きはじめて五分も経っていない。わたしたちは使われていないフォレストサービス道路（おもに林業に使われる農務省林野部の管轄する道路）沿いにビーティ・リッジをめざしていた。わたしは足をとめて、うしろにいる集団を振り返ったけれど、質問の主は正体不明のままだった。どっちにしても、その質問は単なる言葉遊びだったので、わたしは答えなかった。

「あなたと例のキツネのこと」と別の受講生がはっきりさせた。

そのむきだしの砂利道は、耕作地を縫う干あがった小川と並行して走っている。水の流れが途絶えたときに枯れたハコヤナギが骸骨じみた木陰をかろうじてつくっているおかげで、若いウルシがどうにか繁り、つやつやのカエデに似た葉を見せびらかしている。周囲のいたるところで、植物の出入りが進行していた。もっと寒くて乾燥した場所から移ってきた植物は、ここにとどまろうとしている。その新参者が気に食わなかったり、取水門のまちがった側に定着してしまったりした植物は、そこから逃げようと、もっと高いところの厳しい気候へ向かう。それぞれの植物個体群が描きだす物語は、〈キツネ〉とわたしのことをあれこれ考えるみんなの気をそらせてくれるにちがいない。

「あの背の高いとげのある植物――ナップウィード――はシベリアから来た移入種で、うららかなモンタナで、シベリア出身のなかまたちと並んで繁っています。ライラックとか、カラガナとか、ロシアンオリーブとか。どの植物も、冬が一一か月の土地から九か月しか続かないところへ引っ越せて、ご満悦みたいね」。多年生の背の高いナップウィードの茎は、ほかから突出してあらゆる方向へのびている。「スカーレットグローブ（アオイ科の多年草。グローブマロウとも）は、ずっと昔からここに生えていました」。わたしはしゃがみながら、くるりと丸まって不規則に広がる葉のなかに浮かんだ、かろうじて見える花をそっと手ですくった。「いまは、ここから出ていこうとしています。群衆と、日陰と、除草剤から逃げようと」

ひとりの男性を下にしたがえたティンクロス（「tin〔錫〕のように丈夫な布」を意味する耐久性の高い布地）の帽子が、わたしのかたわらで身じろいだ。一週間ずっとわたしを導いてきたその〈ティンクロス〉氏がささやいた。「あなたのキツネの質問ばかりになりそうです。どうにかしましょう」。〈ティンクロス〉はわたしの通訳者だ。テレビ番組やポップカルチャーにかんする発言を、わたしにも理解できそうな内容に通訳して説明してくれる。たとえば、集団での食事中に背景幕のように交わされるおしゃべりを、その人生の話題でもちきりにしている「やけくそな（デスパレート）」女性たちは架空の「妻たち」である、とか（二〇〇四～二〇一二年に米国で放映されていた人気テレビドラマ『デスパレートな妻たち』のこと）。「ユーチューブ（YouTube）」の謎めいたスペルを翻訳し、それに劣らず謎めいたその魅力を説明しようとしてくれたりもした（失敗に終わったが）。〈ティンクロス〉はわたしの探索像をよく理解していて、帽子のような特定のアクセサリーがなければ、わたしにとって人間は、たとえ毎日言葉を交わしている相手でも、個性を持たない単なる顔のひとつになってしまうことを承知していた。メイン集団に追いつかれないように、わたしと並んで歩く速度を上げながら、〈ティンクロス〉は石化した木のかけらをわたしにこっそり手渡した。「これが必要になりそうです」と言いながら。

次の小休止地点で、わたしは靴紐の下に爪を押しこみ、ワイルドリコリスの種子を引っぱりだした。シナモンのような茶色で、いがいがしていて、ピーナッツの殻ほどの大きさだ。「この種子は、精子の相似器官ですよね？」受講生たちがうなずき、肯定の意を示した。不正解。引っかけ問題だ。一八〇〇年ごろより前なら正解だっただろう。当時の西洋の科学者たちのあいだでは、精子のなかには、完全な人間の形をした精子微人（ホムンクルス）と呼ばれるこびとが入っていると考えられていた。一六九四年の有名な版画には、精子細胞のなかでうずくまる赤ん坊の姿が描かれている。赤ん坊は異常に大きい頭を下げ、膝を抱えて胸にぎゅっと引き寄せている。言うまでもなく、精子細胞のなかで膝を抱えるこびとなんてものは存在しない。精子が種子の相似器官でない理由は、そこにある。「種子は、ランチといっしょに箱に入った赤ん坊のようなものです」とわたしは説明し、受講生たちが大学の新入生だったころに聞いたであろう話を繰り返した。

ヤマヨモギの下で縮こまっているトウブワタオウサギを指さしながら、あのウサギが妊娠していると想像してみてほしいと受講生たちに促した。「あのウサギの子宮——箱のなかの赤ん坊——をとりだして、地面のなかに埋められるのなら、それなら種子とほとんど同じものと言えます。埋めた子宮のなかにいる赤ちゃんウサギが地面の下で発達するなら、保護カバーが必要になる。子宮組織よりも硬いもの——種皮みたいなものが。それに、切断されたへその緒のかわりに、じゅうぶんな量の食べものをたくわえておく必要もある。要するに、植物は代理母制度を謳歌（おうか）している、というわけです。発芽まで赤ちゃん植物の成長を支える種子は、とどのつまりは代理母なんです」

鳥の本を見ていた〈ティンクロス〉が顔を上げ、頭を斜めうしろに傾けた。彼がジェスチャーで気持ちを伝えようとしているのがわかった。いいショーだ！　よくやった！　わたしが小さな声で鼻歌をうたっていたそのとき、だれかが言った。「じゃあ、彼は疥癬にはかかっていなかった？」

別の受講生がわたしよりも早く答えた。「そう、かかっていなかった。あのキツネは疥癬じゃなかった」と言いながら、彼女はうつむきながら首を左右に振った。

前方に連なる平行した岩壁が、みんなの頭をキツネから引きはがしてくれるはず。壁はひとつが幅一〇メートル弱で、ヤマヨモギの上に三〇メートルほどの高さでそびえている。向かいあう壁と壁の間隔は六メートルほど。オレンジ色の辰砂（しんしゃ）の砂が、それぞれの壁のペアに挟まれた空間に流れでている。この垂直の壁は、昔は水平だった。ひとつひとつの壁は、かつては浅い海の底に広がる堆積物の層だったが、時とともに固まって堆積岩に変化した。はるか昔、その堆積層がひっくり返って立ちあがるほど激しく地面が揺れ、水平の層が垂直に、床が壁になった。地質学の世界ではホッグバックと呼ばれるこの壁は、砂岩、頁岩（けつがん）、泥岩といったさまざまな種類の堆積岩で構成されている。岩の種類によって、風化作用への反応のしかたが違う。壁の上の空には、使い古しのワニス刷毛で一筆描きされたみたいな、ひとつきりの雲が浮かんでいる。

「そう。そのとおり」とわたしは言った。「彼は疥癬にかかってなかった。これが起きたのは――この堆積岩の壁ができたのは、いつだと思う？」異様に大きいサングラスをかけた受講生たちは、いままさに針を刺さんとするスズメバチのように、わたしにぶんぶんとまとわりついた。

　このときからさらに三年を経たあとに、わたしは疥癬で死にかけている一匹のキツネを目にすることになる。綿羽をまとったような、コマツグミのひな鳥を思わせるそのキツネは、うしろ足の爪で自分の体を引っかき、皮膚をこそげとっていた。〈キツネ〉が――わたしのキツネが――ひどい疥癬にかかっていたのなら、お金を払ってわたしと行動をともにしているほとんど知らない人たちに話したりはしなかっただろう。とくに、空にひと刷毛の雲しか浮かんでいないような日には。それくらいなら、こんなことを言うほうがまだましだ。「ここに来る途中、自動車事故の現場を通りすぎたときに、内臓をはみださせている人を見た。つぶれた口のなかに眼球がだらりとたれさがって、ヒメコンドルが長い腸を引っぱりだしていた」。受講生のなかにも、疥癬にかかったキツネを見たことがある人はいないようだった。でなければ、水疱瘡のことを話すみたいに気軽に訊いてきたりはしないはずだ。

「じゃあ、こっちの情景に戻りましょうか。この壁ができたのは？」――キツネとわたしのことを尋ねようと手があがるのが見えた――「恐竜と比べると？」とわたしは続けて、その手を無視した。このトレイルで恐竜について話したことはいちどもなかったし、話す内容もなにひとつ準備していなかった。だれかが恐竜の糸を拾いあげ、助け舟を出してくれた。〈第六感〉――初日の夜のスライドショーのあとに、彼を「キツネちゃん」と呼んだあの女性だ。彼女は午前中ずっと、わたしたちの群れのなかを行商人みたいなペースでジグザグに動きまわり、崖の向こうに姿を消してなにかを調べては、スキップで颯爽と追いついて、〈ティンクロス〉のうしろにひょっこり現れる動きを繰り返していた。

右側から〈ティンクロス〉が小声で言った。「タブローじゃなくて、タブロー」

〈第六感〉は正解を答えた。この壁ができたカンブリア紀の海は、恐竜よりも古い。受講生たちはみんなスティーヴン・スピルバーグの例の映画を観ていたので、恐竜が暴れまわっていたのはジュラ紀だと知っている。なかには、支配者になるずっと前から恐竜が地球を闊歩していたと知っている人もいた。つまり、最初に登場したのは三畳紀ということだ。あいにく、わたしたちの目の前にある堆積岩の棚は、恐竜よりも三億年古い。混乱した受講生たちが教えを求めてあたりを見まわすのにあわせて、色とりどりの帽子のつばがくるくると回転した。

「治療を受けさせるつもりだったんですか？」そこから、ドミノが倒れはじめた。ひとつひとつの質問は聞きとれなかったけれど、たぶん、この答えで全部の質問に答えられていたと思う。「そう。治療。獣医」

最初の章に出てきた比喩上の谷のことを覚えているだろうか？　人間と野生動物を隔て、人間で言うところの性格を人間以外の動物が持っていると考えることを阻んでいる谷を？　「キツネとわたし」が毎日のように逢瀬を重ねているのなら、どちらかがその深い淵を渡ったはずだ。受講生たちはそう理解していた。

小川を渡るあいだ、質問がいったんとまった。道路の下で小川を操る暗渠よりもかろうじて広いくらいの川幅だ。トレイルはここでスイッチバックし、わたしたちは山へ分けいる曲がりくねった道を進みはじめた。〈キツネ〉への関心が再燃することを見越して、わたしは言葉を続けた。「でも、ちゃんとした計画があったわけじゃなくて。野生のキツネを診てくれる獣医も知らないし

敵の心を変えられないのなら、消し去るしかない。間欠泉の白い円錐から飛び散るビー玉大の水滴で催眠術にかけるとか。深紅の谷を切り裂く緑の川を見せるとか。崖っぷちから一〇〇メートル下の滝のあぶくを見おろしている隙に、虹を貫いて立ちのぼってくる霧に包みこんでもらうのでもいい。わたしはあたりを見まわした。雲しかない。青い空のカンバスに使い古しの刷毛で一筆描きされた、ひとつだけの雲。雲の使いみちはあまりない。賢い人なら、話題にしようとさえしないだろう。

わたしは〈ティンクロス〉のくれた石化した木を振り、その下にのばされた最初の手のなかに落とした。「〝新しい夜明け〟と呼ばれる時代——始新世——には、この〝石〟は呼吸をする木でした。たぶん、セコイアかイトスギ。ここに立っていた」。わたしは頭上にのしかかる岩棚を指さしながら、

即興で続けた。「その木陰の、この岩棚には、トラに似たメソニクスがうずくまっていました。当時いちばんのカリスマだった大型動物」。だれも反論しなかったし、まちがっているにちがいない発音を正す人もいなかったので、そのまま話しつづけた。

「メソニクスは、一見すると、ヘビみたいな尻尾のついたオオカミに似ています。でも、足跡を見ると、ひづめを持っていたことがわかる」

ほんの数日前まで、バイソンやエルクやプロングホーンの姿が見えると、クラス全員がカメラや双眼鏡を振りまわして草原へ駆けだしていた。パークにいる何百頭ものバイソンとエルク、そして毎晩のようにキャビンを通りすぎるプロングホーンの群れを見たあと、受講生たちは捕食動物がよくするように、探索像を修正した。いま探しているのは、クマ、クーガー、オオカミだ。野生の有蹄類で彼らを興奮させたいのなら、死んで粉々になってパスタにかけたものを出すほうがまだうまくいくだろう。

「メソニクスは捕食動物ですが、とても変わり者でした。ひづめを持つ肉食動物。ひづめのある肉食動物は、いまではすべて絶滅しています。それについて、考えてみましょうか」。ここで間をおいた。

受講生たちが考えてみたのは、わたしとキツネのことだった。

「じゃあ、例のキツネが疥癬にかかっていなかったのは、たしかなんですね」

語尾があがっているようには聞こえなかったので、いまのは質問ではないと見なした。胸の前で腕を組み、顎を引き、肩をすぼめた格好で、わたしは受講生の集団の隙間をすり抜けた。

〈ティンクロス〉がそれとなく、キツネの疥癬はごく初期のもので、わたしの与えたニンニクと卵が効いたのではないかと指摘した。

〈キツネ〉が卵黄といっしょにニンニクをたっぷり食べたのは事実だ。それでも、わたしの科学的知識はがみがみとうるさいことを言って、証拠をよこせとせっついてきた。わたしはデジタルカメラを持っていない。一眼レフカメラ用の〈コダック〉のフィルムを手に入れるには、往復二〇〇キロ弱の小旅行で山ひとつを越えなければいけない。その小旅行に出て、厳しい経済的制約のある人間にとって妥当と言えそうな量のフィルムを買うころには、彼のまだらはげはもうなくなっていた。〈ティンクロス〉の仮説は否定できない。さらに言えば、あのキツネがひどく華奢で、ひどく震えていて、ひどく困っているように見えたせいで、わたしが勝手に疥癬だと思いこんでしまったのかどうかもよくわからなかった。

「そうかもしれない」とわたしは言った。

着々と山をのぼりながら、わたしは小休止する理由を次々と見つけた。花のついていないマツヨイグサのしおれた葉を愛でるとか、アカオノスリの叫び声に耳を傾けるとか、繊細な白いカタツムリの殻を回覧するとか。

イヌと不要なストレスから守られたおかげで〈キツネ〉の免疫系が強化されたのではないか、とだれかが言いだした。支援システムと社会的つながりがどうこうという意見が聞こえてきたので、わたしは「まあ、ニンニクがあったのはたしかだから」とほほえみ、全員に感謝して、少しばかりの疑いを留保した。支援システムのことなんてなにも知らない。

背後のあえぎが大きくなりすぎたときにはペースを落とし、まったく聞こえなくなったら足をとめた。カササギに出くわしたら小休止した。東海岸から来た受講生たちは興味を持っていたけれど、それもわたしが「いや、カササギは歌いません。それに、帆翔（ソアリング）（上昇気流を利用して、翼を広げたままはばたかずに飛ぶこと）もしない」と暴露するまでのことだ。タイランチョウとトウヒチョウに会ったときも休憩をとった。ナキヒタキモドキ（タイランチョウ科の鳥）は歌をさえずっていた。「早く（クイック）、ビールみっつ（スリー・ビアーズ）！」（コーネル大学のオンライン鳥ガイドより）。ミドリトウヒチョウの鳴き声は、わたしの耳には電子レンジのポップコーンができたよ！　のブザー音に聞こえる。電子レンジのくだりがジョークなのは、みんな承知していた。わたしが電子レンジと無縁だなんて、わかりきった話だ。

行く手の道はあいかわらず、自分で自分に巻きつくように山をぐるりとまわり、上へ向かっている。わたしたちはその道をたどった。受講生たちは山にへばりつき、わたしは外側の切り立った崖の近くを好んで歩いた。受講生たちはしきりにささやきあっている。〈キツネ〉をめぐる質問でわたしに奇襲をかける計画を練っているにちがいない。わたしにも計画があった。結局のところ、わたしは釣り師だ。氷に穴を開けて、餌のついた釣り針を落とす。ここで使う餌は、サケの卵ではなく、いくつかの質問だ。その挑戦を受けて立った最初の受講生が、ホモ・サピエンスは更新世、つまり氷河時代の哺乳類のなかでもいちばん小さい部類で、捕食者というよりは獲物に近かったと解説した。わたしは釣り針――興味をそそる質問――を落としつづけ、ようやく〈キツネ〉以外のことで盛りあがってくれた受講生たちがそれに応えた。すべての釣り糸をぴんと張ったまま、わたしは言った。「そう、ヒト――つまりは穴居人――は、大型の捕食動物から逃げて隠れることに時間を費やしていた。その超大型捕食動物たちは、五〇〇〇年くらい前に小型化しました。どうしてでしょう?」とわたしは訊いた。「五〇〇〇年前になにが起きて、そうなったんでしょうか？」

「でも、そのキツネに本を読み聞かせて、すぐ近くにいたのなら、疥癬の具合をたしかめられたはずですよね。で、いまはもう、疥癬にかかっていない？」

「ああ。いい指摘ですね。とてもいい」（本当にそうだった）。釣り師は魚になった。切り立つ崖に面した道の端で身動きのとれないわたしには、自分を弁護するすべがなかった。これほど狭い断崖に立っているときには、無理な相談だ。なにしろ、だれであれ、わたしのうしろに張りついて援護することはできないのだから——小柄なジェンナにも不可能だし、つば広の帽子を脱げば細身の〈ティンクロス〉にだって助けようがない。孤立無援のわたしは、疥癬になんて毛ほどもかかっていないキツネを助けた罪の意識を感じながら立ちすくんだ。わたしの罪状、それは人間しか持つはずのない性格を彼が持っていると思いこんだこと。鳥のいないマツの枝を指さしたわたしは、全員の気をそらせるくらい大きな声で言った。「早く（クイック）、クマみっつ（スリー・ベアーズ）」

　どうやら、五〇〇〇年前の捕食者小型化問題は、この場にふさわしからぬ難解な質問だったようだ。だれも質問に答えようとしない。生態学者のあいだでは、いまだふたつの可能性が吟味されている。ホモ・サピエンスのハンターが増えたせい、でなければ、気候の温暖化が小さい体に有利にはたらいたから。

　正直に話しても、はぐらかしても、あのキツネの物語は満足のいく結末にはならないだろう。正直になって、考えを包み隠さず話そうとした過去の経験を振り返ってみた——そのときも、あまりうまくはいかなかった。この一年前、グランドティトン国立公園で、わたしは女性の受講生三人といっしょにトレイルを歩いていた。ペンシルヴェニアから連れだって来た三人組で、ふたりは専門職だった。ひとりは恋愛の問題を抱えるシングルマザーで、同居している息子が、まもなく同居する彼女の恋人を嫌っているらしい。彼女は助言を吸いこむ掃除機と化していて、年上のふたりはその真空を満たそうと必死になっていた。

自分の体重の三分の一の重さのリュック、ブーツに入った小石、たらたら流れる鼻水に苦しめられていたわたしは、三人のうしろでよろよろと砂利道を歩いていた。年上の女性ふたりはどちらも、恋人を捨てる案を推していた。いわく「男はひと山いくらで買える程度のものだけど、子どもは」（つまり息子だ）「値段をつけられない」から。その恋人にはなにか、息子にしか感じとれない暗黙の欠点があるようだ。どちらかが恋人を擁護し、それほど直観力のある二二歳の息子はもう巣を出るべきなのではないか、と口にした。巣を出る？ その不用意な比喩がわたしを議論に引っぱりこんだ。世の恋人や子どもにかんする知識がなくても、営巣行動にかんする知識で埋めあわせられるはず。

「どうするべきか、わかりますよ」

最初の三回は三人の耳に届かなかった。

「待って。見て。今日はまだ、マウンテン・ホリホック（アオイ科の植物）の花をひとつも見ていませんよね」。わたしはピンク色の花の房を指で挟んでやさしく引き寄せ、三人組を立ちどまらせた。三人は気休め程度にわたしのほうを向いた。

「どうするべきか、わかりますよ」と四回目を言いながら、前を向いてまた歩きはじめた三人に追いついた。「その昔——二年前——ハクトウワシのつがいが、スネーク川の岸の立ち枯れたトウヒに巣をつくったんです。例年どおり、八月の終わりごろに三羽のひなが巣立ったけど、一羽はそうしなかった。巣に残って、鳴き叫んでいました」

編みこんだようにぎゅっとかたまっていた三人の群れが、それほど露骨にのけ者にされていないとわたしがどうにか感じられるくらいには緩んだ。

「親鳥たちはいろいろな作戦を試して、最後に残ったひなを飛びたたせようとしたんです。まず、ひなを無視した。餌を運ぶのをやめた。それから、かぎづめに魚を引っかけて目の前を飛んでみせて、おびきだそうとした。おなかをすかせたひなが魚をつかもうとして、巣からとびだすのを期待したんですね。でも、だめだった。ママは巣より下の枯れ枝にとまって、おりてきなさいと呼びかけた。そのひなは、両親と変わらない大きさになっていたんですけど、巣を出ようとしなかった。巣の縁に跳びのって、七〇フィート下の川を覗きこんで、広くて居心地のいい巣のほうを振り返って、結局またうずくまってしまうんです」

「はい？」立ちどまって振り返ろうともせずに、最年長の女性が返事をした。「それで？」

わたしが見ていたのは三人のうしろ姿だったけれど、それでも彼女たちが目をぐるりとまわしたのがわかった。

「その巣は高さ七〇フィート。それなのに、水平の距離のときには、メートルを使うんですね」と別の女性が割りこんだ。わたしはその非難を質問と解釈した。その週ずっと、エルクからは二五メートル、クマからは一〇〇メートルの距離を保つようにと指示していたからだ。

「標的距離、でしょうね。わたし、猟をするんで」

三人がもごもごと「もちろん、そうでしょうね」と言ったあと、わたしはこの目で見た実話に戻った。二羽の成鳥のワシが、秋の雪が降る前に最後のひなを巣立たせる必要に迫られ、巣を解体しはじめた物語。高所恐怖症のひなは巣のなかにとどまったまま、枝にしがみつき、くたくたになるまで苦悶の鳴き声をあげていた。巣がばらばらになって、やがてひどく頼りない構造だけになれば、転がり落ちたひなが本能的に翼を掲げ、奇跡の飛翔が実現するかもしれない。それか、胴体着陸して二度と回復できないか。「どっちにしても、二羽の成鳥はひなから解放されるわけです」。年少の女性の笑みに勇気づけられ、さらに続けた。「ひなが巣を出ようとしないのなら、巣のほうがひなから離れないといけないんです」

「擬人化」。最年長の女性のその声はささやきを装っていたけれど、ちらりと投げた視線は、わたしに聞こえるように言ったことを告げていた。わたしが科学的に不正確で、感情的に未熟だと暗に言っているのだ。彼女がその侮辱をさらに展開するつもりなのか、それで切りあげるつもりなのかわからなかったので、わたしは話をやめ、両手のひらを上に向けて待った。

年少の女性はワシの話がおもしろかったとは認めたものの、息子を巣から追いだすつもりはまったくないと急いでつけたした。なぜなら……その理由については、少し考えなければいけないようだった。

「なぜなら」と彼女の連れが割って入った。「人間は……」。そこで間をおき、二重銃身の散弾銃を思わせる目でわたしをぎろりとにらんでから、最後の言葉を吐き捨てた。「動物とは、ちがうから」

その場に立つわたしたちは、みんながみんな、無限に小さいサンプルサイズと途方もなく大きな偏見をもとに動いていた。

　そのひなが生き延びたかどうかは知らない。たぶんこうにちがいない、と推測はできるけれど。

　あいかわらず坂をのぼりながら、〈リバー・キャビン〉クラスの一行は伐採道路沿いの森林地帯に入った。伐採道路は使われなくなってからずいぶん経っているので、整地された車線というよりは、二本の轍（わだち）が自然につくった道のように見える。葉の短いダグラスファー（アメリカトガサワラ）と、それよりも少し長い葉をつけたマツが手招きしている。坂の下のほうを歩いていた集団が追いつくのを待ってから、日陰の深淵に足を踏み入れた。わたしが立ちどまると、受講生たちが振り返り、坂を背にしてわたしと向きあう。わたしがみんなより背が高いか、みんながずっと遠くに立っていたのなら、アローリーフ・バルサムルート（黄色い花をつけるキク科の顕花植物）の黄色い帯が筋を描くあざやかな緑の山腹が見えたはずだ。でも、受講生たちの体がわたしの視界を遮り、ロッキー山脈北部屈指の壮観な山腹のショーを隠していた。ブユムシクイにもみくちゃにされているスズメフクロウの気分だ。

　そのうちに、森に遮られて空が見えなくなった。日陰を愛するクレマチスの萼（がく）をつけた蔓（つる）が、サクラとザイフリボクの低木に巻きついている。解けかけた雪のシーツを貫いて顔を見せているのは、イエローリリー（キバナカタクリ）の尖ったつやつやの葉だ。〈ティンクロス〉がランチ袋のなかに入っているチョコブラウニーの存在をみんなに思いださせたので、わたしたちは森から丘へ出た。丘には一本だけ木が生えている。アメリカシロゴヨウ（ピヌス・アルビカウリス）だ。片持ち梁のように張りだした枝先を、ワックス状のコーティングでしっかり固められた長さ三センチ弱の紫がかった花粉錐が取り囲んでいる。わたしたちはあたりに散らばってめいめいの岩の椅子を見つけ、はるか下を流れるイエローストーン川と向きあった。何人かの受講生が、対岸の土で汚れた雪原を双眼鏡で覗いている。ビッグホーンだったりしないだろうかと期待しているのだ。残念ながら違う。

この一週間ずっと、わたしたちは巨礫をバイソンに、バイソンを巨礫に見まちがえていた。さみしがり屋の巨礫は、バイソンのふりをして注意を引こうとする。わたしはそう説明した。だから、足をとめて巨礫をしげしげ眺めたりしないように、と。バイソンが巨礫のふりをするのは、プライバシーがほしいからだとも話した。そう言ったのは、そのとおりかもしれないと思っているからだ。

以前見た雌のバイソンのことをあらためて受講生たちに話した。コヨーテがあたりをうろつき、夕暮れが近づき、わたしのリュックの温度計が華氏マイナス三〇度（およそ摂氏マイナス三四度）を指している状況で、溺れかけたなかまを慰めていた、あのバイソンのことを。なかまが水に沈み、その頭上で池が凍って水中の体を閉じこめても、そして前述の状況がなにひとつ和らいでいなくてもなお、あのバイソンはその場にとどまり、沈んだ友を覆う薄い氷の表面を足で引っかいていた。クラスの最初の晩の質問には、だれも答えなかった。だから、もういちど質問した。「この手の行動を、どう分類しますか？」とわたしは尋ねた。「同情と呼ぶ？　敬意？　それとも忠誠？」

このクラスの数か月後、そのバイソンの話を「バイソンの最後の抵抗」と題して、アメリカン・メンサ協会の発行する雑誌で発表した。わたしはその行動を忠誠と解釈した。一九世紀、野生生物学の父ウィリアム・ホーナデイ博士も、バイソンの雌の同じような行動を観察した。ホーナデイは一八八九年刊行の『アメリカバイソンの絶滅（*Extermination of the American Bison*）』のなかで、死んだなかまのそばに立つ雌バイソンの習性は「愚かさ」の例証であると書いている。わたしはホーナデイを尊敬している。彼の著書のあちらこちらに下線を引き、余白に書きこみをしてきた。バイソンについて、ホーナデイが彼なりの信念を持っていてもかまわない。わたしはわたしで、自分の信念を守っている。結局のところ、それが信念と呼ばれる理由は、そこにあるのだから。

受講生のひとりが、バイソンの行動について教えをたれようと割って入った。「尾を上げたバイソンは、準備体勢に入っている……」。彼女はここで言葉を切り、手で合図してクラスメートたちに唱和させた。「突撃（チャージ）か排泄（ディスチャージ）の！」行きあったパークガイド全員からさんざん聞かされたあとでも、みんなまだ、この古いジョークをすごくおもしろいと思っているようだった。バイソンは食べ、排泄し、交尾し、死ぬ。その考えかたを、受講生たちはすんなり飲みこんだ。でも、人間以外の自由に生きる動物が同情を示すという概念は口にあわないのだ。ときには、自分の食べたくないものが健康によいこともある。わたしはみんなに、このなかにケールを食べる人はいるかと訊いてみた。受講生たちは通訳を求めて〈ティンクロス〉に目を向けた。〈ティンクロス〉は肩をすくめ、鳥の本でテントのように顔を覆った。

ウィリアム・ホーナデイ博士は正午まで待ってから温度計を確認した。彼にとって、気温はなによりも重要だったにちがいない。裾の長い綿の下着を湿った革のブーツにたくしこんだホーナデイは、テントなしで野営し、食料も尽きかけていた。それなのに、果てのなさそうな彼の使命は、まだ半分ほどしか達成されていない。馬の背に乗り、物資を運ぶラバを引いて進むこの旅には少人数の働き手を同伴していたが、そのうちのひとり、兵卒のC・S・ウェストはすでに行方不明になっており、死んだものと見なされていた。モンタナ州インゴマーの東、ヤマヨモギとビュート（乾燥地帯の平原に孤立する丘）が散らばる木のない土地に野宿するホーナデイは、重さ九〇〇キロのバイソンのなかば凍った死骸の皮をはぎ、骨をとっていた。藪がぎゅうぎゅうに密集する渓谷が平野を二分し、雪に埋もれた沼がところどころで落とし穴を仕掛けている。それ以外のものは風に洗い流される。もっと穏やかな季節でさえ、ここは威圧的な土地だ。いちばん標高の低いところは、ラバに草をむしりとられたぬかるみで覆われている。最高地点をほしいままにしているのは、急斜面の、ほとんど垂直に切り立つビュートだ。

だがなんと言っても、ホーナデイは誓ったのだ。本人が日誌に書いているように、「どんな危険を冒してでも」アメリカに残された最後の野生のバイソンの皮と骨格を集める、と。一八八六年のその秋の日、三八歳のスミソニアン協会の剝製部長がようやく温度計を確認したとき、目盛りは華氏マイナス六〇度（およそ摂氏マイナス五〇度）を指していた。

命を脅かしかねない物理的な気候条件のみならず、政治の嵐を思いださせるものもそこかしこにある。ホーナデイがバイソン——一般にはバッファローと呼ばれていた——を集めていた土地は、所有権があいまいだった。連邦政府が——あいまいとはほど遠い野心でもって——権利を主張する土地は、先住民族のそれと重なりあっていた。カスターの敗北（一八七六年、カスター中佐率いる部隊がモンタナ準州で先住民連合軍に攻撃を仕掛けたが、逆に包囲されて全滅したできごと。リトルビッグホーンの戦い）は一〇年前のこと。ジョゼフ首長の降伏からも九年しか経っていない。ドーズ法——先住民族の土地を個人所有地として割りあてる法律——の成立とほぼ同じころで、このわずか四年後には、連邦政府軍の兵士たちがウンデット・ニーで数百人のスー族を虐殺することになる。

のちにスミソニアン・ビュートと改名される丘のふもとで、くぼみに身をよせて風雨を避けながら、ホーナデイは背を丸め、風にあおられる日誌のページを両の前腕で押さえた。もう二四か月以上にわたり、テキサス、ダコタ、ワイオミング、モンタナの僻地を歩きまわっては、アメリカ最後のバイソンを観察し、測定し、記録していた。いたるところにあるバイソン・ワロー――バイソンが転げまわって泥浴びし、鉱質土壌がむきだしになった穴――の大きさを測り、数をかぞえた。そのほとんどは数百年前からあったものだ。雄のバイソンが泥浴びし、その「堕落を完遂」するまで見守っていたホーナデイは、バイソンたちが「とても人前に出られない、親友にさえ見られたくない」姿になったと書き残した。

ホーナデイが大学院へ入る二〇年ほど前に出版された『白鯨』は、世間にこきおろされたのと同じ理由で彼に影響を与えたにちがいない。その理由とは――捕鯨と動物学をめぐる該博すぎる記述だ。メルヴィルの視線は鋭く、アメリカバイソンの絶滅が差し迫っていると読者に警告を発している。

> こぶをつけた鯨の群れとこぶをつけた野牛の群れとを引き合いにだしてみれば、つい四〇年ほどまえまでは、何万もの野牛が鉄のたてがみを振りみだし、額に雷雲をはらんだようにしわをよせてイリノイ州やミズーリ州の大草原を跋扈していたものだが、いまではその野牛の楽園も人口稠密な河畔の大都市となって、慇懃な仲買人が一インチ一ドルという高値で土地をあきなっている。このような比較から生じる必然的な議論は、この調子で捕獲がすすめば、鯨もまた迅速な消滅を

まぬかれないということである。

（『白鯨』、第１０５章　鯨の大きさは縮小するか？）

　こぶのある野牛（バイソン）の群れが平原で滅びようとしていたいっぽうで、角のあるエルクの群れ――もしくは、ホーナデイが日誌に書いた呼び名を借りれば、枝角のある群れ――はもう少しうまくやっていた。一八八〇年代に牛飼いたちをさかんに保護していた米国政府は、クーガーとオオカミを駆除し、開放（オープン）牧場（レンジ）関連法を施行した。エルクはその施策の恩恵を受けた。バイソンは受けなかった。エルクは鬱蒼とした森に身を隠すのに長け、巨大な群れもつくらなかったので、銃で撃つのは難しかったのだ。

　ホーナデイはその二種の反芻動物の繁殖行動も研究していた。両者の繁殖行動はまったく違う。バイソンは何千頭もの群れのなかで見境なく繁殖しているようだったが、エルクは平均一五頭から二〇頭の雌からなるハーレム内で相手を選りすぐっていた。バイソンのほうがエルクよりも繁殖する機会は多い。繁殖期も数か月長い。さらに、バイソンの社会ではほとんどの成熟した個体が繁殖プロセスに参加するのに対して、エルクの社会では雌がパートナーを選別し、すべての雄が交尾相手を得られるわけではない。雌はどうやって選別しているのか？　「馬上槍つき合戦」を勝ち抜いた、いちばん巧みな技を持つ、大きくて頑丈な雄が選ばれるのではないか。ホーナデイはそう推測した。

　それから一二〇年を経た一九九〇年代、ＤＮＡ分析技術のおかげで、科学者がエルクの父子鑑定を実施できるようになる。その鑑定結果は、ホーナデイの推測を裏づけるものではなかった。実際には、馬上槍つき合戦に勝った雄がすべての雌を手に入れているわけではなかったのだ。雌は合戦に負けた雄、小さい角や不格好に歪んだ角の持ち主の子を産んでいた。
カフ・クリークの野営地へ向かう途中、ホーナデイは雌のバイソンの小さな群れに出くわし、先頭の一頭を撃った。撃たれたバイソンが鼻から血をほとばしらせているあいだ、群れのなかまはその体に鼻を押しつけ、ホーナデイがさらに何発かを撃っても、その場を離れようとしなかった。危険にさらされたなかまのまわりに寄り集まる。その行動を、ホーナデイは過去に何度も目にしていた。なぜバイソンの雌は、ほかの分別ある動物たちのように安全なところへ逃げないのか。「驚くべき愚かさ」とホーナデイは日誌に書き、バイソンが絶滅の危機に直面しているのは、危険から逃げないほど「無頓着」だからだと結論づけた。この「愚かな獣たち」は、みずからの絶滅に加担しているのだ。ホーナデイはそう考えた。そのホーナデイの残念な結論は、『白鯨』に出てくるこのアドバイスを心に留めていたのなら、違うものになっていたかもしれない。

かりにこのレヴィヤタンたちの群れが無知な羊の群れで、三匹の獰猛（どうもう）な狼に草原を追いまわされているとと仮定しても、羊たちがこれほど無残な混乱を呈することはあるまいと思われた。とはいえ、ときおりこれに類する臆病ぶりを発揮するのは、あらゆる群居性動物の特徴でもある。何万という群れをなしながら、獅子（しし）のごときたてがみをもつ西部の野牛が、ひとりの騎馬の人を見て逃げまどうことがある。では、人間のばあいはどうだろう。人間が羊の囲いのような劇場の平土間に群がっているときに、「火事だ」というつぶやきを耳にしようものなら、彼らは一斉に出口にむけて突進し、ふんだり蹴ったり、押しあいへしあいの乱痴気騒ぎを演じるもので、情け容赦もあらばこそ、おたがいに死にいそぐのである。だから、異常におびえた鯨を目のあたりにして大げさに驚いてみせるようなまねはひかえたほうがよい。地球上の動物のいかなる愚行も、人間の狂気とくらべるなら、どれも愚行の名にさえあたいしないのだから。

（『白鯨』、第87章　無敵艦隊）

スミソニアン・ビュートの下では、交尾相手をめぐって闘うエルクの雄が角をがっちり組みあわせていた。野営地に戻る途中、ホーナデイはハーレムにいた一頭の雌を撃ち、脊柱から背の肉を引きはがし、蠟を塗った綿布に包んで焼いて夕食にした。両脇腹から後四半部の肉を切りとったあと、残りを捨て、あたりをうろつくコヨーテに譲った。そうこうしているうちに、角をぶつけあって鼻を鳴らし、前脚で殴りあう雄をよそに、雌たちは影のなかへ逃げこんでいた。そのひづめが地面を打つ音は、ぶつかりあう枝角の音にかき消された。雌たちはめいめいが完璧なパートナーを探している。そして、数十年にわたる研究にもかかわらず、雌が交尾相手を選ぶ基準を突きとめられた科学者はいまだかつていない。それがわからないのは、ひょっとしたら、一頭一頭の雌が自分だけの基準にしたがって、母親がいちばんいやがりそうな雄を選んでいるからなのかもしれない。

◆

わたしのキツネの物語には満足のいく結末が必要だ。結末なんてない。でも、どう終わらせるべき、なのか、わたしにはわかっていた。

「小型の野生動物は、長く安定した一生を享受できません」。わたしはそう言って、次に帰宅したときには〈キツネ〉はもう死んでいるかもしれないとほのめかした。実際、野生のアカギツネの寿命は三年から五年くらいだ。「平均的なキツネは、早く死にます」。〈第六感〉と視線がぶつかり、わたしは一瞬だけ、おどけた笑みをつくった。これはわたしたちのお決まりのジョークだった――「平均的」と「早く」の両方を満たすできごとなんてありえない。〈第六感〉は眉を上げ、ぎゅっと握った小さなこぶしで鼻を包んで表情を覆い隠した。

何日か前に、二頭の小さな子を世話する雌のプロングホーンを見かけた。母親の長いまつ毛とモヒカン刈りのような双子のヘアスタイルをみんなで愛でていたら、二頭のコヨーテが現れた。コヨーテは母親の左右に一頭ずつ陣どり、進路を塞いだ。後方には急斜面の丘、前方には交通量の多い道路が立ちはだかっている。コヨーテにすればよい戦略だった。プロングホーンは時速一〇〇キロ近い速さで走れるけれど、坂をのぼっているときはそれほど速くない。それに、数珠つなぎのバスが並ぶ道路を渡ろうとはしないだろう。シバムギの茂みに双子を隠してから、母親は西側にいたコヨーテに突進し、すれちがいざまに蹴りを入れた。東側にいたコヨーテが双子のほうに走る。母親が向きを反転させると、今度は西側のコヨーテが双子に向かって走る。一進一退がしばらく続いた。何回かコヨーテの動きをとめようと試みたあと、母親は足を引きずるようになり、子どもたちを守れなくなった。わたしたちが注視し、写真を撮り、録画するのをよそに、コヨーテたちは二頭の子を食べた。

ある受講生――「すごい。ゴジラがバンビを食べてるみたい」

別の受講生――「うちの娘がここにいなくてよかった。あの子、ハエも殺したがらないから。クモをつかまえても、外に逃がしてやるし」。まあ、娘というものは、だれの娘でもそんなもんですよね。クモがぐしゃりとつぶれるのを見て、勉強になるとか楽しいとか思う娘はいない。でも、だからと言って、だれの娘でもクモに共感するというわけではない。いっぽう、だれの娘でもないだれかは、群衆が見世物を楽しむさまを眺めていた。プロングホーンの子を引き裂くコヨーテ、自宅のソファを汚さずにすむ野生の体験、という見世物を。

わたし――「わあ、ライオンに引き裂かれるキリスト教徒を眺めるローマの観衆みたい」

ジェンナ（ひそひそ声で）――「頼むから、そういうことはこっそり言ってくれないかな」

たしかに、死はキツネの物語の結末として受け入れられるだろう。考えられるもうひとつの結末として、交尾相手を探してどこかへ行ってしまうかもしれない、ともほのめかした。キツネの繁殖期を質問する人はいなかった（二月だ）。

「交尾相手を見つけられるんですか？　ひと腹でいちばん小さい子が？」

「だいじょうぶ、だって、すごくすてきな巣の持ち主だから」

彼の巣を訪ねたと認めてしまった。わたしが後悔してから一瞬と経たないうちに、〈第六感〉が視線を上げ、目をすがめてこっちを見た。

万が一、帰宅したときにまだ彼があたりをうろついていたらどうするのか、と別の受講生に訊かれた。わたしと彼のかかわりがまっとうと言えるのは、彼が研究対象である場合だけ。それが全員の結論だった。

「彼の糞を集められますよね?」

集められる。

「DNAとかそういうのも、採取できる」

たしかに。

たしかに、別の言いかたをすれば、彼を客観化し、単なるデータポイントに変えることはできる。それに、そうしない理由があるだろうか? わたしは受講生たちの意見を尊重していた。彼らは普通の学生ではない。これは社会人教育講座で、医師やエンジニア、教師、カウンセラー、地方公務員、アーティストが集まっている。成熟した職業人ばかりで、全員が一般的な意味で成功している。こちらに関心を持っているように——もしかしたら心配してさえいるように——見える、そしてこちらも〈ある程度〉興味を引かれる同じ種のメンバーに囲まれたわたしは、ほんの一瞬、〈キツネ〉がなんらかの性格を持っているという信念を捨ててしまおうかと考えた。とにかく溶けこんでみたらどうだろうか。人間たちに。

あのキツネは、帰宅したときにはいなくなっていると思う。わたしはそう言い募った。交尾相手やなわばりを探しているかもしれないし、でなければ、野生動物につきものの気まぐれを起こしているかもしれない、と。それは嘘だった。毎晩、夕食前に帰宅したときに、彼のようすをたしかめ、植物に水をやって雑草を一本か二本抜くくらいの長居をしていた。それに、彼にはもうなわばりがあるし、繁殖期はまだ八か月も先だし、彼の歩きまわる範囲はわたしよりもはるかに狭い。

〈リバー・キャビン〉クラスの伝統にしたがって、帰り道はレクチャーもせず、先導者もつけなかった。とはいえ、舵とり役がいないわけではない。ジェンナがトレイルに目を光らせていた。ほかのみんなはふたり組や集団で歩いている。わたしはひとりで山をくだった。受講生たちと違って、だれかに自分の近くにいてもらう必要はないからだ。ジェンナが追いついてきて、わたしは足をとめた。わたしたちは〈ビブラム〉ソールの下で砂利が転がる音に耳を傾け、眼下でひょこひょこと揺れるカラフルなバックパックを眺めた。「みんな、わたしが彼を餌づけしてるって思ってる」。わたしは水のボトルに手をのばしたが、目はキャビンのほうへ歩く雄のプロングホーンから離さなかった。受講生たちも、じきにあの近くを通りすぎるだろう。「もしかしたら、彼の忠実さはわたしの空想の産物だと思っているのかも。たまたま毎日通りかかるだけで、わたしに会いに来ているわけじゃないって」

「人間っていうのは、自分が理解できることを信じるものだから。それだけのこと」。チョコミントのウエハースのビニール袋をわたしのほうに振りながら、ジェンナは続けた。「それはわかるでしょ」

「あんまり」。わたしはそのビニール袋を綿の上着のポケットに突っこんだ。「わたしは重力を理解できないけど、その存在は受け入れてる」

キャビンに到着した受講生の一群が、キャビンのオーナーの飼っている従順なイヌのまわりに集まった。受講生たちは「人間の最良の友」と会話をしていた。その年とった雑種犬が人間の子どもであるかのように。わたしたちが追いつくころには、受講生たちはそのイヌの癖や個性をめぐる体験談を語りあい、そのまま流れるように、めいめいの飼っているイヌやネコやイグアナの話に移った。毎晩の夕食の席では、だれもがたがいのペットの心理をあれこれと話し、バニラアイスがアップルケーキのまわりにプールをつくるころには、わたしはみんなの「最良の友」が来月の独立記念日のパレードにどんな衣装を着るかまでことこまかに知っていた。リードをつけさせてくれる動物が相手だと、わたしたちはその動物の見せる感情や態度を擬人化と非難することをためらう。わたしが〈キツネ〉をウマやタカやペットのスカンクのように紐でつないでいたのなら、彼に個性があると考えても許されただろう。わたしたちの支配下にいる動物は、わたしたちのまねをする。彼らを見れば見るほど、わたしたちはこちらを見返す自分自身の姿を見るようになる。鏡のように。

ジェンナとわたしがキャビンに着いたとき、「人間の最良の友」はわたしたちの目の前の芝生で糞をしていた。〈キツネ〉がわたしの目の前で糞をしたことはない。自分の目の前で糞をするだれかと、『星の王子さま』について話しながら散歩する。わたしがそんなことをすると思う？　ホモ・サピエンスの特徴的な性質のひとつは、友だちの前で糞をしないことだ。箱に入った動物たち、人間が所有している――ペットとしてでも商品としてでも――動物は、その礼儀作法を守らない。

ホモ・サピエンスのもうひとつの特徴的な性質、それは鏡を愛することだ。

あなたの所有地で大きい石を集めるのを許してほしい、とわたしが頼んだとき、〈リバー・キャビン〉のオーナーは妙だと思ったかもしれないけれど、だとしてもそれを口には出さなかった。わたしは六個の石を拾った。どれも直径四五センチほどで、てっぺんが比較的ひらたい。その戦利品を車に運んでいたら、〈第六感〉がこちらをじっと見ていた。わたしは石を落とした。彼女は車の近くにある木のベンチに座っていて、つややかな短い黒髪が日焼けした顔いっぱいに広がる笑みを縁どっている。

「あなたの車、毎晩、夕食前に消えていましたよね」

わたしが答えなかったのは、ただ単に、それが質問ではなかったからだ。

「それに、あなたの家、ここから三〇分くらいしか離れてませんよね」

コバルト色の下地にピンクと白が縞模様を描く、このあたりでよく見る玉滴石(ハイアライト)という不透明なオパールの変異体のような空を眺めながら、わたしは言った。「ええ」

「そう、よかった、キツネちゃ……ええと、あなたのキツネが、うーん……ええと。あの……彼？というか、彼には名前がないんですか？　ともかく、だいじょうぶですよね？　あなたのキツネは？」

色が消えてなくなる前に屋内に入ったりして、アイスクリームみたいなオパールの空を冒瀆(ぼうとく)するのはごめんだった。身をかたくしたまま、彼女と夕暮れの空の板挟みになって追いつめられたわたしは、ポケットに手を入れた。クルミ大の石をベンチにぽんと放り投げて、言った。「晶洞石(ジオード)。気に入った？　北モンタナでのぼったビュートの石」

爬虫類の機能不全

キツネは硬くなった足の裏を黒いざらざらの巨礫のてっぺんに押しつけ、太陽をちらりと見あげてからあとずさる。冷たい巨礫に沿って、ハタネズミたちがお決まりの通り道をかさかさと走り抜けている。だが、いまは空腹ではないから、狩りはしない。巨礫が温まるのを待つあいだ、チョウたちが寄り集まっている、エネルギーたっぷりのあの一画をもてあそんでやろうか。三本脚のツルほど楽しくはないだろうが、いま必要なのは、娯楽ではない。いまほしいのは、温かい岩だ。

チョウの一画の中央から、いくつもの黄色い翅(はね)がぴんと突きでている。あまりにもぎゅっと寄り集まっているせいで、ほとんどのチョウが翅を下ろせないのだ。外縁にいるチョウたちがそれぞれ片方の翅をぱたぱたとはためかせ、見る者を幻惑するリズムで集団を脈動させている。そのうちの一匹が縁(へり)から離れ、ほかのチョウたちの上でひらひらとはためき、彼をからかって夢想から引っぱりだす。チョウを叩き落とす気はない。今回は。だが、チョウは上昇しては下降し、彼の顔のまわりを舞いつづける。いちどだけ、片足をいちど叩きつけるだけで、その生きものをつぶして、もといたチョウの山に戻せるだろう。ひとそろいのかぎづめでチョウのかたまりを引っかき、チョウたちが濡れてしわくちゃになって動かなくなるまで、小石の上をゆっくり引っぱりまわすこともできる。だが、そんなばかなことはしない。あの軽やかで黄色い体の下には、ぎらぎら光ってねばねばくっつく糞が山積みになっている。毛の短い動物の尻みたいなにおいのするねばつく足を引きずって、哀れっぽく鳴きながら巣へ帰るには、彼は歳をとりすぎている。

ようやく、彼は太陽に温められた岩にへばりつく。背中をうんとのばし、岩からだらりとたれさがるまで脚を広げて自分をできるだけ大きくすると、周囲に目を走らせ、自分の巨礫がこの草地でいちばん高く、いちばんみごとな休憩場所だと再確認する。この距離からだと、曲がりくねった川は広く、動いていないように見える。頭上でガンたちが鳴いている。ガンの向かっている先が、あの楽しげな見た目の小さな島でなければいいのだが。ガンたちといっしょにいるのはかまわないが、あの鳥たちはあたりをひどく散らかすし、彼はなにもかもを、わずかばかりの自分の持ちものを共有する気はない。

巨礫の端にかぶさるようにたれた彼の尾は、心地の悪い格好で着地している。バルサムルートの硬い茎が頑として曲がろうとしないせいだ。キツネの尾の重みなんか、とるにたらないと言わんばかりだ。自分の通り道に生える雑草のひとつにすぎないことを思い知らせてやろうと、彼はその花の硬い剛毛を使って、オオルリソウの種(たね)を膝からこすりとる。それから、体の側面を太陽のほうに向け、その雑草を自分の影に沈める。

コオロギの声に耳を傾け、暗いピンク色の雲が傷ついたマーモットからしみだす血のように峠からあふれだすのを眺めながら、彼は眠りに落ちる。いやな音に目を覚ましたとき、あたりはもう暗くなっている。彼は巨礫の上に立つ。震える体を静めることができない。現実のものではないようなにおいが漂ってくる。なにか大きくておそろしい、未知のものが近づいている。計画を練る時間はない。彼の感覚が麻痺する。

　家に戻り、人里離れたコテージの孤独にあまりにも唐突に投げこまれたわたしは、小股でおずおずと〈虹の部屋（レインボー・ルーム）〉を歩きまわった。崖から転がり落ちそうなのに、その転落を阻む人間の体も建物もバスもないときみたいな歩きかただ。この一週間ずっと、夕食前の短い息抜きを別にすれば、午前六時から午後一〇時まで人に囲まれていた。自分の泊まるキャビンのなかでさえ、カーテンを閉めなければ、服を脱いだ姿で立っていることはできなかった。孤独にだって、少なくともひとつはたしかな利点がある。そう自分を納得させるために、服を玄関前の階段に残して、マクラクを履いて家のまわりをぐるりと歩いた。一周しおわってもまだ、ひとつの大きな食卓でいっせいに食事をする三〇人前後の人間のイメージを完全に振り払えてはいなかった。

　人間の支配する世界の光景、音、においに過剰にさらされてから帰宅したせいで、翼のはためきを聞きとるにも、シカの放つ麝香（じゃこう）をかぎとるにも、集中しないといけなくなっていた。以前のように、無礼と思われる心配なんてせずに雲を眺めていたかった。だから、いくつかの刺激を背景に押しこめ、別の刺激を前景に引っぱりだして、自分の感覚を較正しなおし、シグナルノイズ比を再調整した。

屋内で荷ほどきをしているあいだ、〈リバー・キャビン〉クラスの面々の声や顔を——ほとんど懐かしい気持ちで——思いだしていた。午後早く、荷ほどきを終えるころには、そのイメージは薄れかけていた。帰宅した最初の日は町に出るのを避けた。クラスの何人かはまだ町にいるはずだからだ。これまでの経験から、受講生のだれかと——〈第六感〉は別にして——出くわしても、それと認識できないことはわかっていた。それでも、彼らにかんするいろいろなことは覚えていた。今回は特別なクラスだった。わたしが授業を受け持つ数百人の大学生とは違って、〈リバー・キャビン〉の成人教育講座の受講生たちはわたしよりも年上で、専門職に就いていた。クレジットカードと確固たる自分のヘアスタイルを持ち、単なる服ではなく、調和のとれた衣装一式を身につけた人たち。あの人たちの意見には重みがある。彼らのなかま意識は誘惑的だった。

夕方、〈キツネ〉を待ったけれど、彼は姿を見せなかった。受講生たちとの夕食前に車で帰宅したときには、毎晩〈キツネ〉を目にしていた。もっとも、最後の晩は足跡を見つけただけだったけれど。足跡は出窓の下のぬかるんだ地面を突っ切っていた。そのあたりは、花壇でくつろぐ植物がいないせいで、おおぜいのネズミたちのくつろぎの場になっている。出窓の下から、ネズミの痕跡——四つの均等な丸い足跡と右足と左足のあいだを走る尾のライン——が、コロラドトウヒの木陰にこんもり積まれたコーヒーかすまで続いていた。コーヒーかすの山には、毎朝のカウボーイコーヒーといっしょに捨てる卵の殻が混ざっていて、カルシウムに飢えたネズミたちを引き寄せる。ネズミの足跡の上には、不鮮明なキツネの足跡が点々と散っていた。腰を低くかがめてじっと観察したわたしは、〈キツネ〉はおそろしく賢いキツネだと、それまでになく確信した。彼はネズミを罠にかけ、わたしのコーヒーかすでおびきよせていたのだ。

帰宅した翌日、ネズミたちは懲りずにコーヒーの罠に立ち寄っていた。ついたばかりの足跡が透明な氷の板を飾っている。〈キツネ〉の足跡は、氷が解けるのにあわせて広がって薄くなっていて、新しいものではなかった。そして、四時一五分になっても彼は現れなかった。動揺したわたしは、裏手の草地へ行き、圧力ポンプを操作しないまま水を流し、ノズルもつけていないホースを手でつかんだ。滝のように流れる水を見ていたら、気持ちが落ちついた。「瞑想と水とは」とイシュメールも言っている。「永遠に結ばれているのである」。わたしの植物たちはそれほどたくさんの水を必要としていないけれど、多すぎても害はないだろう。陽光と重力の挟みうちを受ける水は、なにかを溺れさせるほど長くは東向きの斜面にとどまっていられない。それに、イシュメールと同じく、わたしにも水療法が必要だった。

この裏手の斜面に生える植物は、どれも野生だ。どんな地主だろうが、自分の土地に住む民を統制するものだ。わたしも同じように植物たちを統制し、笏(しゃく)と剣(つるぎ)を振るうように水を振るっている。お気に入りの植物――地をはって環をつくる赤紫のロコ草、ビーズを散りばめたようなインディアンライスグラス、ふわふわとしたフリンジセージブラッシュ、くるりとカールしたブルーグラマ――は水を与えられ、速く育つ。スケルトンウィード、オオルリソウ、アリッサムは無視している。そのおかげで、この植物たちは出ていきつつある。いや、アリッサムは違う。アリッサムは無視されたくらいでは出ていかない。厚顔無恥な植物なんてものがあるとするなら、アリッサムがまさにそれだ。出ていかせたいのなら、ざらざらの総状花序をつかんで引っこ抜かないといけない。ルピナスの茂みにはオレンジの皮を巻きつけてある。スカンクの食欲抑制剤として機能するはずのものだ（太ったスカンクを好きな人なんていない）。その皮の下をするすると滑っていた一匹のラバーボアが動きをとめ、ほんのつかのま、誘いをかけるような表情を見せた——濡れた赤い舌、ガンメタルの皮膚、見えないうろこ。キツネと違って、ラバーボアは見失うのが難しい。家のなかに入って、トイレを使い、学生の論文を採点してから外に戻っても、ものの数秒でまた見つけられる。ハタネズミたちの住む場所を知っているわたしは、ボアの動きを予想して楽しんでいた。でも、ボアは——なんらかの爬虫類の機能不全のせいだと思うが——ときどき、細くしなやかな体の前方を持ちあげて、掘られたばかりのハタネズミの穴のほうをじっと見ていたのに、やがて脱線してまちがった方向へ行ってしまうことがある。

四時一五分が近づいてきたので、わたしはボアを置き去りにした。フィールドスコープの狙いを〈キツネ〉の巣の上あたりに定め、死骸の場所を教えてくれるかもしれない空飛ぶ清掃動物たちを探した。夕方の薄れゆく光のせいでスコープが役立たずになったころ、目的を果たせないまま、わたしは捜索をやめた。このあたりでは、〈キツネ〉の小さな体はあっというまに消えてしまうだろう。この春には、二羽のヒメコンドルがスカンクの死骸ひとつを午前中だけできれいに片づけた。二羽が食事を終えたあとには、ハエの食前酒にもならないくらいの有機物しか残っていなかった。

帰宅から三日目、わたしは偵察に繰りだし、足跡やキツネの糞や最近食べられたばかりのなにかを探した。ガレージドア近くの羽目板の下でネズミの尾が揺れていたけれど、わたしが足を踏み鳴らすと消えた。すぐに、ネズミの頭、次いで全身が尾にとってかわった。ホースの水栓の下を走ったあと、ネズミは羽目板のなかに滑りこんだ。うちでいちばん古株のライラックのところで、さらに悪いニュースを見つけた。そこでは、世界でもっとも高価な根覆い――かつてのサクラの木のなれの果て――の下から、わし鼻のウサギが頭を突きだしていた。鼻をぎゅっと引きおろし、わたしをにらみつけたウサギは、ひとかたまりの土をこちらに飛ばした。

「〈キツネ〉、どこにいるの？　わたしたち、包囲されてるよ」とわたしは言った。わたしたちがもう同じチームのなかまではないことも忘れて。彼の糞を集めて研究に利用しようと、〈フォルジャーズ〉の波打った赤いコーヒー缶と蓋を持ち歩いていたことも忘れて。彼のＤＮＡを採取できる。受講生たちはそう言っていた。たぶん、それを親子鑑定に使うと思っていたのだろう。とはいえわたしは、バックパック用の小さいシャベルを持ってくるのを忘れていた。

山腹の急斜面をのぼっていたとき、白い足につややかな茶色い体の哺乳類が矢のように通りすぎた。わたしはバランスを失い、片手を地面についた。顔を上げて丘の上を見ると、動きをとめていたイタチっぽい動物が一瞬だけ黒い目をわたしに向けてから、猛スピードで逃げていった。その動物に不意を突かれたのは、わたしが歩くときにはいつも、視線を地面の一メートル上――クマの高さ――に据えているからだった。クマがいる地での暮らしと仕事から身につけた習慣だ。マウントレーニアとグレイシャーの国立公園では、よくクマに出くわした。三〇メートルの距離に来るまでにクマに気づけなかったら、脚力もショルダーホルスターに入ったピストルも、あなたをけがから守ることはできない。たしかに、わたしはしょっちゅうつま先をどこかにぶつけたり、つまずいたりしているけれど、双方の納得する解決策で終わらなかったクマとの遭遇を経験したことはいちどもない。

そのイタチっぽい動物、具体的に言えばオコジョは、青みがかった灰色の巨礫の下にある穴に逃げこんだ。また出てくるのを期待して、わたしは腰を下ろし、リュックを肩から外してカメラを探った。目の届くかぎり、どの方向を見ても、わたしはひとりきりだった――双眼鏡であたりを見わたしたときでさえ。だから、だれかのこんな言葉が聞こえてくるのは、奇妙な気がした。「これこそ、ほんとうの仕事って感じだ」

わたしの本心が、わたしをあざわらっていた。〈キツネ〉とわたしは『星の王子さま』のなかで、ほんとうの仕事を持つ人に出会っていた。机にしがみついた、自称地理学者。彼がなにひとつ発見したことがないのは、その仕事が「重要だから、ぶらぶら出ていくわけにはいかん」(『星の王子さま』河野万里子訳、新潮社)からだった。

ぶらぶら出ていけないほど重要になんて、わたしはなりたくなかった。でも、それくらい重要になる必要はあった。いや、ともかく、医療保険に入れるくらいには重要に。その週、イエローストーン国立公園のラマーヴァレーでバスを降りたとき、あまりにもやつれて見えたのか、受講生のひとりに医師を探したほうがいいと忠告された。その受講生には話さなかった。わたしに本当に必要なのは、外科医だと。わたしにその余裕はないのだと。わたしの悩みのタネは命にかかわるものではなく、いまだってバックカントリーの観光客をガイドし、フィールドクラスを受け持ち、ウェイトを上げ、さらにジョギングもしているのだと。たしかに、わたしはくたくたになっていた。寝すぎるくらいに寝ていたのに。でも、一・八キロの腫瘍なんてたいしたことではない。悪性ではないし。

どんな仕事であれ、生物学の博士号につりあいそうな職、そして安定した給料と医療保険を得られる職に就くのなら、「陸のイシュメール」の暮らしをなげうたないといけないだろう。居心地のよい人里離れた野生の領域での暮らしをあきらめなければいけない。いつも不安だらけかもしれない、自分がけっしてなじめないかもしれない環境で、人に囲まれながら暮らして仕事をする。そのチャンスと引き換えに、自分のよく知っている世界を手放すことになるのだ。手術を受けるだけの余裕ができたときに、緊急時の連絡先の横にだれかの名前を書けるのは、すてきなことでは？　わたしはまちがった道を走っているのかもしれない。でも、ほかにたどるべき道が見えなかった。わたしの本心は、問題を浮き彫りにすることは大の得意でも、解決策を教えてくれる前にいつも消えてしまうのだ。

「これこそ、ほんとうの仕事って感じだ！」頭のなかの声が繰り返した。

ステンレスの魔法瓶から温かい〈タン〉（オレンジ味の粉末ドリンク）入り茶を注ぐと、イシュメールがブーツを履いた片足を巨礫に置き、太腿に前腕をのせて体を前方に傾けた。モンキージャケットの前が大きく開き、ボタンがひとつなくなっている。「わたしは、あらゆる種類の、高貴で尊敬すべき苦労、試練、艱難（かんなん）とやらはごめんだ」と彼は言いながら、わたしの野球帽をはたき落とした。これは『白鯨』の一節だ。本のなかで、イシュメールはほんとうの仕事に就いている――教師の仕事。けれど、それを捨てる。自分の目的を追求するために。そして、ピークオッド号に乗り、クジラと親しむ。

「でも、〝尊敬すべき苦労〟っていうのは――」とわたしは返した。「単なる十分の一税みたいなものじゃない？　社会の一員になるのと引き換えに払うような」

社会の一員になどなりたくない、だから責を果たす必要はないのだ、とイシュメールは答えた。あなたの友だちはたったひとりだけ、異教の食人族で船員なかまのクイークェグだけだったではないか。わたしはそう指摘した。クイークェグは自分の「唯一の跡とり」だとイシュメールは日誌に書いている。あのクイークェグは、キツネに比べれば多少なりともおしゃべりなのだろうか。

わたしの視線の先で、わたしから帽子をとりあげたことを早くもうしろめたく思っているらしい風に吹かれて、その帽子が急な渓谷をくだり、ピンク色のワイルドローズのとげだらけの腕のなかにとびこんだ。イシュメールはまた『白鯨』を引用した。天国の門は教師にも奴隷にも同じように開かれている、とかなんとか。

あなたは無神論者ではないか、とわたしはまた指摘した。それに、わたしが叩いているのは社会の門であって、天国の門ではない。

咬みついてくるサッチアントの群れに白日夢を破られ、わたしは坂を走りくだった。夕方には、アリに咬まれたふくらはぎが腫れているだろう。それに、背中も痛くなっているはずだ。怠惰なボアコンストリクターの上で背を曲げながら「左！　左！　もっと左！」と叫び、その鈍い鼻をネズミの穴に突っこめるように応援していたせいで。

スコープを構えていたら、太陽の剣が現れた。

分厚く膨らんだ雲が裾をオレンジ色に光らせながら、もくもくと積みあがっていた。その雲の上に、太陽がちらりと見えている。太陽の放つ六本のくっきりした光線が地面のほうへのび、さかさまになった光の扇をかたちづくっている。外を歩いていたら、光線——太陽の剣——に取り囲まれた。キャンバスの防水シートのかわりに光で囲まれたテントのなかにいるようだった。

〈キツネ〉の巣穴に近い坂の上の草地に、オレンジ色のしみがぽつぽつと見えた。大きなひとつが巨礫のてっぺんにあり、小さいしみが風に流されたように草のなかに散っている。スコープの倍率を上げると、そのしみからなびく毛が現れた。ぞっと身を震わせながら、わたしはそれが〈キツネ〉の皮のかけらなのだと悟った。帰宅したときには〈キツネ〉はいなくなっていると思う。そうクラスで話したことを後悔した。それ以上に、彼が戻ってきたら研究のために利用する、と言ったことを後悔した。後悔は名ばかりの境界線を越え、罪悪感に変わった。

〈キツネ〉が死んだと悟ったあと、わたしは風に吹かれる皮を見つめ、暗闇がわたしたちを隔てるまでそうしていた。悲しみと孤独を、わたしのキツネを失ったことを語れたら、どんなにいいだろう。でも、そうするつもりはない。だって、わたしのキツネを失ったのではないのだから。彼はわたしのもの、わたしが失えるものではなかった。それに、あのキツネと自分をペアとして想像することもできなかった。相対的に言えば、わたしはここではあまりにもちっぽけな存在だ。それでも、わたしたちの谷を感じとることはできた。藪のような丸いオリーブの木と、こぶだらけの丘と、涸れ谷に沿ってあふれるビャクシンのある谷を。そして、全部あわせてもキツネ一匹ぶんたりないわたしたちが、みんなで彼を悼んでいるのを感じた。

今夜、この谷で眠るキツネは、以前よりも一匹少ない。明日は昨日ほどいい日ではないかもしれない。そんなことを考えながら、わたしはベッドに入った。この先、わたしはどうするのだろう？　責任ある仕事に注力するのを妨げるものがなくなったことを喜ぶ？　この隔絶された、サッチアントと気難しいカササギの土地を離れる？　理性のある現実的な人間なら、そうするだろう。エメラルドの湖の上、草の生えた丘に立つスリーレイクスの小屋のイメージが脳裏に浮かび、樹上生のカエルの歌声が聞こえてきた。スリーレイクスのあのカエルたちを忘れられないように、〈キツネ〉を簡単に忘れることなんてできないだろう。

　そう悟っても、だれかに聞いてもらうことはできない。そもそも彼がここにいることを、だれにもはっきりとは打ち明けていなかったのだから。でもそのかわり、動物は死ぬ！　死は避けられない！　自然は残酷なもの！　と言ったりする人もいない。それがありがたかった。

フランケンシュタイン博士とフランケンシュタイン氏

シンプルな青い一本の花がわたしに手を振り、ちっぽけな一匹のキツネにしつこく悩まされることはもうないのだと思いださせた。時間なんて気にしなくてもいいし、どこだって座りたい場所に座れる。わたしの座りたい場所は、あの野生のワスレナグサの隣。そこは〈キツネ〉の席だった。

スリーピングパッドを引きずって、岩がちの地面をナイロンの底面でこすりながら、その花のところまで引っぱっていった。頭側のストラップを足側のクリップにとめ、ひらたいパッドをL字型の脚のない椅子に仕立てた。両膝を胸に引き寄せ、花と向かいあう。ひとりでいるのって、気分のいいものじゃない？ そう自分に尋ねた。答えを求めない修辞疑問ではなかったので、わたしはそれについて考えて、答えた。まあ、お客をもてなすなんて、自分の座る場所にこだわるわたしたちみたいな者にとっては、ものすごくしんどいことだから。でもそれは、あまり答えになっていなかった。

あなたなら、その日は「雲ひとつない」日だと言うかもしれない。あなたがその表現をなんの気なしに使う人なら。わたしは違う。この谷の朝に無頓着な人なら、「雲ひとつない」日と言うだろう。

わたしは違う。はるか東、いかにも火山らしい、先端を断ち切られた山の頂の上空に、かろうじて見えるうっすらとした雲の筋が浮かんでいる。反対側の地平線の上、同じくらいの高度のところでは、ふたつの雲が、悲しみに暮れる人にもどうにか見えるくらいの密度で集まりつつある。

表紙がしわだらけになった軽いペーパーバックが、わたしの腿の上でバランスをとっていた。そのかび臭いにおいを吸いこみながら、親指をいちばんむごい傷に押しあて、でこぼこの縁をまっすぐにしようとした。本の文章には、何十種類もの筆記用具で印がつけられている。余白は書きこみだらけ。一五年前に、ただ同然の値段でこの本を買った。いまとなっては、ページの角が折れまがったこの小説とわたしは、どちらかがばらばらになるまでいっしょにいるのではないかという気がしている。

この本を見つけたのは、マウントレーニア国立公園への玄関口、ワシントン州パックウッドの食料雑貨店〈ブラントンズ〉だった。パン売り場とレジのあいだに隠れて、ねじがあちこちなくなっているせいで回転させるとメリーゴーラウンドのようにひょこひょこ上下する円形のブックラックにのっていた。半額で売られていたその棚の本は、どれもこれも、食料雑貨店でよく見るジャンルのものではなかった。ロマンスもスリラーも、スパイアクションものもない。どれも古本で、ずっと前に目が見えなくなったか、最近亡くなったかしたどこかの大おばひとりで丸ごと寄付したみたいだった。一冊一冊がぐるりとまわってくるたびに、わたしはそれを檻から解放し、適性を評価した。ラックにあるしみのついた本を残らず手にとってから、暗い色の表紙の本を一冊選んだ。ライ麦パンのハムサンドの半分くらいの厚さで、軽食にぴったりだ。

次の日、バックパックを背負って、一二キロほど先の持ち場のひとつ、オハナペコッシュ川を見おろす三面を岩に囲まれた洞窟まで歩いた。そのあたりで川を二分している〈インディアン・バー〉と呼ばれる砂洲が、ねじ曲がったモミの流木を捕まえ、サルの顔をしたピンク色の花の密な群生を支えている。かつて開拓者が使っていたインディアン・バーという語は、岩窟と周囲の草地の両方の名になった。インディアン・バー岩窟――人工の洞窟――は、川の向こう岸をなめる幅広の舌みたいな氷河に面している。厚さ数メートルの雪原が岩窟と地面とをつなぐくびきになり、ここに住みつくシロイワヤギのために階段の傾斜をゆるやかにしていた。

なにごともなく数週間が過ぎた。そのわびしさにもかかわらず――むしろ、たぶん、そのおかげで――わたしは全体的な状況にとても満足していた。ところがある晩、暗くなってから、一組の夫婦がよろよろと歩いてきた。わたしは蠟燭を灯した洞窟の奥で、煤で黒ずんだ太い鎖に吊り下げられた木の厚板の上に寝転がっていた。岩窟の正面のごそごそという音に注意を引かれ、食料雑貨店で手に入れた小説から顔を上げると、ひとりの女性が洞窟内に入り、あたりを見まわし、また出ていくのが見えた。

数ページを読んだころ、なにを言っているのかわからない大きな声が洞窟いっぱいに響いた。さっきの女性の夫が到着したのだ。彼は近づいてきて自己紹介し、しかめっ面でわたしとわたしの本を見た。「たいして重くないんですよ」とわたしは言って、本を振ってみせた。その男性――ドイツ人だった――はわたしの制帽を指し示して妻を安心させながら、自分の寝袋の留め金を外し、わたしが横になっているものよりも低い厚板の上に広げた。わたしは自分のとまり木から跳びおり、落書きと燃料のしみのついたテーブルに本を置くと、『フランケンシュタイン』を読むにいたったいきさつを説明した。

食料を出して夕食の準備をする夫婦を見ているうちに、ふたりが必要なものを半分ずつしか持たない方式で荷物を分担していることに気づいた。缶詰はすべて夫が、唯一の缶切りは妻が運ぶ、という具合だ。こんろが現れることを、そしてふたりが冷たいまま缶詰を食べないだろうことを見越して、わたしは乾いたマッチをしまっているプラスチックの注射針容器——糖尿病の同僚からもらったもの——を手渡した。妻がポケットから湿ったマッチ箱を出し、ゴミ袋とおぼしきものに移した。「ご存じでしょうけど、普通ならしませんよね——重さを基準にして、読む本を選ぶなんて」と妻が言った。ご存じではない。わたしは重さを基準にして、こんろ、寝袋、上着、食べものを選んでいた。果物、鹿肉、ツナを自分で乾燥させて、重量あたりのカロリーにしたがって食料をつめる。とはいえ、バックパッキングのプロとして積んできた一一年の経験から、自分を弁護するのは慎んだ。わたしの「普通」の定義はたぶん、道に迷って足を引きずりながら、ろくな装備も持たずに日没後にハイキングする、この国最大級のウィルダネス地域にほぼひとりしかいないドイツ人女性のそれとは違っているだろう。

翌朝、ドイツ人夫婦と連れだって、雪のくびきを見おろすヒースの草原までハイキングした。狭い土のトレイルを外れずに歩いていたけれど、長い枝と重い露が、ラグウールの靴下から出たわたしたちのむきだしの肌にフクシアの花びらをはりつかせた。わたしは自作の「ワロワ」——岩窟の息づまる屋外トイレのかわりにつくった、ひとつだけのボックス式トイレを自慢した。このトイレの設計と組み立てにあたっては、ふたつの条件を念頭に置いていた。その一、インディアン・バーに来る人にとって、どれだけよくてもよすぎるということはない。その二、インディアン・バーに来る人はほとんどいない。プライバシーの確保よりも、バックパッカーのためにウィルダネス体験を生みだすほうを優先させて、広々とした景色を見わたすあけっぴろげのスポットにワロワを掘った。うっとりするような光景が、つややかなマツ材のワロワの便座にむきだしの太腿を預ける人を取り囲む。荒々しい青い川、コケをまとった崖、くしゃみの音も聞こえるほど近くにいるシロイワヤギ。

何年も経ってから、ワシントン州トレイル協会(WTA)がインディアン・バーのレビューにこんなことを書いた。「州随一の壮観なバックカントリー式トイレがここで見つかることも特筆すべきだろう」。ありがとう、WTA、本当にありがとう。

ワロワより上の亜高山草原のトレイルは整備されていないので、わたしたちは野原を横断し、腰までの高さのねじれたモミがつくる群島の縁をなぞるように歩いた。小さなかわいらしい円を描くモミを指さしながら、大きな声で「クルムホルツ」と言ったけれど、わたしが「ねじれた木」を意味するドイツ語を使うのを耳にしても、同行者たちは反応しなかった。「クルムホルツ」とわたしは繰り返し、短くてやわらかい針状葉のかたまりをつかんだ。それでも歩みがとまらなかったので、説明するために立ちどまった。そこにいたってようやく、枝をどれも同じ方向に曲げ、螺旋状に身をくねらせるモミの白い樹皮に注意が集まった。高さ一メートルほどしかないそのモミは、たぶん樹齢数百年にはなっているだろう。ドイツ人の夫が、クルムホルツのように聞こえなくもないなにかの単語を朗々と唱えた。わたしは苦戦しながらふたりのドイツ語レッスンを受けたが、そのうちにみんな笑いすぎて、それ以上は進めなくなってしまった。

眼下では、オハナペコッシュ川がいくつかの砂洲をまわりこみながら自然と三つ編みをつくり、U字型の湾曲を描いている。わたしたちは足をとめ、シロイワヤギたちが足を引きずりながら青みがかった灰色の岩をくだっていくのを眺めた。インディアン・バーを見ているとスイスアルプスを思いだしますか、とわたしはドイツ人夫婦に尋ねた。ふたりはすごく思いだすと答え、自分たちはアルプスの近くに住んでいるのだと話した。

「お大事に（ゲズントハイト）」。しゅうしゅうと鼻を鳴らしている雌のヤギに、わたしは声をかけた。

「お大事に（ゲズントハイト）」。わたしのアメリカなまりをまねしようとしながら、ドイツ人夫婦が繰り返した。

ふたりは思っていたよりも感じのよい人たちだったので、わたしは前夜に驚かせてしまったおわびのつもりで、亜高山の花々の名を教えた。「ルピナス」と言いながら、こんもりと花をつけた二本の紫のルピナスのあいだに〈ピヴェッタ〉のトレッキングブーツの片足を潜りこませた。「カニス・ルプス（オオカミの学名）みたいな花。オオカミ。ちなみに狼瘡（ルプス）は、自己免疫疾患」。わたしはオオカミの顔をした背の低い花のかたまりをかきまわし、茎にもたれていた二匹の無気力なマルハナバチを困らせた。「昔の人たちは、オオカミを嫌っていたんです」。そう言ったところで、妻が腰まわりにつけていた〈オリンパス〉の一眼レフ用クローズアップレンズを夫が探しだすのを待った。「ルピナスのことも、あまり好きじゃなかったのかも」

ヴィクター・フランケンシュタインのことをふたりに話したのは、そうすれば故郷にいるようなくつろいだ気持ちになってもらえるかもしれないと思ったからだ。「ヴィクターは少年時代に、家族とアルプスで夏を過ごすんです。彼はそこの山々を壮麗と表現した。まさにそう言っているんです――

壮麗と」

「ああ」と妻がほほえんだ。「似た者どうしなんでしょうね——あなたと、あなたの新しいお友だちは」

「フランケンシュタイン博士」と夫が念のために補足した。

「いや、フランケンシュタイン博士はわたしの友だちじゃありませんよ。いつかそうなるかもしれないけど。まだ第三章なんで」。その当時、ヴィクター・フランケンシュタインが博士号をとることはないと知っていれば、わたしは夫のまちがいを正していただろう。

「第三章？」と妻はわたしのほうを向き、笑い声をあげて頭をうしろにがくんと反らせた。もしかしたら、わたしは読むのが遅いのかもしれない。メアリー・シェリーの古めかしい語彙のせいだ。でもたぶん、あのドイツ人はわたしののろのろとした読書ペースを笑ったのではなく、インディアン・バーの野生のきれいな空気を吸いこんでいただけだったのだと思う。

　わたしたちはチューバの形をした花の咲く草原を抜けて、また坂をくだった。花は優雅に曲がって脇に寄ったけれど、その動きはゆっくりすぎて、わたしの熱心な手をかわすことはできなかった。

「ほら、けばだった舌を見て」と声をかけると、妻は紫色のペンステモンの喉に指を突っこみ、太い擬似葯（やく）をなでた。わたしは花の舌を支えて夫のほうに見せながら、ペンステモンが属しているのは、一風変わった見た目の花で知られるゴマノハグサ科だと説明した。妻の手をわたしの肩にのせて雪原を滑りおりたあと、ゴマノハグサ科の代表的な植物の名前をいくつか挙げた。スナップドラゴン、ゾウの頭（エレファントヘッド）、ひげの生えた舌（ビアーデッドタン）、オウムのくちばし（パロットビーク）、フクロウ顔のクローバー（アウルフェイストクローバー）、モンキーフラワー、キツネの手袋（フォックスグローブ）、絵筆（ペイントブラッシュ）。

次の日、ふたりを言いくるめて、オハナペコッシュ川沿いに咲くエレファントヘッドの花を愛でに出かけた。赤紫色をしたその花は、ひとつひとつがゾウの鼻のように上方にくるりとカールした筒状の花弁で構成されている。ゾウの鼻の左右には、大きく広がった耳さながらに、幅広の花弁が開いている。わたしたちはそこで別れた。夫婦は川を渡ってオハナペコッシュ氷河をのぼり、鞍部（あんぶ）（山頂のあいだの鞍のようにたわんだ部分）を越えてから別の谷へくだる。わたしはツードアのテントを張るために、川岸から三〇〇メートルと離れていない、風をつかまえてくれるモミとツガの木立へ向かった。わたしのバックカントリー装備のなかでいちばん高価なそのテントは、〈ノースフェイス〉のジオデシックドームのVE24。広々としていて、金色に光り、あまりにも美しいので、スタッフバッグを揺すって外に出すときに、七つの大罪のひとつめ、傲慢の罪を犯してしまう代物だ。

「食料や水みたいな必需品を分担して運ぶのなら、離れずに歩かないといけませんよ。二〇分も離れてはだめ」。わたしが餞別としてふたりに贈ったのは、このアドバイスだけではない。「ペディキュラリス・グロエンランディカ」と言いながら、わたしは細長い茎の上で揺れる川沿いのエレファントヘッドの花を指さした。夫のほうには聞こえなかったにちがいない。彼はもう浅瀬を渡りはじめていた。「あの本には気をつけて」。妻のほうが、わたしの両の前腕をつかんでそう言った。「悪夢を見るから」。ウィンクして舌を鳴らし、さらに続けた。「大きい怪物の」

その夏に読み終えた『フランケンシュタイン』は、マウントレーニアを離れるときも、わたしの齢（よわい）二〇歳のボルボのトランクに乗っていた。そして長いあいだ、悪夢にかんしては、彼女の発言はまちがっているかに思えた。

しばらくうたた寝をしていた。目を覚ますと、すっかり暗くなった研究室にいた。白い綿の長衣を着て、血まみれの身体部位と凝固しかけの血液であふれかえる実験台と向きあっている。あのドイツ人夫婦がオハナペコッシュ川を渡り、インディアン・バーの楽園にわたしひとりを残して去ってから一年が過ぎていた。黄色の眼球、フランケンシュタイン氏の怪物の色をした目が、いやなにおいを放つ死骸からだらりとたれている。宙に漂う緑色の瘴気がわたしの顔にはりついた。踊るほこりで充満した光線が、ひとつきりの窓の汚れた厚いガラスから漏れてくる。血に染まった手袋をはめた手で、わたしは試験管を光にかざし、アルコールを満たした管のなかで渦巻くクモの巣のような物質をうっとり眺めた。

ハクトウワシの保護をテーマにした博士論文のために死骸からＤＮＡを抽出していたわたしは、試験管を片づけて血まみれの手袋を外し、身体部位をウォークイン冷蔵庫に戻したあと、寮の自室に戻って眠った。

そして、『フランケンシュタイン』の悪夢に起こされた。

それは怪物の悪夢ではなかった。『フランケンシュタイン』でいちばん怖い場面は、怪物がよろよろと目を覚ますずっと前に訪れる——そこでメアリー・シェリーが描いたのは、教授との面談に臨むヴィクターのようすだ。その悪夢のなかで、わたしはヴィクター・フランケンシュタインの震える靴に乗り移っている。黒っぽい木の床の上で靴をかたかたと鳴らしながら、ヴィクターは立ったまま、椅子に座ったクレンペ教授、「小柄なずんぐりとした男で、だみ声の上に嫌悪感を催す顔つき」の人物と向きあっている。ヴィクターの勉学の手段は、古い時代遅れの書物を読むことで大半が占められていた。クレンペはそれを侮辱する。ヴィクターがもごもごと返した答えは受け入れられなかった。クレンペは言う。「一分どころか一秒に至るまで、君がそうした本に費やした時間は、まったくの無駄だ……いったい、どこの何という僻地(へきち)に住んでいたんだ!」(『フランケンシュタイン』小林章夫訳、光文社)

わたしと同じく、横柄な教授連中に悩まされたフランケンシュタイン氏は、やがてつぎはぎの怪物を生みだす。高雅な書物のない荒涼たる土地で暮らしているところも、わたしと同じだ。

当然、わたしは彼に惚れこんだ。

わたしと違って、ヴィクター・フランケンシュタイン氏は博士論文を書かず、博士号も取得しない。アメリカの大学のなかには、論文を書くかわりに、なにかのプロジェクトを実施したことを示すという選択肢(オプション)が認められているところもあるけれど、フランケンシュタイン氏が生きていたのは一九世紀のスイスだ。そして、いくらその才能がすごくても、怪物の創造は論文の執筆と同等とは見なされない。インゴルシュタット大学に「怪物オプション」はなかった。

大学にいたころ、わたしが図書館か野生生物遺伝学研究室にいないときには、暗赤色のビニールのソファに行けば見つけられたはずだ。そのアームレストに腰かけて、寮の窓から、黄色い花の咲く山麓の丘や山脈を眺めていた。バックギアのない無保険のボルボや、行方知れずの赤い三速の〈シュウィン〉自転車本体に置き去りにされたロックの残骸では遠すぎて行けない場所を。メリーゴーラウンドの本棚にのっていたワシントン州パックウッド出身の『フランケンシュタイン』を読み返しては、自分とつながりのある箇所に薄いピンクのマーカーで印をつけた。わたしと同じように、ヴィクターは自然を愛し、小学校を出る前に天職を見いだし、父親からはいっさいアドバイスをもらえなかった。シェリーが書いているように、「(ヴィクターの)父は科学に造詣が深いわけではなかったので、(ヴィクターは)子供のように無鉄砲に、そして知識を渇望する学生らしく、苦闘の日々を送って」いた。科学と直観の交差点に立って、どちらへ曲がるべきかを見極めようとしていたときに、この本はわたしを力づけてくれた。

家族で遊びに出かけたトノン近くの温泉宿に泊まっていたヴィクターは、たまたま開けた引きだしのなかで、捨てられた古い本を見つける。異端の自然哲学者コルネリウス・アグリッパの著作だ。アグリッパの理論に感銘を受けたヴィクターは、さらにアルベルトゥス・マグヌスの作品も読み進める。アグリッパとマグヌスが信奉していたのは魔術と錬金術――一八世紀後半のインゴルシュタットの学術界では破門ものの学説だった。二〇〇年後にわたしが大学に入ったときには、彼らの著作を読んでいるのは中世とルネサンス期の歴史を専攻する学生しかいなかった。化学の教科書はマグヌスがヒ素を発見したことに触れているかもしれないし、女性学の講義では女性の卓越性にかんするアグリッパの論文が話題にのぼることもあるかもしれないけれど、二〇世紀アメリカの学術界全般では、このふたりは血迷った学者、神秘主義者、オカルト学者、錬金術師などとこきおろされていた。

ヴィクターのもうひとりの師であるヴァルトマン教授は、彼を神秘主義から引きはがそうと、危険さにかけてはひけをとらない妄執――化学と数学の手ほどきをする。「化学は自然科学のなかでも偉大な進歩があった分野です」とヴァルトマンは言う。「あなたの願いが本当の科学者になることで、単に些細な実験だけをやる人間になることではないのなら、数学を含めて自然科学のあらゆる分野を手がけるように忠告します」（傍点はわたしがつけた）。説得されたヴィクターは、生物学から離れて物理科学に専念する。その決断を、彼は死ぬまで後悔することになる。それどころか、自分の身に降りかかった途方もない災厄は物理科学に頼ったせいだと責める。ここでいう「途方もない災厄」がなにを意味するのか、わたしたちにはたぶんわかっているだろう。とはいえ、ヴァルトマンはひとつだけ、いいことをした。くだんの「災厄」以来、ヨーロッパじゅうの人がヴィクターをひどく悪しざまに罵っているけれど、その非難のなかに「些細な実験」をしたことは含まれていない。

化学と数学は、化学と数学を愛する人にとってはすばらしいものだが、自然について語ってはくれない。それは魔術と錬金術も同じ。フランケンシュタインのジレンマのように見えるもの——数学か、はたまた錬金術か——は、実を言えば罠だった。メアリー・シェリーが彼にトリックを仕掛けたのだ。ヴィクターの選択肢には、どちらをとっても物質界が絡んでいた。化学と数学はどちらも物理科学だ。錬金術師と魔術師は物理的状態を変えることを希求し、たとえば鉛を金に変えたり、死体に命を吹きこんだりする。

わたしがもてあそんでいた選択肢は、科学と物質界の領域の外にあるものだった。直観。意識的な推論を経ていない知識。〈キツネ〉のことを自問するとき——彼に個性はあった？　彼はわたしを気にかけていた？　わたしと友だちになりたがっていた？　人間を悼むのと同じように彼を悼むべき？——科学と直観はそれぞれ違う答えを寄こした。どちらかを選ぶことは、わたしにはできなかった。

わたしもトリックにだまされているんだろうか？
インディアン・バーで出会ったあのドイツ人女性は正しかった。悪夢のことだけでなく、ヴィクターとわたしを「似た者どうし」と言ったことも。怪物をつくる前のヴィクターは、自然を愛し、だれの導きも受けずにおぼつかない足どりで学問の世界を歩きまわり、世間知らずな、でも誠実な懐疑心を持って科学と向きあう、混乱した放浪者のひとりにすぎなかった。山々と高地の湖を愛し、長すぎるほどの時間をひとりきりで過ごす人だった（とりわけ、大切な人たちを怪物が殺しはじめたあとは）。本の余白に「化学で生活を改善」みたいなことを書きこむような人。彼はそれも死ぬまで後悔することになる。

小屋の外、〈キツネ〉のワスレナグサの隣のキャンプチェアに、そのキツネの不在を感じながら座っていたわたしは、ヴィクターにあらためて親しみを覚えた。青空が姿を消したころ、『フランケンシュタイン』を閉じ、肩をすくめて茶色の〈カーハート〉の上着を引きあげて顎まで覆い、フードをかぶって夕方の風をしのいだ。不穏な飢えた雲たちが谷の両端に集まり、水の分子を貪りながら合体しかけている。わたしの真上では、集まりつつある雲がぎゅっと凝縮して輪をつくり、中心に向かってくるくると回転しながらこちらに迫っている。卵を抱く義務から解放された〈Tボール〉が〈破れ尾〉といっしょになって、わたしを狙って急降下爆撃を仕掛けてきた。卵黄がないのを不満に思っているようだ。ここ数か月ではじめて、わたしは朝食を抜き、朝の卵配達サービスをキャンセルしていた。

〈キツネ〉はわたしの草地に混乱を残し、読書会場の草地に咲く唯一の花を縮こまらせていた。そのワスレナグサはうなだれ、茶色くなった傷をあらわにしている。本を読み聞かせているあいだ、〈キツネ〉が鼻づらをその花にこすりつけていたことを思いだした。わたしは両手で花序を包み、親指で花弁を広げた。不義密通を犯してすでにしなびている茎は、今日が終わらないうちに、そのひとつきりの花を犠牲にして、植物本体の延命をはかるのだろう。

なにもすることがないわたしは、四時一五分を過ぎても逢い引きの場所にいた。午後五時になったときには、地表に迫る雲の渦がわたしを地面もろとも飲みこもうとしていた。カササギたちでさえ避難所に向かっている。〈キツネ〉はどんなふうに生きていたのだろうか。それをもっと知らなければいけないと思った。自分が見つけるかもしれないものが怖かった。それでもわたしは、彼の巣のあたりを調べてみようと心を決めた。でも、いまはだめだ。こんな雲の渦のなかでは。

しばらくしてから、ようやく巣の周辺を探索した。彼が生きていたときよりも時間をかけて覗きまわり、注意深く観察した。地に足のついた短い生涯の名残。それを見つけるつもりだった。ところが、わたしを出迎えたのは、審美眼を満足させようとしているみたいに奇妙な配置をとった、おとぎの国さながらの自然の芸術品だった。その品々は、雲に覆われた空の下で物語をささやきかけてきた。いくつかに分断されたシカの脊柱、ガーターヘビの抜け殻、乾燥したノコギリソウの根元からしぶきのように散らばるライチョウの羽根、緑に染まったくぼみがまだら模様を描くエルクの肩甲骨。大きなトロフィー——エルクの肩甲骨——は、その巣穴がハンターの家であることを告げている。たとえ短くとも、栄光と無縁ではない生涯を送ったハンターの。

彼のよく整えられた草地——一粒の糞もかすかな腐敗臭もない——に並んでいた、わたしの家への訪問をしのばせる形見の品は、わたしを悲しくさせた。人の手で切られたシカの皮のかけら、苗木用のプラスチックの植木鉢、青いロバの顔の一部だった陶器の破片。彼はちょっとした気まぐれにまかせて自分の記念品を飾り、楽しい時間を過ごせる場所をつくっていたのだ。そう自分に言い聞かせたら、悲しみが少しだけ薄れた。その記念品の見た目が好きだったのかもしれない。それが自分の身近にあるときの雰囲気が好きだったのかもしれない。わたしがガラスと木の箱につめて書きもの机に置いている、羽根やひらたいウニの殻や乾燥したキノコと同じように。コルクで栓をしたガラスの試験管に入った、カラフルな海辺の小石みたいに。たぶん彼は、わたしと同じようにがらくたを集めていたのだろう——うわの空で。別の言いかたをすれば、本能的に。

重みのある白いニワトリの羽根を拾いあげながら、だれかの雄鶏を盗もうと奮闘する〈キツネ〉を思い浮かべた。二羽のワタリガラスが一羽のハクトウワシにアクロバティックな攻撃を仕掛けるのをよそに、わたしは彼の巣穴近くの巨礫を見おろす砂がちの穴に座り、二十代はじめの自分自身の冒険を振り返った。ロッキー山脈の東側。ミュールジカの雄。壮観な風景。雪が縞模様を描くたいらな山頂、その下でうねる丘にぽつぽつと散る常緑植物。グレイシャー郡の先住民医療サービス（ＩＨＳ）病院の男性看護師に貸してもらったジープの屋根に、わたしがしとめた雄ジカをくくりつけてくれたデュプイエの人たち。デュプイエの食堂で会ったわたしを家族の住む家に連れて帰り、一晩泊めてくれた女性。狩猟に出たときには、はじめて会ったたくさんの人たちと夜を過ごした。そしてわたしは狩猟をたくさんした。その人たちを「よそ者」と思ったことはなかったけれど、もちろん、よそ者というのは相対的な言葉だ。だれかをよそ者に分類するためには、別のだれかを「身近な人」に分類しないといけない。

その場所にあったいちばん大きな骨、エルクの大腿骨に〈キツネ〉の歯型が刻まれていた。死骸の残りは二〇〇メートルほど離れたぬかるみに沈んでいる。もともとは、〈キツネ〉が生まれる前に死んだ雄のエルクのものだった。その大腿骨を歯でくわえて口に突っこみ、メジャーリーガーよろしく振りまわす〈キツネ〉を眺めていたのを覚えている。ひと腹でいちばん小さな子だったキツネが長い骨のバットを振りまわせたというのに、どうして自分の不利な立場に文句を言えるだろう?

家に向かって歩いていたとき、一匹のキツネが目の前を矢のように横切り、その肩と同じくらいの高さの巨礫の下にうずくまった。わたしと目をあわせたあと、彼女はさっと引っこんだ。彼女の毛皮はシナモン色のミンクを思わせた。抑えた均質な色味で、あざやかと言うにはほんの少しだけ色が薄い。そのシナモン色のキツネを彼女と呼んだのは、雄らしい態度を見せなかったからだ。それに、人間を避けるのはまちがいなく雌の習性だ。雌のキツネは、自分の好奇心を満たしたり退屈を払いのけたりするためだけにリスクを冒すようなまねはめったにしない。わたしが思うに、雌が人間と交流するキツネの個体群は数を減らし、いずれ消滅するのだろう。それだけでなく、そのキツネは雌らしい虚栄のオーラも漂わせていた。〈キツネ〉よりもがっしりした体つきで、鼻づらは短くて細い。〈キツネ〉よりも均整がとれていて、欠点がないように見えたけれど、それは距離と明かりのせいかもしれない。たぶん、だらけた格好で歩きまわるようなことはしないのだろう。それに考えてみれば、これはたった一回の遭遇にすぎない。〈キツネ〉とはもう何百回となく会っていた。風や雨や雪のなかで。必死になっているときや怖がっているときに。はっきり言えば、彼はまあ……申しぶんのないサンプルではなかった。絶好調の日でさえ、だらしないとしか言いようがなかった。濡れていると、汚れた布巾のようだった。強い北風が吹いているときに彼の北側に立つと、慢性的な「モクテスマの復讐」（外国人がメキシコを訪れたときにかかる原因不明の腹痛・下痢。スペイン人の征服者に殺されたアステカ王の名に由来。モンテスマの呪いとも）に苦しむチワワのように見えた。その雌ギツネは一〇メートル先のパンチグラスの鬱蒼とした茂みに駆けこんだ。わたしが岩に腰かけてそっと話しかけても、彼女は鼻づらのほかには頑として姿を見せようとしなかった。

まあいい。わたしを慰めてくれる別のキツネが必要なわけではない。最初のキツネが必要だったかどうかさえ、まだ決めかねていた。前週のフィールドクラスで、受講生たち――つまりはわたしと同じ種のなかまたち――は、こんな結論を出していた。キツネと親密に、そして定期的に関係を持っても許されるのは、相手を客観化し、利用し、研究対象に変える場合だけ。わたしはそれとなく同意をほのめかしてから、そのほのめかしを現実にしようと、標識のついた、もしくは檻に入ったキツネを涼しい顔で検証する科学者になった自分を想像してみた。机上でわたしを待っている大学のポスト――現実の町での現実の仕事――の出願書を仕上げて郵送するところまで想像した。キツネではなく、人間の友だちがいる場所へ引っ越すところを。

わたしの求めているものが本当に研究対象だというのなら、それなら、どのキツネだって同じだろう。

数日後、コテージの裏手のパティオで遠ざかる太陽の視線が脚を横切るのを楽しんでいたとき、彼の巣穴の近くで動くものが目に入った。フィールドスコープを覗くと、生きている〈キツネ〉を最後に見た岩のほうへ向かう動物の列が見えた。四匹、もしかしたら五匹の子ギツネが、彼の巨礫のまわりで転がったり跳ねたりしている。

その子ギツネのうち、三匹は冬のはじめまで生き延びることになる。一匹の尾は、つけ根から三分の二くらいのところがいつも直角にねじれている。別の一匹が見せびらかしている尾は、マスクラット（齧歯類の一種）の尾にも惨敗しそうなほど頼りない。そのとっちらかった子ギツネたちの真ん中で、オレンジ色の毛皮をまとった動物が、巨礫の上で踊っていた。あの瞬間、〈キツネ〉が生きていたのだと知った瞬間よりも大きな幸せなんて、わたしには必要ない。彼が踊っている山腹では、紅玉髄（カーネリアン）の崖から小川が雨のように流れ落ち、茎の丸いスゲの合間を流れていく。昔、インディアン・バーへ向かう途中で横切った長い〈ワンダーランド・トレイル〉の周辺とそう変わりはない。あの亜高山の草原が脳裏に広がった。そして、身をかがめて氷のように冷たい小川からサンショウウオを引っぱりあげたことを思いだした。

暗くなり、双眼鏡ごしでも〈キツネ〉が見えなくなると、わたしは椅子に腰をおろし、彼が巣穴までずっと踊りながら戻るところを思い浮かべた。たったいま、確信した。どのキツネだって同じなんかじゃない。

いたずらの無限の可能性

明け方にキツネが目を開けると、やわらかくて細くて繊細な、自分ではないだれかの毛皮が目にとびこんでくる。一本の足が彼の喉笛を強打し、片耳の脇に沿って走る痛みから彼の注意を引きはがす。子ギツネたちが彼の四肢を残らずくぎづけにしていた。さっと全身を確認すると、さらにありがたくないことが判明する。頑固な小さい足にこのまま押されていたら、両肘が反対方向に曲がってしまいそうだ。そんなふうに一日を迎えるのはごめんだ。

ミンク色の雌ギツネは、子ギツネたちにとびかかられると、いつも体を揺すって大声をあげる。すると子ギツネたちは、死んだスカンクについていたノミみたいにはがれ落ちる。彼女は身の毛もよだつ叫び声の持ち主だ。彼はといえば「クワァ」だけ。何回か思いきり頭を振ると、まつげにからまっている暑苦しい毛が少しだけ移動する。顎の毛にしがみついていた足も離れるが、そんなにいらないだろうと思うほどたくさんの毛もいっしょに持っていく。小さなかぎづめのついた手がのび、彼の額から頬までの皮膚を引っぱり、まつげをかすめる。また目が見えなくなる。作戦失敗！

砂がちの川岸で嵐のなかに突入したときみたいな感触に目を覚まし、小さなかぎづめに顔を突き刺されているのに気づく。そんなことが、もう何回あっただろう？　毛を引っこ抜かれる鋭い痛みに起こされるようになって、もうどれくらい経つ？　まぶたをぎゅっと閉じて子ギツネのよだれを遮断した彼は、温かく湿った重みの下で体を持ちあげる。答える価値のある質問はひとつだけ——どうやってこの攻撃をとめる？

　そのてんやわんやの上で、翼が断続的に音をたてている。友だちの〈丸い腹〉が近づいているようだ。青い屋根の家に住むヒトとの金切り声対決をやめて、助けに来てくれたのだろうか。彼女は飛びながら子ギツネたち上を行ったり来たりして、かぎづめで子ギツネたちの耳を軽くこする。無害な鳥との格闘ごっこに抵抗できず、子ギツネたちは〈キツネ〉の体から転がりおりて、彼を解放する。作戦成功！　さて次は、子どもたちを砂地に散らばらせて、生きたバッタを二匹ほど投げ入れて楽しませてやろう。そうしたら、子どもたちを残して、自分のために太陽を探しにいける。いちばん丸々とした子ギツネを砂地のほうに向かせると、その子はぱたりと引っくり返り、目標まで足ひとつぶんも近づいていないところに着地する。別の子ギツネ、はげのイモムシと同じくらいやわらかい鼻づらを持つ雌なら、軽く押すだけで砂のほうへ這っていくはず。ところが、子ギツネはそうしない。彼はもういちど、少しだけ強く押す。もしかしたら、強すぎたかもしれない。その小さな子ギツネは土と砂利のすべり台に転がりこむ。なんだよ、もう！　首がないうえに、丸々と太った体にしては脚が短すぎて自分をうまく操縦できない子ギツネは、なすすべもなくむきだしのすべり台を滑り落ちる。転がる子ギツネの上を跳び越え、うしろ足を斜面にめりこませながら、彼は前足をのばして脱走者を捕まえる。

坂の上に向きなおると、子ギツネたちが端から下を覗きこんでいる。ぴいぴい鳴いている落ちた子を下からすくいあげて立たせてから、その小さな丸っこい体をまわりこんで彼女の上側に来た彼は、自分と子ギツネをまとめて引っぱりあげる。子ギツネは身をくねらせて一本の脚を自由にし、彼の鼻づらを引っかく。坂の上では、長く揺るぎない鳴き声で、カササギがほかの子ギツネたちをからかっている。

彼が小さかったころ、母親はいつもうしろ脚で座り、カササギをぴしゃりと叩いていた。いつだったか、叩き落とされた鳥が、折れた翼のなかに沈みこんでしまったことがある。鳥は円を描くようにぴょんぴょんとびはねながら、けがをした箇所を彼のきょうだいたちから守ろうとしていた。きょうだいたちは牙をぎらりと光らせ、鳥をばらばらに引き裂いた。だれも食べようとは思わないほど小さく。彼は生まれてこのかた、〈丸い腹〉にずっとつきまとわれていたが、それでも彼女を攻撃したことはいちどもない。救出した子ギツネを坂の上まで引きあげる仕事を終えると、〈丸い腹〉が――彼の知るかぎりいちばん大きなカササギが、虫を食べていっそう大きくなりながら巣穴で待っていた。

〈キツネ〉はいつもスケジュールをきっちり守る。いまや四匹の子ギツネを相手にしている彼が、またうちを訪ねるとは思っていなかった。ましてや、あの岩の上でのダンスの翌日の午後に来るなんて。

彼の鼻が、ぼろぼろになって涙を流すあのワスレナグサの茎をこすっていた。いくつものすり傷が鼻づらの端から端まで走っている。ところどころで毛が抜けたり子ギツネになめられたりしたせいで、彼の毛皮はあちらこちらで房状になっていて、まるで研修中の理容師に刈られたみたいだ。彼がわたしに会いたがっていたと思うのは、うぬぼれている？　いや、彼が与えてくれるものは、わたしをうれしがらせる行動よりも大切ななにかだ。目的。確実な収入源を探す以外の意味のあるなにか。野生動物と関係を築くこと。わたしは地面にあぐらをかき、『フランケンシュタイン』を膝にのせて座っていた。

「ここで野宿してもいいよ、〈キツネ〉」

彼のいなかった四日のあいだに、ワスレナグサは新しいつぼみを三つつけていた。アーチを描くワスレナグサの茎の下に、彼が頭をくっつけている。そうしていると、花の重みに屈して頭をたれているように見える。

次の日の明け方、〈キツネ〉は夜どおし狩りをしていた雌ギツネを待っていた。帰ってきた彼女が草地の境界をまたいで数秒もしないうちに、彼はその場を脱出した。それどころか毎朝、子ギツネの世話という義務を何週間もこなしたあとでさえ〈キツネ〉は自由を熱烈に求めていて、ネズミのにおいを追跡しにいくのか、宙をとびはねにいくのか、はたまたどこかの鳥を悩ませにいくのかは知らないが、その途中で、戻ってくる雌ギツネとぶつかって引っくり返りそうになるほどだった。この護衛交代は夏のあいだずっと、ひどくみっともないありさままでスケジュールどおりに進行していたけれど、彼の脱出の足どりが遅くなることはけっしてなかった。

〈キツネ〉といっしょに砂利のドライブウェイをたどり、草地を通り抜けた数々の日々の最初の日、彼と並んでバンチグラスのなかをよろよろと歩き、やわらかい土にそろそろと足を置くわたしを〈Tボール〉がじっと見ていた。わたしたちの真上では、山のように積み重なった雲のかたまりから、円盤の形をした密度の高い雲がいくつも転がり落ちているところだった。たがいに重なりあう雲たちは、池を囲む小石のように、青い空にひとつの環を描いている。ひとりぼっちのムクドリがヤマヨモギにとまり、頭をジャイロスコープよろしく回転させ、交尾相手を誘うあざやかな黄色のくちばしをきらめかせていた。こんなところで、なにをしているのだろう？　もっと低いところへ行きなさい、とわたしは言い聞かせた。低いところを狙いなさい、と言うべきか。ムクドリはこの乾燥した高地の砂漠では交尾しない。

　気の毒な生きものなのだ、あのムクドリたちは。二〇世紀のアメリカ人はムクドリを蔑んでいた。それはなぜかといえば、黒い油膜のような、人の目を欺くプリズムが彼らの羽毛に波紋を描いているから、というわけではなく、あの鳥たちの祖先が過去二〇〇年以内にイングランドから北米に渡ってきたからだ。わたしは自分の越境行為を心配するのに手いっぱいなので、ムクドリを見くだしたり、一八九〇年代にこの鳥をわが大陸に持ちこんだシェイクスピア研究家たちに責めを負わせたりする余裕はない。わたしには、たとえば、あのパンサー・クリークの子ジカの罪があるのだから。それに、時とともにわかったこともある。世のなかには、あまりにも簡単に窒息してしまうせいで、北海に浮かぶ小さなじめじめした島での暮らしには向かない生きものもいるのだ。

〈キツネ〉が狩りの態勢で〈ピルボックス帽の丘〉をぶらつきはじめたころ、わたしは合計三〇平方メートルのふたつの草地を相手に、晩春にはじめた火災燃料削減プロジェクトを再開した。すでに植物を残らず刈りとり、熊手で土をならしてたいらにして、防草シートを広げはじめていた。黒いプラスチックのシートは陽光を通さないので、この区画を植物のない状態に保ってくれるはずだ。シートを地面に固定するためには、数センチおきに長さ一〇センチの釘を打つ必要がある。だいたい二〇時間の労働と一〇〇ドルの資材を費やしたあと、わたしはプロジェクトを完遂した。数日後、〈キツネ〉と子ギツネたちが前庭の芝地でハタネズミにとびかかっていた。防草シートが端から端までくまなく引っかきまわされている。わたしは精いっぱい腹をたてようとした。でも実のところ、〈キツネ〉と小さな子たちが楽しくやっていることがうれしくてたまらなかった。その日、わたしは自分の性格について、重要な点に気づいた――それなりの状況のもとでなら、わたしは寛大な人間なのだ。ずたずたになったシートを検分していたら、不慮の犠牲者を発見した。あのラバーボアだ。だれかのかぎつめが、ぴったりした黒い毛布の下に隠れていたボアをとらえたのだろう。ボアはかわいそうだったけれど、〈キツネ〉に怒りを覚えるほどではなかった。彼は友だちだ。ボアはただのご近所さんでしかない。

〈キツネ〉はその夏ずっと、すっかりやせこけるまで走りまわり、子ギツネたちに齧歯類を運んでいた。いちど、うちの玄関に三匹のハタネズミの贈りものを置いて、わたしを驚かせたことがある。そのままずっと、彼の崇敬の念という栄光に浸っていてもよかったのだけれど、結局のところ、それはほんの一時間しか続かなかった。さらに一匹のハタネズミとともに戻ってきた彼は、四匹の死骸をまとめて顎にくわえこんで戦利品の所有権を主張すると、坂の上にいる子ギツネたちのもとへ勢いよく駆けていった。うちの玄関が泥棒カササギの防壁になることを知っていて、子ギツネ全員に行きわたるだけの齧歯類を捕まえるまで狩りを続けられるように、そこに獲物をためこんでいたのだ。

午後遅く、彼はわたしたちの逢い引きの場所に現れ、そのあたりでいちばんたいらな場所にするりと座る。おかげでわたしは、不安定なキャンプチェアのなかで岩やバンチグラスと押しあいへしあいするはめになる。わたしたちの座席配置は、かつて思っていたほど偶然まかせには見えなくなりつつあった。『星の王子さま』を読んだあと、彼はいつも体をのばして、自己流のヨガポーズをとった。腹を砂利に押しつけ、うしろ脚を思いきり後方にのばしながら、肉球を上に向ける。わたしはといえば、身をかがめて足指のつけ根のふくらみを地面につけて、椅子にちょこんと座っているのがつねだった。ある日、彼が立ちあがって別のポーズに入ったところで、両手両膝を地面について彼と向かいあってみた。わたしたちの目が同じ高さにある。いざとなったら、すぐに立ちあがれる。そう自分に言い聞かせながら、じりじりと彼に近づいていった。

彼は前足を前方にのばし、自分の体を引っぱるようにして近づいてきた。わたしは四つんばいでずりずりとあとずさった。彼と四二本の鋭い歯がまたぐいと前進する。わたしがあとずさる。すると彼は、わたしの頭を丸ごと飲みこめるくらい大きく口を開いたまま、肘歩きで前進した。

「度胸比べ（チキンゲーム）だね。最初に逃げたほうが負け」。〈キツネ〉――顎を一回ぱくりとやるだけでハタネズミをまっぷたつにできるはず――がこちらをじっとにらんだ。わたしはほんの数秒だけ待ってから、くるりと向きを変えて立ちあがった。

　わたしたちは目を細めて、どんよりとした一日に開いた小さな青空の穴を見やった――だまし穴（サッカーホール）。雲はだれかを、たいていは漁師――わたしはそう教わった――を外におびきだすために、サッカーホールをつくる。漁師が雲のユーモアセンスを満足させるくらい安全な場所から離れたら、雲たちは隙間を埋め、漁師に滝のような雨を浴びせかける。わたしの解釈はこうだ。むらのない板のような雲がいっとき隙間をあけてサッカーホールをつくるのは、結束の固いこの人間界で大きな均質の群れをつくる人間たちが、あなたとあなたのキツネを入れるスペースをつくるようなもの――あなたがその招待を受け入れるや……ばーん！　人間たちの大きな均質の世界が閉じ、険悪な顔をあなたのほうに向け、灰色に、やがて黒に変わり、最初から計画していた豪雨を放つ。だまされた！　〈キツネ〉とわたしが一〇分ほど太陽を楽しんだあと、雲のかけらがサッカーホールを埋めた。「あなたの勝ち」とわたしは言った。「わたしは度胸なし（チキン）」

　このチキンという称号は、二台の車がたがいに向かってまっすぐ走る伝統的な肝試しゲームから拝借した。どちらかのドライバーがハンドルを切らなければ、正面衝突してふたりとも死んでしまう。ハンドルを切って衝突を避けたドライバーはチキンの名を賜る。まあ、どちらも降参しなかったからといって〈キツネ〉とわたしのどちらかが死ぬとは思わないが、それでも、道路上でのゲームと同じように、わたしたちのゲームにもプライドがかかっていた。わたしはゲームが好きだ。だから、〈キツネ〉とわたしはよくチキンゲームをした。わたしはいちども勝てなかった。勝ちたいとは思っていたけれど、わたしは〈キツネ〉と彼の四二本の鋭い歯のことを、彼のほうがもっと勝ちたいだろうと理解できるくらいにはよく知っていた。

チキンゲームをしていると、否応なく対等に顔をつきあわせることになる。その結果、わたしたちの関係が変化した。疥癬にかかっていたときや、放牧場のイヌに追いかけられていたときの彼は、かよわくて困っているように見えた。だから、わたしが責任を負い、世話人になった。でも、チキンゲームにことごとく負けてから、わたしたちのそれぞれに強みと弱みがあるのだと気づいた。責任は強みと結びついている。そんなわけで、わたしたちはいまや新しい責任を負っていた。イヌを追い払うのは、いまもわたしの仕事。イヌ相手になら威嚇できる。イヌたちはしょせん粗に入った動物だ。でも、〈キツネ〉を威嚇することはできない。チキンゲームはわたしたちの力関係をたいらにならした。わたしは力をいくらか失い、彼はいくらか手に入れた。いくらかの力を失ったわたしは、そのかわりにいくらかの共感を得た。たぶん、〈キツネ〉もわたしたちの力と責任が変わったことに気づいていたと思う。チキンゲームは、わたしの貧弱なひらたい歯と全体的な敏捷性のなさをあらわにした。そのふたつの性質のせいで、わたしがネズミ一匹しとめられそうにないことを。

だから、彼はわたしのために一匹捕まえてきてくれた。

もっとも、子ギツネたちはもう自分で狩りをするようになっていたし、彼にはあまりものがあったにちがいない。その証拠に、彼がわたしに運んできたネズミは、どこかにしまってあったのを掘りだしてきた生きもののように見えた。きっと、本当にわたしを哀れんでいたのだろう。彼が贈りものを、その価値がわからないほど無知な相手に届けようとしたときの真剣さは、わたしを喜ばせた。口にくわえた死骸をぶらぶら揺らしながら、彼は小走りで近づいてきた。わたしは身をかたくした。死んだ齧歯類を素足の上に落とされるのはごめんだったけれど、それでも冷静でいようと努めた。わたしはどんな性質にもまして、真剣さを高く評価しているのだ。

　わたしの戸惑いを感じとった彼は、前進しては後退する一連の動きを繰り返した。二歩前に出て、一歩うしろに下がる。わたしはその逆に動き、素足のかかとを玄関のドアに押しつけた。体の横で両腕を上げて指先でドアフレームをつかみ、濡れたつま先でバランスをとる。垣根の上でしおれるクレマチスの気分だった。

　汚れた鋭いかぎづめの届かない距離に顔を保ちつつ、わたしは前かがみになって、開いた手のひらを彼のほうに押しだしながら「やめて」と言った。エクスクラメーションマークはなし。というのも、彼はそれまでになく近くに立っていたからだ。がにまたの脚の動きをとめた彼のほうも、パニック状態のわたしを見て当惑していた。わたしはドアにはりついたまま、前方からは〈キツネ〉に、左右からは鋭い針のようなビャクシンの葉にむきだしの足を脅かされていた。

　ようやく、彼のわずかばかりの忍耐と謙虚さのたくわえが蒸発した。彼は貴重なネズミを持ち帰った。わたしよりも目の肥えただれかのところへ持っていくのだろう。そろそろと忍び歩いていた彼は、ときおり足をとめ、ミイラを置いて頭を上げて、肩ごしにわたしをじっと見た。最後のチャンス！　ほら、取りに来なよ！　彼が振り返ってわたしを見たことは、それまでいちどもなかった。わたしのなかで言いようのない罪悪感がむくむくと育っているあいだに、彼は音もなく歩き去った。

〈キツネ〉の気持ちが傷つかないようにすることは、わたしの責任の範疇ではない。でも、自分が彼を傷つけないようにすることは、わたしの責任だ。すぐに、わたしは自分のおこないを正す機会を探しはじめた。たぶん、それほど長く待つ必要はないだろう。なんといっても、彼はネズミを殺したいし、わたしはコテージ周辺のネズミを殺してほしいのだから。

三匹か四匹の子ギツネが、配送車用のドライブウェイに積まれた材木のなかで遊んでいた。わたしはバスルームの窓から眺めていた。ときどき、おとなにいっさい見守られずに、子ギツネたちが何時間も材木の山の上をちょろちょろと動きまわることがあった。〈キツネ〉は風上の、鼻をつんと刺すヤマヨモギの下に隠れていた。彼にあいさつしようと外に出ると、イタチの尿のにおいにのみこまれた。あれほどひどいにおいはこの世にない。〈キツネ〉の子たちは気づいていないようだ。まだあまり発達していない嗅覚器官がにおいを和らげているのだろう。〈キツネ〉は立ちあがり、わたしをもっとよく見ようと首をのばした。一日の暇をつぶすために、イタチの取り締まりよりも興奮できるなにかを必要としているようだ。ガレージのなかで、わたしはうってつけのものを見つけた。セメントの壁を斜めに這う、神経質な一匹のネズミ。

ガレージにネズミがいるということは、つまりは車のなかにネズミがいるということだ。そのネズミが雌なら、車は移動式の産科医院になる。個体数の爆発と正気の終焉(しゅうえん)の前触れだ。一か月としないうちに、車内の頭上の内張りからネズミの腹が突きだすようになる。知りあいのとある女性は、しだいにやかましくなっていく引っかいたりかじったりする音を聞きながら、何週間も車を走らせていた。足首をはたくネズミの尾をあまりにもしょっちゅう感じるようになったころ、彼女はとうとう急ブレーキを踏んで車から出ると、買ってからまだ二年のセダンを押して崖から落としたという。

ネズミをほうきで追い払っていたわたしは、そのネズミが足を引きずっていることに気づいた。ネズミがよたよたとバンチグラスのほうへ向かったので、その通り道に即席の溝を掘った。溝にどさりと落ち、手あたりしだいに四方八方を引っかくネズミの姿を、〈キツネ〉はじっと眺めていた。それなのに、格好の標的になるはずのものにとびかかろうとはしない。わたしは死にものぐるいのネズミをほうきでそっと押した。それでも〈キツネ〉は動かない。手負いのネズミをしきりに指さしながら呼びかけても、彼はわたしの腕の伝えるわかりやすい指令をことごとく無視する方針を変えようとはしなかった。そのかわりに、姿をくらました。

わたしは三本脚のネズミにバケツをかぶせた。あとで「処理」できるようにするためだ。だれだってそうする。その理由も、みんなだいたい同じ――ネズミは嚙みつくし、人間の食料をあさるし、死を招くこともあるハンタウイルスを媒介する。人間は自分たちの居住空間でネズミが走りまわるのを本能的に嫌っているようだ。その証拠に、どの大陸の文明でも、ネズミを殺すキツネが偶像化され、崇拝されている。

だったらどうして、〈キツネ〉は足を引きずるネズミにとびかからなかったのか?

わたしはとても重要なひとつの留意事項を忘れていた――キツネはネズミを狩るのであって、攻撃するのではない。動物を狩る行為は、ひとつの技だ。攻撃するのは、ただの無作法なふるまいにすぎない。

わたしもハンターだ。〈キツネ〉が四五日連続で狩りをするのを眺めていたら、愛用の弓矢での遊びが恋しくなった。弓矢を探したわたしは、〈虹の部屋〉のソファの下に押しこまれていたのを発見した。

鼻をつんと刺すヤマヨモギの隣に膝をつき、迷彩パンツ――側面全体に弾薬用のポケットがついている――の裾をブーツの上部にかぶせて縛った。わたしの脚は、太くて短い枝を持つヤマナラシの木のようだ。フランネルのシャツはオークとカエデの葉で飾られ、ベルト下三〇センチくらいのところまでたれている。そのおかげで、全体として見ると、わたしは温帯の落葉樹林、各種の木が入り混じる森と化していた。露出した肌が変装をだいなしにしないように襟と袖のボタンをとめ、ボウケースから多色の迷彩フェイスクリームの小袋を取りだした。雌ジカの尿が入ったチューブが転がり落ちた。それをまたケースに押しこみ、コードバン革のアームガードを引っぱりだした。狩猟をするときには、そのアームガードをシャツの袖の上、左手首と肘のあいだにぴったりはめる。すると、腕がオークの森の天蓋の下に横たわる倒木に変わる。

　昔の流儀では、弓の射手は自分の使う矢を木から彫りだす。わたしの谷に住んでいた最初の射手たちは、年老いたビャクシンからはいだ樹皮で矢をつくっていた。ビャクシンの樹皮には垂直の繊維が走っているので、木の本体を殺さずに樹皮の一部を剝ぎとれる。殺人者に襲われて失血死したあと、五〇〇〇年以上経ってからイタリア・オーストリア国境のアルプス山脈で発見されたアイスマン〈エッツィ〉は、ヴィブルヌム・レンタゴ（ガマズミ属の樹木）を彫ってつくった矢の入った矢筒を持っていた。エッツィに敬意を表してヴィブルヌムを植えているわたしの姿を、彼は見ているだろうか。頑固なシベリア生まれの植物と見栄っぱりなフランス出身のライラックが並ぶ地面の端っこを念入りに耕している姿を。もし見ているのなら、その木を守るシカよけフェンスを絶えず修理していることも知っていてくれるといいのだけれど。

左手の指を冷たい金属のライザー（ハンドル）――弓（ボウ）の前側の中心点――に巻きつけ、腕を胴体と直角にしてまっすぐにのばした。リム（握りから弓先までの部分）のいちばん上が額と、いちばん下が腰と同じ高さになるようにする。この弓は〈ホイット〉のコンパウンドボウで、わたしの初代の弓、マウントレーニアを離れるときにボブが（櫛といっしょに）くれた〈ベア〉の緑色のリカーブボウに比べると見劣りする。

矢は矢筈（やはず）（ひとつひとつの矢の端についている、深い溝が刻まれたプラスチックの部分）を使って弦にとりつける。矢筈を弦にはめると、視界のすぐ近くにある細いワイヤーのスタンドに矢が軽くのる。右手のひらに装着した黒い金属のトリガープルをクリップで弦にとめてから、肘を真うしろに向けた状態でドローウェイト三七ポンドの弦を引き、弦が鼻をかすめ、弓の滑車にいくらかの重みがかかるようになるまでそのまま引っぱる。ストローベイル（わらを圧縮してブロック状にしたもの）の標的に集中し、周辺視野をぼやけさせたら、息をとめたまま、トリガーを放す。弦を引いて放すこの動作でいちばん難しいところは、じっと動かずにいることではなく、音をたてないようにすることだ。弦を引いているあいだはうなりたくなるし、放すときには息を吐きたくなり、撃ったあとは雄叫びをあげたくなる。そのすべてを飲みこまないといけない。

金色の線が稲妻のように二五メートルの距離を走り、赤い円を貫く。雄牛の目（ブルズアイ）。その気になれば、チンギス・ハンに率いられて草原に轟音（ごうおん）をとどろかせる騎手になったふりもできる。でなければ、そびえたつベンケイイチュウの影のなかを悠々と動きまわる、偉大なるチリカワの長（おさ）コーチーズ。あるいは、ビックトゥースアスペンの木漏れ日が六枝の角のオジロジカにまだら模様を描くのを横目にカベトガマ湖を渡る、一九世紀の船頭。だれでもいい。そうしたければ、偉大な弓の射手になった自分を想像できる。でも、わたしはそうしない。矢を射るときには、いまこの瞬間が完全無欠だ。たったひとつの筋肉の緊張、息をとめた静寂、左前腕に食いこむ弦。

矢のシャフトの先端には矢羽（天然の羽根かプラスチック製の板）がぐるりとついていて、これが飛びを安定させる。アイスマン〈エッツィ〉は矢に羽根をつけていた。それか、村の矢羽職人に頼んでつけてもらったのかもしれない。当時はアルプス地域でも英語圏の地域でも、矢羽づくりは名誉ある技だった。フレッチャーという姓の知りあいがいるなら、その人の先祖はイングランドの貴族のために矢を仕上げていたのだろう。現代には、想像できるかぎりの色のプラスチック製ベインで矢を安定させることができる。それどころか、たぶん、あなたには想像もつかない色もある。

ひたすら矢を射っていたら、そのうちに弦の強打で腕の内側にみみずばれができた。思いあがった気分になるにはぴったりの腫れ具合だ。そこで、何年か前に発症した怯み癖を治すためにつけていたトリガープルを外した。黒の子牛皮のハンドプロテクターをつけてから射った矢は、ベイルのいちばん下に刺さった。

色とりどりのベインがついた黄褐色の矢をベイルから引き抜き、草のなかに落とした。次に射った矢はベイルの的を完全に外した。迷彩色のシャフトは、シカから見えないので狩猟のときには便利だけれど、行方不明になったときには不便だ――なぜなら、あなたにも見えないからだ。

しゃがみこんで背の高い乾いた草をかきわけ、射ち損じた矢を探した。捜索に出る前に迷彩服から着替えた〈カーハート〉の断熱性オーバーオールが、ぼろぼろになった裾をわたしの背後で長い尾のように引きずっている。両手両足をついて這いながら、雪を頂く山脈が彼方にあるはずの北東を見ると、鬱蒼と茂る乾いた草が視界全体で揺れていた。それと同じ乾いた草に阻まれるせいで、葉を茂らせたハコヤナギを縫ってきらきらと流れる青い川も見えない。〈キツネ〉の巣穴のある高さからなら、わたしたちにはだいたい同じ景色が見える。でも、わたしのコテージから彼に見えるものは——彼が岩の上に跳びのらないかぎり——ほとんど草だけだ。そのとき、はじめて気づいた。〈キツネ〉といっしょに歩き、本を読んで過ごしているあいだずっと、わたしたちは同じ劇に出演する役者でありながら、違う舞台に立っていたのだ。

もうたくさんというほどのほこりと花粉を吸いこみ、目のけがをすんでのところで避けながら、硬いバンチグラスを縫って進んだ。前に進める保証はない。バンチグラスの迷路は、わたしを行きどまりに導いては後退を余儀なくさせる。広くてほこりっぽいむきだしの場所は一時的な救済を与えてくれるけれど、それも地面に落ちた小枝に化けていたセージブラッシュリザード（ハリトカゲ属のトカゲ）にとびかかられるまでの話だ。翼を持たない草の種子たちにも攻撃される。この種子たちは空を飛べないかわりに、毛や皮をがっちりつかむ縁飾りを進化させた。先端がコルク抜きみたいになったスティパ・リチャードソニイ（イネ科の草の一種。スティパ属は旧分類で、現在はハネガヤ属［Achnatherum］に分類されている）の種子を思い浮かべてほしい。それがいま、わたしのオーバーオールにねじ入ろうとしている。メリウェザー・ルイスはスティパ属の植物を「針と糸」の草と表現した。糸のように細い尾——最長一〇センチほど——と針のような先端を持つ草。リチャードソニイはわたしのムース皮のマクラクの底を、プロの靴直し職人が縫いつけたかのようにしっかりと覆っていた。わたしは行方不明の矢のことも忘れて、〈キツネ〉がこの岩くずだらけのトンネルを苦労してくぐり抜け、巣穴から泉へ、そしてネズミのいる草地へ向かうところを思い描いた。

一羽のモズ――灰色の山賊のような顔をしたコマドリ大の鳥――が、涸れ谷からあふれるように生える野バラのなかから大声で鳴いた。肉食のモズはここではめずらしい鳥ではないけれど、コテージの近くには来ない。なぜなら――〈Tボール〉とは違って――賢いからだ。わたしから食べものを巻きあげようとして時間を無駄にするには、あまりにも賢すぎる。モズは獲物の下ごしらえとして、捕らえたネズミを鉄条網に磔（はりつけ）にしたあと、死体が長くのびて張りのある赤い革みたいになるまで放置する。わたしが思うに、〈キツネ〉が獲物の死骸を埋めるのと同じように、肉を乾燥させて保存しているのだろう。卵の殻混じりのコーヒーかすで獲物をおびきよせる〈キツネ〉の罠道を目にするまで、モズ以上に革新的な捕食者を見たことはなかった。

たしかに、〈キツネ〉は革新的だ。でも、タンブルウィードだらけの涸れ谷を渡る方法を発明できるほど革新的というわけではない。〈キツネ〉は空を飛べない。しかも、この谷に刻まれたその手の涸れ谷の数は一〇〇をくだらない。ハリケーン級の暴風は、自然にできた岩石の破片を運んでくる。そして、急斜面に挟まれた涸れ谷がそれを閉じこめる。かといって、涸れ谷を避けるのはよい選択肢ではない。開けた場所では、捕食者が目を光らせている道にわが身をさらしてしまうからだ。メサ（周囲が断崖で頂上がたいらな岩山）を見あげると、崖っぷちにずらりと並んで岩くずのつまった通り道を見おろすキツネたちの果てしない列がわたしの心の目に映った。数えきれないほどの憤慨したキツネがいっせいにこちらを向き、しなびた鼻先をわたしに突きつける。いったいどうして、ぼくたちの踏みわけ道を通れる状態にしておかなかったんだ、と詰問しているみたいに。

　それを思えば、ホモ・サピエンスが優位な立場にいることがわかるだろう。風は、ほかのどんなものにもまして〈キツネ〉にはなじまない。彼は風速四・五メートル弱のそよ風にも跳びあがる。風速七メートル弱の風が吹くと、草地を熊手でかいたみたいにタンブルウィードが放り投げられて、彼の巣穴の玄関につまる。以前、風速一〇メートルの突風が彼のソーセージ形の体を帆のように曲げるところを見たこともある。

　わたしも風は大嫌いだ。でも、少なくとも屋内に隠れられる。このあたりではうんざりするほどおなじみの風速二〇メートル超の暴風が風速三〇メートル超の突風をともなって襲ってきたら、目を覚ましたまま横になり、コテージが揺れるのを体で感じ、苦悶のうなり声と金切り声が混ざる雷鳴のような轟音に耳を傾ける。ウシの去勢手術のときには、それと似たような音がする。若い雄牛がわめく甲高い声と、それに答えて雌牛が低くうなる声。風はときに、一〇分間の去勢手術の鳴き声を二分に凝縮したような音をたてる。正体不明の打撃音がたびたび屋根を走り、弾みながら風下のほうへ転がっていく。いろいろな物体がうなりをあげてどすんとコテージを殴ったかと思ったら、風向きに沿ってひづめのようにノックして、それがでたらめな間隔で繰り返される。どう考えても、ムラサキウマゴヤシの草地にいたウシが風に運ばれてきて、この家にぶつかっているとしか思えない。

　それで、矢はどうなったかって？　わたしは自分の矢のどれかといっしょに埋葬してほしいと望んでいる。タンブルウィードがひしめく涸れ谷の四〇分にわたる捜索が不首尾に終わったあと、わたしは悟った。あの矢といっしょに埋葬されることはないだろう。

わたしは骨の色をしたタンブルウィードの骸骨のひとつを放り投げ、涸れ谷の外へ出した。サンゴのように入り組んでいて、グリズリーの頭くらい大きい。わたしの指から飛び去ると、紙でつくった凧さながらに空に舞った。それが着地するのを待たずに、わたしは別のタンブルウィードをつかみ、細かくちぎって小さなかけらにした。このぬかるんだ地面を小走りに移動するキツネが砕いて土に押しこめるくらい小さく。むきだしの地面が見えるようになるまで、ひたすらタンブルウィードをつかんでは投げつづけた。これで、わたしが〈キツネ〉に提供するサービスのリストには、ぬかるみ清掃、雑草除去、イヌ駆逐、雄ジカ追放が並んだわけだ。

じきに、ネコ撃退もそこに加わることになる。

野良ネコの不穏な影がコテージに向かってのびていた。ネコは殺戮マシンだ。巣穴から子ギツネを引っぱりだし、生きたまま食べる。おっしゃるとおり。わたしがつかんでいるのは、そういうことがいちどあったという証拠だけ。でもあなたなら、野良ネコが四匹の小さな子ギツネを巣穴に追いこむ場面なんて、何回見る必要がある？　そのネコが血まみれで現れたあと、甲虫よりも大きなものはもう出てこないのだと受け入れるまでに、どれくらい待たないといけない？　夜に帰宅した母ギツネがネコの糞と化した自分の子どもたちを目にする、なんてことになったら、彼女にどれだけ詫びればいい？　わたしは野良ネコが大嫌いだ。野良ネコはわたしの土地を荒らしまわり、鳥たちにとびかかり、ワタオウサギを隠れ家から引っぱりだす。うちの裏口の階段で食事をして、鳥とウサギのかわりに臓物の山を残していった野良ネコもいる。このあたり一帯が無許可の食肉処理場みたいなありさまだった。それでもネコを撃つ気になれなかったのは、ネコが哀れみのこちら側にいるからにすぎない（そして、まあ……なんといってもネコだから）。

玄関の階段の端にちょこんとのっていた〈キツネ〉は、ネコと向きあって怯えていた。そのネコは大きくはなかったけれど、〈キツネ〉とは食べもの——無脊椎動物、齧歯類、鳥、ウサギ——を争っていて、たぶん本能的に、この土地には双方がそこそこの生活を送れるだけの資源がないことを理解しているのだろう。

〈キツネ〉の祖先は数千年前に、解けかけの氷の壁を縫って歩くアメリカ先住民のあとを追って、この地にたどりついたのかもしれない。でもそのあいだずっと、イエネコと知りあいになることはいちどもなかった。この大陸にイングランドからネコを持ちこんだのは、先の尖った靴を履いたレディたちだった。彼女たちの温かな膝（もしくは、それに劣らずきまりの悪いほかの乗りもの）に揺られてネコたちが到着したのは、つい最近のことだ。わたしの住む郡の公式な歴史によれば、ネイティブアメリカン以外でこの地に最初に入植した集団は、ネコを飼っていたかもしれない（あるいは飼っていなかったかもしれない）数百人の採金者で、一八六四年に到来した。ネコはほかの動物に比べると新顔だ。だから、獲物たち——鳥、トカゲ、ウサギ——は回避戦略を進化させていないのかもしれない。わたしが思うに、ネコはまっとうな捕食者が当然の権利として期待する以上のよい暮らしを謳歌している。

ネコの影がわたしに向かって身をよじり、頭をぐいと突きだした。ややあって、ネコが大声を出した。

「〈キツネ〉、音をたてて。ほら」。静寂。乾いた草の茎を揺するそよ風さえない。

しゅっと音を出して唾を吐きなさい、と〈キツネ〉に話しかけた。ネコがしゅっと音を出して唾を吐いた。〈キツネ〉はわたしとネコを交互に見ている。彼には自分であの暴漢を追い払い、自力で立ち向かい、闘うすべを覚えてほしかった。わたしがそばにいないときでも、自分を守れるように。

じっと待ったまま、永遠かと思うくらいの時間が流れた。けれど、〈キツネ〉はどう見てもすくみあがっていて、勇気の大半を占めるもの――つまりは用心深さを行使することにしたようだ。その野良ネコの体重は、彼より五キロほどまさるかもしれない――ネコの皮膚がひどくたるんでいて、対する〈キツネ〉はぴんと引き締まっているので、見極めるのは難しいけれど。「まあ、黒はすごくやせて見えるからね、〈キツネ〉」。わたしは彼に聞こえないほど小さな声で言った。「このネコ、全身黒ずくめだし、きっとすごく太ってるね」。〈キツネ〉は手持ちの弱いカードを懐（ふところ）にしっかりしまいこんだ。つまり、あの吐息まじりの「クワァ」を出さなかったということだ。

ネコはわたしが立ち去るのを待っていた。彼にとびかかれるようになるときを。実際、このネコは簡単に彼を殺せるだろう。ネコの見た目をすこぶるかわいいものにしているただひとつの特徴は、横から見るとひらたい顔――鼻づらのない顔――だ。そしてそれは、不公平なまでのアドバンテージをネコに与えてもいる。獲物の首をぐっと噛むとき、ネコは頭骨の生む力のすべてをかけられるのに対し、キツネの長い鼻づらは噛む力を広い面積に分散させて弱めてしまう。圧力は力を面積で割った値に等しい。ネコのひと噛みのほうが強力なのは、力のかかる面積が小さいからだ。このネコと〈キツネ〉の闘いでは、自然はネコに勝たせるつもりでいる。わたしは違う。鈍い緑色をした捕食者よけホイッスルを唇に挟むと、わたしはひと息に長い金切り音を発した。ココーテを招き寄せる、けがをしたウサギの叫び声。二匹の捕食者は別々の方向へ逃げていった。〈キツネ〉はしばらくご機嫌ななめになるだろう。わたしはそう予想した。一〇分後、彼はコテージ正面の草地でハタネズミを嗅ぎだそうとしていた。ネコは戻ってこなかった。

こうして、〈キツネ〉はわたしたちの同盟から得られる利点のリストにまたひとつ項目を加えた——太陽の光。夜の生活の束縛から解き放たれたのだ。日没まで暗く湿った穴に潜りこみ、あたりを荒らしまわるイヌや野良ネコから隠れて過ごすかわりに、草原を跳ねまわり、齧歯類を悩ませ、アクロバットでわたしをうっとりさせるようになった。

夏の午後、四時一五分ごろに立ち寄った人は、わたしたちの姿を見て、学校をさぼっているなまけ者のミドルスクールの生徒を連想するかもしれない。片方は責任ある仕事とはまったく関係のないなにかを読んでいて、もう片方——本来なら夜行性の生きもの——は日向ぼっこをしつつ、温かい砂利のドライブウェイで腹をマッサージしている。おたがいの悪ふざけに加担しあう〈キツネ〉とわたしは、チキンゲームをしたり、ナンセンスな本を読んだり、日差しのなかで寝そべったりして、それぞれのあまり楽しくない仕事——大学生と幼いキツネの教育——をさぼっていた。

もっとも、あなたは立ち寄ったりしないし、立ち寄ったとしても、わたしたちは隠れてしまうだろうけど。

とはいえ、いつもうまくそうできるわけではない。ある朝、マルコ・アントニオ（例のイヌの飼い主）がカメラを持ってひょっこり現れた。「あれ、見た？」と彼は訊きながら、コテージと裏手の踏みわけ道を隔てる丸石の丘を滑るようにくだってきた。「あのちっちゃい、白っぽい動物」。マルコの声にびくりとして深い夢想から覚めたわたしは、答えとは言えないまでも、返事のようなものをもごもごと口に出した。

マルコ・アントニオはわたしの気のないようすを無視した。「あそこ！　あそこ！」と叫んで、片手に持ったカメラで指し示し、もう片方の手でわたしの肩をつついた。「コヨーテ！」わたしは片目の端で、〈キツネ〉が湿った草地の向こうへ逃げ、シバムギのなかをちょこちょこ走っていくのを追った。

マルコがまた指さした。〈キツネ〉は望遠レンズごしでもダニエル・ブーン帽（円筒形の本体に尻尾の飾りがついた毛皮の帽子）と見わけがつかなくなるまで走りつづけた。「戻ってこいよ」とマルコ・アントニオは懇願しつつ、デジタルカメラをわたしに手渡した。ぎらぎらした日の光がスクリーンを完全にかすませている。「いい写真」。そう言いながら、わたしは力いっぱいうなずき、自分の嘘にいくばくかの信憑性をつけたした。そのあいだに、〈キツネ〉は歩く速さまでスピードを落とした。

「いつもおれから逃げるんだよ」。遠ざかっていくキツネをじっと見ながら、マルコが呼びかけた。「待てって！」

「イヌのことで電話した夜のこと、覚えてる？　そのイヌたち、あのちっちゃい、白っぽい動物を追いかけてた。はっきりとは言えないけど。全然ちがうかも。でも、似たような動物」。わたしはカメラを返した。

「戻ってくるかな？」マルコ・アントニオはカメラを見おろし、もう八〇〇メートルくらい離れているキツネのほうに向けて、魔法のボタンを押した。「こっちの写真のほうがずっといいんじゃないかな」

液晶画面のなかで、キツネがいるはずのところに小さなしみがついていた。「うん、ずっといい」

満足したマルコ・アントニオは、わたしの奇妙な道具一式をしげしげと眺めた。ハンドシャベルと、蓋をした〈フォルジャーズ〉の赤いコーヒー缶がわたしのブーツにもたれている。糞試料を集めているところだったのだ。

「なにか集めているんだね。なにか、ほら、特別なものを」

わたしはうなずいた。その赤い〈フォルジャーズ〉の缶にはキツネの糞が入っていた。手首につけた〈ガーミン〉のGPSユニットのおかげで、時間と場所をほぼ正確に特定できる堆積物。

「庭に移植する玉サボテン」

動物の糞には、はがれ落ちた腸細胞が含まれていて、そこからDNAを抽出できる。わたしは〈キツネ〉と過ごす時間を正当化するために、キツネの糞を集めていた。博士課程時代のわたしがインターンとしてロス・アラモスでヒトゲノムプロジェクトに参加していたことを知る〈リバー・キャビン〉の受講生たちの提案にしたがったのだ。わたしにはラボがないから、ラボのあるだれかに集めた糞を委ねるつもりでいた。受けとり人探しは、糞を集めてラベルをつける仕事に比べればたいした手間ではないだろう。DNAラボの変わり者たちは、いつも糞をもっともっとほしがっている。全米の大学のキャンパスで糞からDNAが抽出されているのは、ぴかぴかの新技術、気前のいい政府助成金、安い大学院生の労働力にノーと言える人が上層部にだれもいないからだ。だれかのDNA、その家族のＤＮＡ、さらには近隣に住む者のＤＮＡを知っておくほうがよさそうな理由をあれこれ思いつく人や、そんなことを知る必要がないのはどうしてなのかとか、学生とお金のもっとよい使いみちはないのかなんて立ちどまって考えない人は、とりあえず糞を集めてＤＮＡを抽出するといいかもしれない。

〈フォルジャーズ〉の赤いコーヒー缶のなかでは、ケーブルのような形をしたキツネの糞が、ＤＮＡを抽出されるときを、そしてこのあたりで糞をしてまわるキツネの数やその親子関係やその他の不可思議で深遠な事実をどこかのラボに特定されるときを待っていた。わたしにとって、事実はわざわざ集めなければいけないものではない。わたしは生物学を勉強してきた。事実は、それが近くにあるときにはかならず、磁石に引き寄せられる金属片さながらにわたしにくっついてくる。そうなったら、その自己吸着性の事実の使いみちを探せばいい。

〈キツネ〉がマルコから逃げた。それよりも重要な事実なんてあるはずがない。そこからわかったのは、彼が人間にではなく、わたしに慣れているということだ。どうして？　彼がわたしとつきあっているのは、卵黄をもらえるから？　守ってもらえるから？　いたずらの無限の可能性を嗅ぎとっているから？　それとも、わたしたちは友だちどうしなのかもしれないと思ってもいい？

〈フォルジャーズ〉の缶から転がりでるものは、なにひとつとして、そうした疑問には答えてくれないだろう。だったら、キツネ担当のソーシャルワーカーよろしく、ぬかるみのタンブルウィード清掃に自由時間を費やすほうがいい。

わたしの弓のシャフトを飾るライムグリーンのオークの葉は、最高のカモフラージュになってくれる。そこにオークなんて生えていないとシカが気づく日までは。わたしはビャクシンの枝にくくりつけた拳サイズの松ぼっくりに向けて、射的練習用のアローポイントをつけた矢の狙いを定めた。わたしの視線の先で、矢は松ぼっくりを通りすぎ、羽毛のようなバンチグラスのてっぺんをかすめた。その矢——燃えるようなオレンジ色のベインが矢筈をぐるりと囲み、けばけばしい傲慢さで蛍光を発している——を探しにいくと、サルシフィの綿毛の下に隠れたジリスの塚の近くでわたしを待っていてくれた。ゲームは駒をなくさないときのほうが楽しい。

頭上でイヌワシ——モンゴルに生息するイヌワシのなかま——が空高く舞っている。それを見て、キツネが遊びにくるまではチンギス・ハンにだってなれるのだと思いだした。わたしは矢を高く掲げてイヌワシに、そして自分が自分であることに敬礼した。どこか遠くの背景で、一台のハーレーが独特なものと法的に認められた音を宣伝している。黒の革手袋でハンドルを握るバイカーは、UVカットシールドつきのフルフェイスのヘルメットをかぶっているのだろう。太ったはげ頭のその人は、同乗者の腕にしがみつかれているのかもしれない——ブロンドの髪の色がまだらに抜け、高すぎる位置に頬紅を雑に塗ったおばあちゃんの腕に。その音が尾を引くように谷をくだっていくのを聞きながら、あのバイク乗りはだれのふりをしているのだろう、とわたしは考えていた。

マキバドリ

〈キツネ〉はウサギをつかまえたばかりだったけれど、サボテンを砕くウェリントンブーツを履いて踊るように草原を渡るわたしを見るや、獲物をぽとりと落とした。

　わたしは坂の上に目を向けていた。砂利道にいるハウンド犬に。もしかしたら、リードでつながれているのかもしれないし、だらだらしているだけか、流砂にはまっているのかもしれない——いずれにしても、そのイヌは一か所に陣どったまま、まったく動かなかった。わたしの家から八〇〇メートルほど離れた、音と光景が遮られずに玄関まで一直線に届くところ。わたしは〈キツネ〉の頭ごしに歌をうたった。ウサギ一匹つかまえられないハウンド犬をめぐるエルヴィス・プレスリーの歌。〈キツネ〉はわたしの前で、ウマの蹄鉄（ていてつ）の形を描くように前後に跳ねまわっている。それを無視して、わたしは音楽の体をとった苦情の三回目の繰り返しに突入し、あなたはウサギ一匹つかまえたことがないし、わたしの友だちになることもない、とハウンド犬に念押しした。

〈キツネ〉は無視されるのが好きではない。彼はウサギをひっつかむと、その中央を嚙みつぶし、顎の両側からだらりとたれるがままにした。まさにその朝、わたしの拳に握りつぶされた歯磨き粉のチューブにそっくりだ。わたしは彼から腕一本ぶんのところに顔が来るまで身をかがめ、両手を両膝に置いた。〈キツネ〉がこちらに身を傾ける。「あの、よだれまみれの、だらしない唇のならず者は——」とわたしは小声で言いながら、口の両側の皮膚を引っぱって頭を振り、ハウンド犬のたれた上唇をまねた。「ウサギ一匹殺せない」

〈キツネ〉はウサギを地面に落として言った。「クワァ」

わたしは身を起こしながら、鳴いてばかりいるイヌの歌をささやき声でうたった。ウサギの標本は気の毒だったけれど、歌を途中でやめるわけにはいかない。見捨てられたハウンド犬は、数日後に郡の保安官がどこかへ連れていった。

わたしたちは、〈キツネ〉とわたしは、記念品のために狩りをするトロフィーハンターではない。それでも、思い出の品はそれなりに集めていた。うちのソファの上、霧に包まれた池から姿を現すグランドティトン国立公園のムースと砂岩に刻まれた動物の岩壁画の写真のあいだには、それぞれ四本に枝わかれしたミュールジカの一対の枝角がかかっている。いまのところ、その枝角を計測する鑑定員が〈ブーン&クロケットクラブ〉（一八八七年にセオドア・ローズヴェルトが設立した野生生物保護に取り組むハンターたちの非営利組織）から送りこまれてきたことはない。そのミュールジカを撃ったのは、満月に続く夜明けのことだった。その夜は、雪が積もって固くなった牧場の道を六キロほど歩きながら、自分の足音に耳を傾け、ひづめの足跡を探し、明るいオレンジ色の半球が眼前の地平線を埋めつくすさまを眺めていた。地平線全体を。右から左まで。のぼっていく月のほかにはなにもない。地球につきしたがう丸いボールが、マクラクの下で融合するのを感じられるような気がした。もちろん、地平線上に見える満月は、ほかのどの月とも同じ大きさだ（と物理学者は言っている）。わたしの目の前で光る月の大きさは錯覚にすぎない――マジック、わたしの脳がわたしにトリックを仕掛けようとしているのだ。そのトリックからわたしが得た教訓は――プレーリーをひとりで歩いているときには、物理学者でもないかぎり、月の雰囲気、見た目、ふるまいのほうが、おおよそのサイズよりも重要である。

わたしはしとめた雄ジカの胸骨から骨盤までを切り開き、二本の素手で肺をぐいと引きだした。肺を引っぱると、九〇キロの体が傾いた。体腔にたまっていた血と、鼻をつくにおいを放つくねくねとした腸が雪の上にあふれでる。それから、心臓を脇によけた。心臓にはきれいな穴がひとつだけ開いていた――ど真ん中を貫いている。メサにもじゃもじゃと生える膝までの高さのラビットブラッシュを雪がすっかり覆い隠し、イヌワシが頭上を舞っているさなかに、わたしの美しいライフルと06弾が二〇〇メートルの距離から、立ったままの姿勢の射撃でその仕事をなしとげたのだ。わたしはシカをその場に残し、いちばん近くの砂利道へ向かった。そりを引いてメサをのぼっていた牧場労働者たちがわたしの姿を見て、はらわたを抜く作業の仕上げをしてくれた。その夜は、毛足の長いカーペットとシェニール織りのベッドカバーのある、壁紙の貼られた部屋で過ごした。そのあいだ、わたしの雄ジカは牧場の離れにうしろ脚から吊るされていた。朝食はベーコンとブラックコーヒーだった。わたしの収穫物――雄ジカとその日にしとめる雌ジカ――は、愛車のフォレストグリーンのボルボ・セダンにどうにか収まった。雄ジカを助手席のシートで支え、頭のない雌ジカを後部座席にのせて、ボルボは砂利道をぷすぷすと進み、家族経営の食肉処理場へ向かった。

その建物に続くドライブウェイは、羽根みたいな形をしたロンバルディポプラ（セイヨウハコヤナギ）に縁どられていた。幅からすると背の高すぎる木だ。ありとあらゆる木のなかでも、わたしはロンバルディたちをいちばん信用していない。食肉処理場のおやじさん（パパ）が、深緑のつなぎを着て外で待っていた。パッド入りの布を雄ジカの頭にかぶせて枝角を保護したあと、パパは両腕でシカを抱きかかえた。葉のないパンクな樹皮の木々に気をとられ、その木が生来の性質に屈して倒れかかってきたときに備えて逃げ道を探していたわたしは、パパがもごもごとなにか言っているのを無視した。わたしがそばへ行ったときには、雄ジカはもう車輪つきのカートにのっていた。パパは片手を雄ジカの脚に巻きつけ、一本の指でひづめをとんとんと叩いた。腹を立てているようだった。

すぐに、わたしは問題に気づいた。血の気が引いた。その雄ジカの脚には死骸（カーカス）タグ（狩猟の許可を得ていることを示すために、しとめた猟獣の脚につけるタグ）がついているはずだった。なのに、ついていない。わたしは必死に申し開きをした。パパは唇を口のなかに巻きこみ、片手を上げて、処理場のドアを開けようとしている息子をとめた。彼が猟区管理者に電話をしたら、わたしは狩猟免許と美しい30-06ボルトアクション式ライフルを失ってしまう。通報しなかったのに猟区管理者が処理場に踏みこんだら、パパは仕事を失うばかりか、さらに悪いことになるだろう。

パパがどこかへ行っているあいだ、わたしはカナダ国境でバンをとめた国境警備隊よろしく車内を引っかきまわしていた。息子が来て後部座席の雌ジカをつかんだとき、わたしの頭はフロントシートの下にもぐりこんでいたにちがいない。ワンピースを着たママがブリキ缶を持って出てきて、クッキーをすすめてくれた。

数日後、クーラーボックスを持って肉を受けとりにいったときには、パパの機嫌はよくなっていた。タグは結局、見つからなかった。

それだけでも、四枚の角をスエードの台にとりつけ、プレーリーローズの色をした壁にかける理由としてはじゅうぶんだ。

〈キツネ〉が大きな戦利品（トロフィー）を手に入れたときには、わたしは二本の羽根だけをとっておいた。その日を振り返って真っ先に思いだすのは、フィールドスコープごしに見ていた彼の姿だ。彼はムラサキウマゴヤシの野原のいちばん向こうにいて、四〇〇メートルはゆうに離れていた。低くたれこめた雲が太陽を目から覆い隠している隙に、彼は貴重な荷物を置いたり、かじったり、持ち直したりするために足をとめることもなく、最短コースでコテージまで走ってきた。そのあいだずっと、かなりのスピードで動いていたので、その戦利品がなんなのか、わたしにはわからなかった。

彼はわたしから二メートルのところでとまった。マキバドリの絡みあう脚が顎からたれている。彼はマキバドリを地面に落とした。彼がその横を通りすぎて座ると同時に、わたしは彼に顔を向けた。芝居がかったキツネを好きな人なんていない。でも、これほど画期的な偉業なら、もう少し派手な動きがあってしかるべきだろうと予想していた。「奇跡だね」とわたしは彼に言った。それからもっと大きな声で、両腕を上げて拳を握ってVサインをつくりながら、「奇跡だよ！」と繰り返した。〈キツネ〉には才能があるけれど、空を飛べるわけではない。彼がコマドリ大の鳥をしとめられるなんて思ってもいなかった。わたしが彼の仕業だと非難したその春のルリツグミの虐殺は、北米最小のハヤブサのなかま、チョウゲンボウの犯行だったことが判明していた。ひと昔前のチョウゲンボウは勤勉な尊敬すべき猛禽で、昆虫やBBの鳥たちを狩って暮らしを立てていた。谷に住む人間たちが道路沿いにルリツグミの巣箱を並べてから、チョウゲンボウは「失業給付」に頼るようになった。いまでは、朝昼晩とその支給物を食べている。

〈Tボール〉と〈破れ尾〉がさっと舞い降り、守る者のいない〈キツネ〉の獲物を引き裂きはじめた。見捨てられたマキバドリの小枝のような脚と曲がった指関節が空へ向かう。わたしがその大騒ぎにとびこむと同時に、さらにたくさんのカササギが到着した。人間が嫌う動物の例に漏れず、カササギも数が多すぎる。たぶん千単位でいる。カササギたちはわたしのまわりをぐるぐると飛んで窮屈な円を描き、わたしを黄味がかった羽の渦に巻きこんだ。泥棒カササギとそれを追い払おうとするわたしの精いっぱいの努力を〈キツネ〉は無視した。

カササギたちは青いスチールの屋根に退却し、ずらりと並んだ。屋根の縁からたらした長い指の先をわたしのほうに向けている。わたしは冷蔵庫から生卵をひとつ出し、白い殻ごとブルーバンチグラスの輪のなかに置いた。「あなたのぶん」と〈キツネ〉に言いながら、目をあわせたままあとずさった。屋根を叩くカササギたちのあさましいランダムな鳴き声は無視しようと努めた。

〈キツネ〉は殻を割らないように歯で卵をくわえ、〈ピルボックス帽の丘〉の下でうねる北の草地に消えた。数分後、玄関の階段近くに戻ってきた。

マキバドリのばらばらになった残骸はあきらめて〈Tボール〉と〈破れ尾〉に譲り、わたしは卵をもうひとつ置いた。〈キツネ〉はそれを持って、また北の草地へ走っていった。こうして、〈卵ゲーム〉がはじまった。

その日、彼が帰ったあと、わたしは二分ばかり時間をとって、あのふたつの卵の行方を探ってみることにした。彼はその捜索を見ていて、わたしが挑戦を受けて立ったことに気づいたのではないかと思う。三〇回の「二分ばかり」が過ぎてもまだ、わたしは卵の収容場所の証拠をなにひとつ見つけられずにいた。さらに二〇分後、夕暮れが足もとのサボテンを見えなくした。わたしは家に戻った。

次の日、彼のワスレナグサの下に卵をひとつ置いておいた。彼は卵を持って地下水のしみでる湿地を走り抜け、ガマの茂みにいたハゴロモガラスたちを続々と追いだしながら、わたしの井戸を見おろす丘の草原に消えた。彼がうちの正面の草地に戻ってきてから、わたしは卵を探しに出かけた。岩だらけで乾燥したその草原には、背の高い草を支えるだけの力がない。だから、小さな顕花植物――イタチが身を隠す草陰になるほど背の高くないもの――が陽光を浴びて栄えている。パノラマの景色を眺めていたら、花々の配置が風と水の通り道に沿っていること、そしてこの草原の起伏がそうした通り道を定めていることに気づいた。しゃがみこんでもっとよく見ると、草原のありとあらゆるでこぼこと斜面が、どれほどかすかなものであっても、それぞれ水の流れの舵をとり、まぎれもない花園の渦（エディ）をつくっていた。なかには、わたしの手とそれほど変わらない大きさの渦もある。そして風の影響が、その渦に生えるすべての植物の形状と大きさを決めていた。ミニチュアのシダたちは、風上側の近所の植物よりも高くならないようにして、自前の防風林をうまくこしらえている。地面を覆っているのは、パイプ掃除用の針金モールでできたネットみたいなヒカゲノカズラ（柱筒形の枝をつけるコケのような植物）だ。フロックス（ハナシノブ科フロックス属の植物の総称）は先の尖った葉を低木のように広げながらのび放題にのびていて、ヒキガエルくらいの高さがある。高さ二センチあまりの葉のない茎の上にちょこんとのったクルミ大のビタールートの花は、乾燥してしぼみ、薄い紙でできたボウルみたいになっている。その乾いた花の一部は、茎から吹き飛ばされて車輪のように転がり、コマツグミでも隠れられないくらい浅い小川にとびこむ。わたしはビタールートのボウルをひとつ拾いあげ、そっと手で持った。中央の細い管をつまむと、つやつやした黒い種子があふれだし、カットリーフデイジーの白い顔にそばかすをつけた。

チキンゲームにことごとく負けていなかったら、〈キツネ〉の行方不明の卵探しにこれほど時間を割かなかったかもしれない。でも、わたしはすっかり〈卵ゲーム〉に勝つ気になっていた。それに、〈卵ゲーム〉を続けていなかったら、四つんばいで顔を土に突っこまんばかりにしてあたりを嗅ぎまわって発見した、このミニチュアの世界を見逃していただろう。敗北以上に新たな理解を与えてくれるものはないかもしれない。

次に彼が獲物の卵を持って走り去ったとき、わたしは大きな武器を持ちだした。鏡筒に合成皮革がはられた〈ブッシュネル〉の双眼鏡。わたしよりも年上で、わたしとほとんど同じくらいの幅がある。わたしは彼の動きを記録することにした。メモ帳とペンを用意して、窓台にもたれながら、卵とともに小走りで去っていく〈キツネ〉を観察して、「短太ビャク・東・井戸∨45下」と殴り書き、ついでに略図もつけた。黒い土に埋められたばかりの白い卵を見つけるのなんて、そんなに難しいわけないよね？　わたしはメモをちぎりとり、井戸の東の「短太ビャク」に向かい、四五度の角度で坂をくだった。結局、それはまちがった短くて太いビャクシンだった。明日こそ、卵を見つけられるはず。

穏やかに晴れた一日を無駄にしないキツネは、モミの木のスカートの下に滑りこみ、反芻する雌ジカの一団のもとをふらりと訪ねる。くつろぐ雌ジカたちの上を、かすかな雄ジカのにおいが漂っている。その雄ジカは放尿してから立ち去ったようだ。反芻動物たちはすっかり眠りこんでいたので、そのままでは退屈になりそうな一日に活を入れようと、彼は青い屋根の家へ向かう。

先だって埋めた獲物の卵を掘りだし、坂をのぼってやわらかい小山に運ぶ。彼が地面に卵を置くのを〈ハリケーンの手〉が見ている。たぶん、彼女は卵が見えるほど近くにはいないが、それでも、土を蹴りあげて高く大きな弧――〈ハリケーン〉が見えるくらい高く――を描くのは、よいアイデアに思える。卵を拾いあげると、彼はどこかほかの場所へ埋めにいき、それから炎の毛を持つ雌ギツネの狩り場へ向かう。

キツネたちのなわばりはルールに沿って動いている。彼はぎりぎり生き延びられるくらいにはそのルールを守る――が、それ以上は守らない。体調は上々、休息もたっぷりとっている。あの炎のなわばりに侵入して、一匹か二匹のネズミをもてあそんではいけない理由がどこにある？　彼女はこの谷でいちばん大きなキツネなのだから、もうこれ以上、食べものは必要ない。うしろ足をガンの足のように広げた彼は、ぴょんと跳びあがり、静止した空気のなかを滑空する。そうして、上質なネズミへの軟着陸を楽しむ。

彼が食事をしているあいだ、〈丸い腹〉がいらいらと歩きまわっている。あのヒトがまた、卵黄を置くのを忘れたのかもしれない。彼がその気になれば、ちくちくと皮膚を刺す密集したビャクシンの枝葉に分けいって幹までたどりつき、うしろ足で立って首をのばして、あの太ったカサギの巣の底に鼻を届かせることもできる。彼が生まれてこのかたずっと、同じ枝が彼女の巣の重さを支えている。だが、なかまの家を乱したりするつもりはない。それに、川のアシはまだカモの卵をたっぷり隠している。

おまけに、腹をぎゅっとへこませて身をくねらせながら、ちくちくする低木の列をすり抜け、木の柵の横木のあいだをくぐり抜けるという小さな代償を払えば、デザートにニワトリも食べられる。柵に囲まれた領域はとても広く、遠くの端のほうではウマたちが眠っている。彼は風できしむニワトリ小屋へ向かい、身を低く横たえ、軽はずみなニワトリがふらりと外へ出てくるのを待つ。待ち時間が長くなるうちに、ウマたちが目を覚まし、その太い脚とつやつやのひづめがたちまち彼を包囲する。彼に気づいたウマたちがいななき、地面を蹴って、空気を土ぼこりと肥やしのにおいで満たす。ないだよ、もう！　ニワトリの代償が一気に高騰する。ウマに一回でも蹴られたりしたら、キツネはしばらく動けなくなる。もしかしたら永遠に。

最善の逃げ道は、〈丸い腹〉の金切り声をめざしてまっすぐ全力疾走することだ。その作戦はうまくいく。彼はウマに道を塞がれていない一点に向かって走り、柵の二本の横木のあいだにとびこむ。彼女は彼を助けようとしているのか、それともたまたま安全なルートの先にいるだけなのか。それは彼にはわからない。だが、彼は危険のなかにいて、彼女の呼び声にはなじみがある。彼は土の道を突っ切り、青い屋根の家へ向かう。たどりつくと、挑戦的な風が彼を頭から太陽のなかへ送りこみ、

〈丸い腹〉がそれに続く。斜面に生える草は短くてやわらかく、ハタネズミの通り道が縦横に走っている。そよ風がなりをひそめたときにはすかさず、彼は獲物がその道をちょこちょこ走ってくるのを待ち、食べすぎのワタリガラスに負けないほど高く跳躍する。硬着陸（ハードランディング）はいちどたりともない。〈丸い腹〉はヤマヨモギにとまり、彼の残飯を回収する。年とった力の弱いハンターは、どんな残飯もあとには残さない。一回でも余分な跳躍のエネルギーを温存できるのなら、はらわたでも食べるだろう。

さらに何回かのゲームで卵がすっかりなくなったので、わたしは行方不明の卵を取り戻すべく、コンパスを持ちだして進路のずれを修正することにした。次の卵隠しゲームでは、トランセクト（野外調査の際に調査地に引くライン。このラインから一定の範囲の生物を調査する）に沿って四〇〇メートルほど歩いた。卵をひとつも持たずに帰宅すると、〈キツネ〉がコテージでわたしを待っていた。というか、ポーチのわたしのいつもの場所に立ってドアを塞ぎ、ピンク色の土をまぶしたカナダヅルよろしく体を大きく見せていた。その前方では、〈Tボール〉が〈トニック〉の下を行ったり来たりしながら、小型機関銃のようなさえずり声を駆使して、あのケチな人間がそっちへ向かっていると〈破れ尾〉に警告している。わたしは彼女に向かって失せろと叫んだ。わたしにたっぷりいやがらせをすれば、もっと卵黄を置く気になるとでも思っているのか？

「あなたの勝ち」とわたしは〈キツネ〉に言った。彼にさわれるくらい近くにしゃがんでいたけれど、さわりはしなかった。単にできるからとか、相手が自分よりも小さいからという理由で、手をのばしてだれかをつかんだりするものではない。それはペットと友だちの重要な違いだ。それに、〈キツネ〉とラバーボアとの違いでもある。ラバーボア相手なら、ためらわずに持ちあげて、玄関の階段付近に移動させる。うちの基礎に穴を開けようとするネズミを撃退できる場所に。「あなたの勝ち」と繰り返しながら、わたしはからっぽの両手のひらを上に向けた。

わたしは小ずるい手を使った。キャンプチェアに座り、ぼろぼろになったシャツからボタンを回収しながら、彼が獲物の卵を持って北――いつもきまって北――へ向かうのに気づいていないふりをした。それでも、行方不明の卵はひとつたりとも見つからなかった。二年後、南の草地で雑草を抜いていたときに、そのうちのふたつを見つけた。〈Tボール〉の巣から数メートルしか離れていないところだ。なぜ、こんなに彼女の近くにあったのだろう。どうして、彼女は盗まなかったのだろう。

敗北はわたしを謙虚にした。ゲームはわたしを機敏にした。サン＝テクスは『人間の土地』のなかで、若いうちなら、やわらかい粘土のように未来のかたちを変えられると書いている。若いころは想像力が絶えず未来をかたちづくっているけれど、やがておとなになると、社会という用意された鋳型にいつのまにか入りこみ、硬くなる。その鋳型から出たあとは、硬くなった粘土をやわらかくすることも、かたちを変えることも二度とできない。成長し、おとな中心の世界に身を投じる過程で、わたしたちの想像力は衰えていく。

ほとんどの人と同じく、わたしも生まれたときは、過剰な現実主義をはねかえす免疫を持っていた。

六歳か七歳のころ、低木のジャングルを舞台に、緑の軍服を着た人形たちとごっこ遊びをした。射撃手は丸石に跳びのり、奇襲を仕掛けられそうな角の生えたカエルを探す。わたしが中国めざして穴を掘っていたときに、おそれ知らずのカメ（タートル）が侵入してきたことがある。わたしはできるだけ急いで〈ケッズ〉の赤いスニーカーの紐を二重結びにして、甲羅の両端を両手でがっちりつかみ、カメを連れてジャングルのキャンプに走って戻った。軍服姿の人形たちは、ゴムのように弾力のある枝からカメの戦車に跳びおりた。

やがて、わたしは大学に入った。そこでは、出っぱった腹の教授たちが唇をアヒルのくちばしみたいにして、無意味なたわごとをぶつぶつ言いながら中庭をせかせか歩きまわっていた。だれかのつやつやしたバーコード頭が風に吹かれて、かぶとの羽飾りのように逆立つ。ドクター・スースの本のなかに入ってしまったような気がした。大学院時代には、事実を暗記して教授の物まねをしているうちに、過剰な現実主義から身を守る子どものころの免疫がすりへってしまうことがあった。大学を終えたとき、わたしは壇上にのぼって握手をして、「博士（ドクター）」の呼びかけに返事をして歩み去った。真実にまちがいを正されて、赤面しながら。あのジャングルはジェード（カネノナルキ）の茂み、角の生えたカエルはツノトカゲ。そして、あの近くにはどこにも水がなかったから、戦車は水生カメ（タートル）ではなく陸生カメ（トータス）だったにちがいない。そのころまでに、わたしはサン＝テクスが「プティ・ブルジョワ」と呼ぶものにほとんどなりかけていた。つまりは、金（かね）ではなく創造性の不足した人間。わたしは自分で自分の道を選ぶかわりに、社会につくってもらった鋳型に足を踏み入れた。さいわい、粘土が硬くなる前に出ることができた。そうでなかったら、もう戻れなくなっていただろう。なにしろ、サン＝テクスによれば、プティ・ブルジョワは永遠の苦悩なのだから。いったん屈してしまったら、「今後、何ものも、最初きみのうちに宿っていたかもしれない、眠れる音楽家を、詩人を、あるいはまた天文学者を、目ざめさせることは、もはや絶対にできなくなって」しまうのだ。

〈キツネ〉との卵隠しゲームとチキンゲームは、わたしの想像力を目覚めさせ、現実主義をめぐるわたしの態度——事実だけが重要だとする考えかたを薄めた。ゲームのたびに、答えのない問いを考えずにはいられなかった。いったいどこまでが〈キツネ〉の個性なのか？ わたしたちの結びつきはどれくらい深いのか？ 創造的になるためには、その手のことを問わなければいけない。サン＝テクスはわたしたちにそう語りかけている。わたしにはもう、過剰な現実主義から身を守る免疫はないけれど、〈キツネ〉から受けたブースター接種のおかげで、それに対する警戒心はまだ持っている。

わたしの人生における彼の役割が広がるにつれて、わたしたちの関係を秘密にしておくのは難しくなった。ジェンナから電話がかかってきたときには、キツネのことを訊かれてから、クラスの評価を話しあうのが定番だった。

「ええと、彼が友だちかどうかはさておき、もう彼を研究するのはやめた」

「うまくいくとは思ってなかったけどね」。ジェンナはわたしよりも先に、〈キツネ〉がわたしの友だちであることに、そして彼に共感しながら研究対象としても扱うなんて無理だということに気づいていた。

「生徒向けの教科書をまた書いているところ。自然史の。彼には、その執筆を手伝ってもらってる。挿話に登場してもらう」

「それ、彼は知ってるの？」とジェンナが訊いた。

「たいした話じゃないから。全部の章に出すつもりはないし。どこかの章の冒頭の数行だけとか、ところどころにある小さい網かけのボックス記事の題材にするとか」

言いかえれば、教科書の囲み記事用に見ばえのよいポーズで写真に収めるために、〈キツネ〉とぶらぶらする必要があるということだ。ともかく、ジェンナにはそう話した。その説明はわたしたちの関係をちょうどよくまとめていて、わたしはあくまでもプロジェクト――教科書――に取り組んでいるのであって、日がな一日キツネとのんびり過ごしているわけではないのだと強調していた。わたしが築いたちょっとしたアリバイは、そのうちにかなりの厚さに積み重なった……雪のように。ただ、彼を「あのキツネ」ではなく名前のように〈キツネ〉と呼んでいること――そもそも彼に話しかけているという事実――は、雪にまきすぎた塩のようにはたらいた。わたしのアリバイは解けてなくなりつつあった。わたしはそれに気づくまいとした。

わたしの最初の本は、ちょうど校閲を終えたところだった。『森林――緑の世界（*Forestry: The Green World*）』と題したミドルスクールの教科書で、冬が終わる前にチェルシー・ハウスから出版された。その本には一人称の挿話がいくつか出てくるものの、全体的に創造性に欠けていた。いま完成させようとしているのは、ミドルスクールの生徒向けの、生物学に根ざした自然史の教科書。読んだ人が外にとびだして、自分の目で植物と動物を観察したくてたまらなくなるような本にしたかった。これまでの授業のなかで、大学レベルの生物学の教科書を何十冊も使ってきた。そのどれもが、学生を屋内に引きとめて、化学や分子やエネルギーにかんする事実と公式を暗記させるというやりかたで自然史の手ほどきをしていた。執筆者がヴィクター・フランケンシュタインの教授たちだったとしてもおかしくない。

〈虹の部屋〉——七つの窓のシェードが、だれにでも観察できる自然現象を表す色に染められている——に座って、自然史を説明する教科書の執筆についてあれこれ考えているのが自分だったとしたら、あなたは分子の分析からはじめたりするだろうか？　エイブラハム・リンカーンの伝記を彼の血液型からはじめるのと同じくらい、理にかなっていない。使い古された格言「小さくはじめよ」は、物理的な小ささにかぎった話ではない。「小さく」は「シンプルに」も意味する。そして、肉眼で見えるもののほうが、目に見えないものよりもシンプルだ。それに、分子は「小さく」はじめられるほど大きくない。小さいどころか、極小だ。

極小のものは、興味をそそる囲み記事にはならない。

学部生だったころに、生物全体を研究する生物学者アルベルト・セント＝ジェルジのエッセイを読んだ。生物をどんどん小さな部品に分解していくことに対して警鐘を鳴らすエッセイだ。セント＝ジェルジはそのまちがいをみずから犯した。そのエッセイには、こう書かれている。「大きさのスケールを下へ向かって進むこの旅は、それ自体が皮肉をともなう。というのも、生命の秘密を探究するうちにわたしは原子と電子に行きついたが、そこにはまったく生命がなかったからだ。その途中のどこかで、生命はわたしの指からすり抜けてしまったのである」

ビタミンCを発見した功績でノーベル賞を受賞したセント＝ジェルジは、わたしがまだ学部生だったときに世を去った。二回生のときの細胞生物学の教科書からコピーしたそのエッセイは、二〇年以上にわたってわたしといっしょに旅をしてきた。そのあいだ、わたしは拠点となる家も恒久的な収納場所も持たず、遊動民のように暮らしていた。学校に通う子どもたちに、生命が指からすり抜けるようなことはさせたくない。わたしが求めていたのは、大きくてシンプルなイメージからはじまる教科書だ。そのあとで分解していけばいい。いや、もしかしたら、大きいままでもいいかもしれない。

〈キツネ〉を眺めて過ごしている（建前上は挿話のネタと写真を集めている）と、彼の言葉によらないコミュニケーションスキルに感嘆する気持ちが一瞬ごとに高まっていった。たとえば、ふと気づくと彼がいなくなっていることがあるけれど、それは彼が引力を発するなにかのほうへ行きたいと思ったとき――ネズミか、つがいの相手に呼ばれているときだ。あるいは、わたしから離れたいからいなくなることもある。例を挙げるなら、神出鬼没のアカオノスリの観察に気をとられたわたしが、彼をじゅうぶんに楽しませそこなって、彼の集中力がぷつんと途切れてしまったようなとき。地面にダイブするアカオノスリと彼とでは、とうてい勝負にならない。〈キツネ〉が齧歯類をつかまえるところは何百回と見てきたけれど、アカオノスリが狩りを成功させるところを間近で見たことはいちどしかない。そのとき、わたしは地面に座っていて、ノスリのしとめたコマツグミに羽根を浴びせかけられたせいで、そのスリルに対する中毒のような執着心が生まれた。理由がなんであれ、〈キツネ〉がその場を離れるときには、まずわたしにサインを出す。地面を嗅ぎまわるか、うしろを向いてそっちをにらむか、そのどちらかだ。そう、口のきけないキツネのコミュニケーションは、わたしのそれよりもずっと効果的だった。動きと目。文言（テキスト）のない言外の意味（サブテキスト）。

　ときどき、わたしたちがくつろいでいるときに、あのシナモン色の雌ギツネが巣穴でむせび泣いているのに、〈キツネ〉がそれを無視して地面にぺったりへばりつくことがあった。でも、けっして長くは続かない。たいていは、顎から齧歯類の尾をたらしながら立ちあがり、うちの勝手口と自分の巣穴のあいだで身がまえる。そうして、頭をきょろきょろとふたつの目的地に向け、選択肢を検討する。それと同じジレンマに日々むきあっていない者なんているだろうか？〈キツネ〉とわたしはいつも、義務と自由を天秤にかけていた。ときには、彼がその問題に果敢に挑み、自分の義務をまっとうするほうを選んで、足が泥ですっかり固まっているのではと思うほど渋々と巣穴へ歩いていくこともあった。ある夕方には、雌ギツネの呼びだしに応じてドライブウェイの端までのろのろ歩いていったものの、そこで身を伏せ、契約からのつかのまの解放を楽しんでいた。でも、そのうちに二度目の呼び声がすると、ビャクシン林のなかの空き地に向かって猛然と坂を駆けのぼっていった。

身ぶり、行動、顔の表情は、話し言葉ほど正確ではないかもしれない。それでも、そのすべてがあわさると、言葉よりもずっと信頼できるコミュニケーションのかたちになる。〈キツネ〉に本を読み聞かせることが重要だったのは、ときどきの間とアイコンタクトがあるからこそだ。言葉ではなく、わたしたちの行動が、おたがいへの信頼を築いていた。そしてわたしたちの関係は、会話ではなく、ともにする活動を基礎にしていた。実を言えば、わたしは人間を相手にしているときよりも、〈キツネ〉とコミュニケーションをとっているときのほうがくつろいだ気持ちでいられた。考えてもみてほしい。舌がわたしたちをある方向へ導き、足がまた別の方向へ連れていこうとしているときに、コミュニケーションをとるのがどれほど難しいかを。

まだらのキツネ

秋もなかばになるころには、〈キツネ〉の生活とわたしの生活はしっかり絡みあっていて、仕事なかまがわたしと彼それぞれの健康について質問するときに、わざわざふたつの文に分けるのをやめたほどだった。

「〈キツネ〉は元気」とわたしは答える。音をたてて息を吐いたあと、こう続ける。「それから、わたしも元気」

「あなたとあのご近所さん、仲よくやってる?」ジェンナにはいつもそう訊かれる。あるいは、マーサならこう。「あなたとお友だちは元気?」ちょっとどうかと思う呼びかたは無視して、ハタネズミの穴を塞いでいるとか、ジリスの塚を踏み固めているとか、ウサギを追いまわしていると答える。それが一〇月の暑くて穏やかな日だったら、冷血のセージブラッシュリザードよろしく太陽を浴びる以上に活動的なことはしていない、と認めることもあった。

フロリダ州立大学の同僚のビーから〈キツネ〉の詳細を尋ねるメールが来たときには、こんな感じで返信した。

「毛皮をまとった彼は、尻尾がまっすぐのびたポメラニアンみたいです。きびきびしていて、ふさふさ」

「静かな、乾いた雪の降る日には、よく跳びあがって雪にダイブします。雨がざあざあ降るときや、雪がセメントみたいに積もっているときには、ビャクシンの天蓋の下に身を寄せます」

「うちのビャクシンの木に巣をつくっている丸い腹をした大きなカササギを、無用なほどの礼儀正しさで耐え忍んでいます」

例の卵黄のことを知っているビーは、それが彼の毛皮をつやつやにしているかと訊いてきた。

「もちろん。輝いています。彼を見るときにはサングラスがいるくらい」

わたしはあいかわらず、頼りにならない粘土質の土壌に立つコテージが坂の下へ漂っていくのを減速させようと、卵の殻入りのコーヒーかすをあたりにまいていた。〈キツネ〉はあいかわらず、そのコーヒーかすを餌にして罠を仕掛けていた。わたしは彼の新しい技のことを大いばりでジェンナに話した。

「やめさせなさい」とジェンナは言った。

ジェンナは離婚していて、わたしから見れば洗練されていた。頭の回転が速くて単刀直入なのは、おおぜいの人を監督していて、あれこれ考えながら知恵を授けるような時間の無駄が許されないからだ。いっしょに仕事をした三年のあいだに、彼女は教職についても、扱いの難しい人とのつきあいかたについてもアドバイスをくれた。たぶん、ジェンナがわたしをかわいがってくれるのは、野生の土地を愛して世話をする経験を共有しているからだと思う。彼女の土地は連邦政府にとりあげられた。「土地収用」。政府はだれかの土地を無理やり買いとるときにそう言う。モンタナのブリッジャー山脈にあったキャビンを失ったときに、ジェンナは結婚生活も失った。結婚のなかには、子どもにつなぎとめられているものがあって、そうした結婚は子どもが巣立つと瓦解する。ジェンナの結婚をつなぎとめていたのは土地だった。森林が彼女と夫をひとつに包んでいた。ふたりはハイキングやスキーをして、くつろいだ時間を過ごした。土地の世話をし、共通の利益のために結束することで、未来を思い描いていた。そのキャビンがなくなったとき、ふたりの結婚は干からびて吹き飛んだ。結婚生活を失って収入の減ったジェンナは、最終的に新しい仕事を見つけ、小さな都市に引っ越した。土地との結びつきを失ったジェンナの子どもたちはちりぢりになった。ジェンナはやがて、モンタナ州を離れて孫たちと暮らすことになる。

「あなたの土地でご近所さんに罠を仕掛けさせたりしちゃ、だめでしょう」

でも〈キツネ〉に、「ご近所さん」に罠をあきらめさせることはできない。罠は彼の趣味のひとつだ。たしかに、ほかにも趣味はある。チキンゲームとか卵隠しゲームとか、わたしの偵察とか、不法侵入とか。それだけあれば「じゅうぶんすぎる」のではないかというジェンナの意見に、わたしも同意した。キツネにふさわしい趣味の数なんて知らないけれど。常識に根ざした一般原則、もっと邪悪な言いかたをすれば模範(パラダイム)は、それとなくこう言っている。野生のキツネは、箱に入れられていないほかの動物と同じく、食べて、繁殖して、身を隠す場所を探すことで生物としての義務をまっとうしている。だから、趣味なんかひとつもなくたってかまわないはずだ、と。

シェードを上げながら、わたしはミュールジカの目を覗きこんだ――一〇〇日連続で毎朝わたしを目にしているのに、いまだに驚いているみたいに見える。シカたちはわたしを知っているけれど、目の上下についた余分なまつげのセットと各セット五センチという長さのおかげで、その顔は驚きに似た表情が初期設定になっている。玄関前の階段のところで、生後一年の雄ジカがやわらかいフェンスの下に湿った鼻を押しこみ、そのフェンスが守るはずのたわんだスノーベリーの枝から実を吸いとっていた。一メートル先では、一頭の子ジカがスカンク用のオレンジの皮を食べている。おとなのシカたちはわたしをぽかんと見つめた。妊娠したおなかを雪のなかに落としているシカもいれば、老いた背骨が皮から浮きでているものもいる。

日が高くなったころ、膝まで積もった雪を足でかきわけ、マクラクを除雪機よろしくぐいぐいと押しながら丘の上まで歩いた。ガンの羽毛のように上と横に吹き飛ばされる雪が、ヤマウズラのにおいを探りながらうしろを歩いている〈キツネ〉の上に降りかかった。つぶつぶを氷でコーティングされたインディアンライスグラスの頭状花が、シャンデリアのようにそよ風に揺れている。

一頭のミュールジカの雌が、わたしの行く手を塞いでいた。悪びれないようすだったので（のぼりのハイカーに優先権があることはだれでも知っている）、わたしはチキンゲームを挑んだ。彼女の双子とわたしのキツネが見守るなか、わたしたちはどちらも、相手より先に目をしばたたかせてなるものかとがんばった。勝ったのはわたしだ。もちろん、緯度四五度、標高一八〇〇メートルの真冬には、シカは単にまつげを凍りつかせないためだけにまばたきをする。

わたしたちの平和なトレッキングなどおかまいなしに、〈Tボール〉と二羽の若鳥が現れ、それぞれ別々の三本のモミに次々ととまった。「〈キツネ――――〉」とわたしはささやいた。「わたしたち、見張られてるよ」

魚のうろこのようにちらちらと光る積もった雪のなかに舞い降りたカササギたちは、優美なホタテガイの形の模様を翼で雪に刻んだ。わたしはそっぽを向こうとしたけれど、いまでもまだ、彼女たちの宝石のような輝きと斜めに傾いた尾羽を覚えている。敵を賞賛するのは疲れる仕事だ。

わたしたちの立っているところからは、道一本、家一軒たりとも見えない。寒さにもかかわらず、くつろいだ安らかな気分だった。〈キツネ〉を観察して、教科書に使う挿話を集めている。わたしはジェンナにそう話した。電話の向こうで眉をあげた彼女に「まだ？」と返されると、彼をもとに「野生動物の典型例」を推定しているのだと言いはった。

「教科書を書くときって、そうするものでしょ、ジェンナ。既知のデータからの推定。外れ値を削り落として、特定の個体を全般的な個体のモデルにあてはめる」

彼が野生動物の典型例、それどころかキツネの典型例でさえないことをわたしに思いださせようと、ジェンナは彼の罠のことを尋ねてきた。

それに、マーサもいる。キツネにつきまとわれていると最初に話したとき、彼女はこう言った。

「なるほど。彼、あなたの友だちなのね」

いや、ちがう。当時はまだ、彼のことはあまりよく知らなかった。知っていたのは、ゲームをして勝つのが好きだということと、かさぶたに吸いつく太ったハエにたちまち夢中になることくらい。マーサはハエに向ける彼の熱意を気にするよりも、わたしの膝で血をにじませているできたてのかさぶたのほうをもう少し心配してくれてもよかったのではないか。そのかさぶたは、〈キツネ〉にはじめて会った日に、崖の上にいるワシを追ってひとりでジョギングしていたときに足を滑らせ、急な踏みわけ道を転がり落ちてできたものだった。死んでいたとしてもおかしくない。かさぶたができたわけをマーサは訊かなかった。そのかわりに、わたしにキツネの友だちが（そもそも親しい友だちも）いたことは過去にいちどもないし、わたしの膝はといえば、まあ……いつだってかさぶただらけだという事実を指摘した。

　マーサはグレイシャー国立公園時代の同僚で、隣人でもあった。彼女の農場近くにある五エーカーの森を、わたしはまだ所有していた。数年前に彼女から買った土地だ。尻ポケットに入っていたお札での前金払い、紙切れに書いた権限範囲。利子はなし。権利の譲渡は、わたしが全額を払い終えたとき。マーサの土地は景観河川のフラットヘッド川沿いにある。わざわざ「景観河川」と書いたのは、法律でそう定められているからだ。マーサは七〇年間ずっと、その原生・景観河川法で守られた川沿いの父親の農場で、リンゴの森にいるクロクマ、干し草畑のエルク、ポーチに積まれた九コード（木材や薪の体積の単位。一コードは四×四×八フィート）の薪とともに暮らしていた。第二次世界大戦へ飛んでいき、そのまま帰ってこなかった愛する兄弟たちの写真を別にすれば、父親が死んでからの五〇年間、その家に男性はひとりもいなかった。動物学の学士号をとる前のわたしは、ほかのだれよりも、マーサの持つ動物にかんする知識を尊敬していた。博士課程を終えたあとも、わたしの彼女に対する意見は変わらなかった。

　マーサはわたしよりもずっと年上だったので、わたしは敬意を持って彼女に接していた。たぶん、世のなかの人たちは、この手の敬意を友だちよりも上司のためにとっておくのだろう。マーサはわたしのなにかに気づいていたようだったけれど、それを口に出すのは、このときからさらに二年が経ってからのことだ。それまでは、わたしがほかの人間と違うことをそのキツネはわかっているのだろう、と言うにとどめていた。〈キツネ〉と出会ったその春、わたしはマーサといっしょに、彼女の家の薪ストーブの隣で、布張りのウィングバックチェアに座って揺れていた。ふたりで出窓の外を眺め、雪の帽子をかぶったマツのなかに隠れているハクトウワシを探しながら、わたしは糸巻きをほどいていくように彼のことを話した。一五年前からずっとふたりで指さしてきたのと同じワシを指さしたあと、〈キツネ〉から離れないようにしなさい、とマーサは言った。わたしはストーブがげっぷをして唾を吐く音に耳を傾けていた。その長い沈黙を、マーサはためらいと解釈した（そのとおりだった）。

〈キツネ〉とあなたは、おたがいにしっくりくるんでしょう。マーサはそう言った。

〈キツネ〉がうしろ足で立ちながら、前足をうちの窓に押しつけたときのことを知っているのは、マーサだけだった。そのとき、わたしは家の正面でカラガナ（オオムレスズメ）をはじめて刈っていた。シカたちがでたらめにかじりとったせいで、その低木全体が陽光を浴びられるように高さと幅を整えなおさなければいけなかったのだ。〈キツネ〉には向こう側を覗きこめないくらい背の高い帯状のウィートグラスが、わたしの姿を彼の目から隠していた。体をのばした姿勢の彼は、やせっぽちで哀れなようすだった。そしてたぶん、さみしかったのだと思う。わたしを探していたにちがいない。わたしは彼がふたつめの窓へ移動するのを見守った。彼を驚かせたくなかったので、あたりを歩きまわって目を引いた石を拾い、石どうしをぶつけてかすかな音をたてた。彼は窓から振り返り、わたしを目にすると、ネズミ狩りをはじめた。わたしは〈キツネ〉のそういうところが大好きだ。いっしょにいても、別々のことをする。

〈キツネ〉と過ごす二度目の夏のはじめにマーサの家を訪ねたとき、彼はなかまがほしいのだろうとマーサは言った。わたしはそれまで、永遠にも思えるほど長いあいだ、ずっとひとりきりで生きてきた。それなのに、どうして孤独を感じないのだろう。わたしはその疑問を声に出した。そのわけを知っていたとしても、マーサはそれを口には出さなかった。そのかわりに、〈キツネ〉の小さな子どもたちのことを尋ねた。

「一匹も冬を越えられなかった。あの子たち、すごく小さかったから。生後一か月のころに、イタチと見まちがえたくらい」

「キツネは小さいものでしょう」

「イタチの赤ちゃん」

「子ギツネなら、そういうふうに見えてもおかしくないんじゃないの」

「ムラサキウマゴヤシの野原にある巣の子ギツネたちは、手足ががっしりしてる。若いクズリみたいに堂々と歩きまわってるし」

翌年の〈キツネ〉の巣穴の子ギツネたちも、最終的にイタチみたいな見た目になって、イタチみたいにふるまうようになる。のたくるように動きまわる野生の動物たち。神経過敏、制御不能、しなやか、そして敏捷。

気温が華氏零度（およそ摂氏マイナス一八度）をどれだけ下まわっても、乾燥した穏やかな冬晴れの日には、〈キツネ〉はせわしなく動きまわった。毛が一本残らず皮膚と垂直に立った毛皮をまとった彼は、巨大なサルシフィの綿毛のようだった。谷底を走る線路から有蓋貨車が冬の嵐に吹き飛ばされたときには、粉雪が積もる巣穴の上の盆地でじっとしゃがみこみ、体が濡れないようにしながら、風から守られている側につねに身を置いていた。冬の太陽は雪を解かして固め、氷のように硬くなめらかにする。キツネはイヌ科の一員だが、キツネの骨は同じ大きさのイヌの骨よりも密度が低くて軽い。山形（シェブロン）の飾りがついた〈キツネ〉の足では、雪を押し固めてもほんの少ししかへこまない。あまりにも浅くて、風が吹いたら制御できずにあちこち滑っていってしまうのをとめられないほどだ。〈キツネ〉の三キロ弱に対して一〇キロほどの体重がある太っ腹の野良ネコは、重い骨に支えられていて、その飾りのない足は凍った雪にまっすぐな足跡を残す。

〈キツネ〉もわたしも極寒の日にじっと座っているのを楽しむほど酔狂ではないので、読書の逢い引きは三月上旬まで中止した。そのかわりに、夜のうちに雪が降ったときには、早朝に外に出て、足跡を調べた。〈キツネ〉は優美な一本の直線上を歩くことが多い。それぞれの足を別の足の真ん前に、もしくは真うしろに置く。クロスカントリースキーの典型的なキックターンをしているときに、わたしも似たようなことをする。左のスキーでバランスをとりながら右のスキーを振りあげ、先端を空に向けながらぐるりとまわし、右に一八〇度ほど回転させ、そのスキーがつけた溝のできるだけ近くに置く。そうすると、左のスキーは前方を、右のスキーはわたしの靭帯（じんたい）が許す範囲でうしろを向いた状態になる。それから、左のスキーを振りあげ、右にぐるりとまわし、新しい溝をつける。最初の二本の溝をうまく再利用すれば、雪をそれ以上傷つけずに方向転換できる。雪を乱して、自分の存在を示す大きい無骨な跡を残すのは好きではない。わたしが深く刻んだ跡が凍れば、野ネズミがのぼる山、オコジョが越える尾根、走っているシカの足首をひねろうと待ちかまえる溝がひとつ余計に増えることになる。わたしは礼儀正しさを心がけている。わたしたちがわざわざ残す痕跡は、わたしたち自身の性格を物語るのだ。

　真昼の陽が差すころには、雪かきをするわたしを見つけられるはずだ。持ちあげては押す単調な動きが、わたしを温かく、冷静に保ってくれる。もちろん、ドライブウェイの雪をきれいにしたら、このちっちゃいのにできることを見せてやろう、とばかりにわたしのマツダ車の威力を誇示し、それがどんなに他愛ないものであれ、ツードアのハッチバックに与えられた空いばりの権利を主張するチャンスを手放すことになるわけだが。山から来るトラックのドライバー――シーズン後半の狩猟者、クーガーの追跡者、森林レンジャー――は、両手のひらを上に向けて掲げる身ぶりをしながら、まじまじと見る。おいおい、なにそれ？　トラック買いなよ。わたしだって、トラックと雪のことは知っている。そう遠くない昔、自分以外のだれかが運転する車の助手席にまだ喜んで座っていた二十代のころには、国立公園局の友人といっしょに彼のピックアップ・トラックに乗り、オイルで滑る泥やセメントみたいな雪の上をよく走ったものだ。トラックはしょっちゅう後輪を横滑りさせ、道の走る方向とは違うほうへ進んだ。ハンドルを握る彼は、よくこう言っていた。「このちっちゃいのにできることを見せてやろう！」わたしたちは道を外れ、くるくると回転した。泥や雪がホイールキャップにつまり、そのうちに車は完全に千鳥足になって急停止する。わたしはドアを開け、なんであれ最寄りのものから一〇キロくらい離れているところにとびだす。すると、彼が言う。「危なかったな」。それから彼は中継器で連絡をとり、わたしたちは彼の友人と落ちあえるどこかへ歩いて向かうのだった。

　わたしはトラックを運転するには楽天的すぎる。それに、あれ以来、だれかの運転する車に乗ったことは数えるほどしかない。

　それだけでなく、ドライブウェイが踏み固められていれば、野生動物たちが地面に打った杭よろしく沈まずにすむ。ミュールジカはもっと高く跳ねられるし、スカンクはもっと速く駆けまわれる。厚く積もった雪のなかをちょこちょこ走りまわるハタネズミは、スナガニが砂浜につける跡みたいな、きれいに整った丸い潜り穴（ダイブホール）を残す。初冬のあいだ、冬眠しようとしないハタネズミたちは草の巣をつくり、わたしのライラックの足指みたいな根元の隙間にその巣を押しこんで過ごしていた。齧歯類の例に漏れず、ハタネズミの鉄を含む切歯は絶えずのびつづける。鉄が歯にオレンジの色味を与えるのはさておき、その果てしなくのびる歯は、ハタネズミたちの悪癖の原因になっている。ハタネズミはやたらとかじる。視界に入った木をかたっぱしから攻撃し、その歯で樹皮を貫き、木の生きた組織に食いこませる。あちこちかじりながら顎を傾け、さまざまな角度を試す。まるでハロウィン・パーティーのアップルボビング（水に浮かんだリンゴを、手を使わずに口だけでとるゲーム）だ。雪が高く積もっていくのにあわせて、ハタネズミたちの打ちこむくさびも幹をのぼり、木を彫刻してトーテムポールに変える。ライラックとサクラは樹皮が薄い。ハタネズミが樹皮を食いやぶり、地面付近の道管を噛み切ると、根から葉までつながる道が寸断される。栄養の流れがとまり、木は緩慢で冷たい、目に見えない死へ向かう。そのあいだ、ハタネズミは雪の毛布の下に隠れてぬくぬくしている。わたしはハタネズミが入りこむのを阻止するために、高木や低木から雪の毛布をはがすようにしていた。

固まった雪に残る足跡をたどったわたしは、排水渠への侵入者（ワタオウサギ）や離れの下の居住者（スカンク）を突きとめた。排水渠は狭いドライブウェイの両端で地面から突きでている。このあたりを担当するUPSドライバーのデルバートがタイヤのエッジをとられないように、わたしはその突出部を掘りだし、いつも雪から出た状態にしていた。排水渠に雪がつまっていると、ドライブウェイの端近くにある配送車用の駐車パッドが水びたしになるおそれもある。この駐車パッドは、砂利道をバックで二〇〇メートル進むときのデルバートの不安げな顔をさんざん見たあげくに、わたしが自作したものだ。

雪の吹きだまりに押された亜鉛めっきの溶接金網フェンスが、スチールのT支柱から外れていた。アルミ製のフェンス支柱のほうは、スチール製よりもしっかり金網をつかんでいたけれど、重い吹きだまりが支柱そのものを曲げていた。たいていは、ゴムハンマーで叩けばまっすぐに戻る。ひどい嵐のあとは、そのたびに低木の枝も修復する。大きな枝が雪の重みで裂けたときには、その部分を切りとり、傷跡を樹木剪定シーラーで覆う。裂けたのが小さな枝なら、古いランニングシューズから引きちぎった舌で吊って持ちあげる。気温が華氏四〇度（摂氏四・四度）に近づいたら、トウヒに水をやり、蒸散防止剤をスプレーしなおして風やけを防ぎ、運んできた土を見えはじめたばかりのドライブウェイの溝につめる。

大学院時代のわたしは、車はあっても土地は持っていなかった。車のエンジンオイル交換は自分でしていた。それを知ったある教授は、わたしを脇へ呼び、肉体労働はきみの専門領域ではないと説いた。新進気鋭の科学者はオイル交換なんてしない。かわりにやってくれる人を雇うものだ。そのお説教にひどく恥じいり、場違いみたいな気分になり、おまけに教授のスーツジャケットに対して迷彩柄といういでたちだったわたしは、教授の意見に屈して、畜産に疎い人たちがよく使う言いかたを借りれば「サービス」を受けさせる（畜産業界では「service」は「種つけ」の意味で用いられる）ために車を運んだ。そのときまで、オイル交換にお金を払ったことはいちどもなかった。でも、専門領域を持っていたこともなかった。だから、それはフェアな取引のように思えた。自分でつけた傷のせいで頭から血が出ていることに気づくまでは。引っかいてしまっても頭を守れるように、部屋のなかでインナーグローブをはめていたこともある。それでも、どういうわけか外してしまって、淡い色の薄い血がしょっちゅう指を濡らしていた。

大学院では、みんなが不安を抱えていた。それは学生だけではなかった。現代の暮らしの習慣と環境は、進化的に安定したものとはとうてい言えない。金属とプラスチック。星を消し去る電灯。太陽と月を遮る一〇階建てのビル。車のクラクションや、そのほかのベルやブザーや電子音のせいで、ポプラの葉のざわめきさえ聞こえない。ヒトという種が過去数千年でくぐり抜けてきた変化の数々を考えてみてほしい。あまりにも多く、あまりにも速い。

不安にならないのなら、その人はどこかおかしいのだろう。あの大学都市のなかで、髪を血に濡らしていたのはわたしだけだったかもしれないけれど、進化的に安定していない現代の習慣と環境の引き起こす不安を抱えているのはわたしだけではなかった。大学教授と大学院生でいっぱいの講堂に行き、全員を外に引っぱりだしてグループわけしてみるといい。食べもの、煙草、ダイエット錠剤、アルコール、マリファナ、セックス、ハードドラッグ、抗鬱剤、精神疾患治療薬に依存している人たち。自分の髪を抜いたり、顔をつついたり、腕を切ったりせずにはいられない人たち。果てしなく続く精神科の予約、自殺未遂、テレビ浸りの日々。わたしはそのなかでもましなほうではなかったかもしれないけれど、かといってひどいほうでもなかった。

人間とは違って、キツネの自然な習性は数万年にわたって安定を保っている。キツネたちが走り、齧歯類を狩り、巣穴を掘りつづけているあいだに、わたしたちは自転車に、自動車に、そしてジェット機に乗るようになった。生のものを食べていたのが、調理したものに、やがて加工食品に――前世紀の市民たちには発音さえできないであろう食べものに変わった。裸で歩きまわっていたのが、〈ゴアテックス〉を着るようになった。そして、人間のキャリアとライフスタイルには人の数だけ選択肢がありそうなのに対して、キツネはみんな、ほとんど同じやりかたで暮らしを立てているし、一〇〇〇世代のあいだ食習慣も変わっていない。どうりで、〈キツネ〉が落ちついた小さな動物でいられるわけだ（風が吹き荒れていないときにかぎる）。彼とぶらぶらするのは、わたしのリラックス手段になった。キツネ相手になにができるかって？　遊ぶ。日差しのなかで体をのばす。月光のなかを歩く。のんびり座って、おもしろい本を読む。わたしの頭皮は血を流さなくなった。

風の強い日、うちのトイレで白波が渦巻くようなときには、〈キツネ〉が来るとは期待しないし、実際に来ない。彼は上のほうの盆地にとどまって、ハツカネズミやハタネズミにとびかかっている。それでもわたしは、授業の休憩のたびに、彼が姿を見せないかと窓から窓へと歩きまわる習慣を続けた。オンライン授業と学生たちとの議論は、〈キツネ〉とほとんど同じくらい、わたしにエネルギーを与えてくれる。上級生態学クラスのある学生は、駐留していたアラスカの軍基地に足繁く通ってくるアカギツネに残飯を与えていたと書いた。その学生は当時、若い兵士だった。いまは洗練された大学生。キツネを餌づけした罪悪感を、授業で読んだ教材に煽られ、罪を告白したのだ。その罪悪感はわたしの講義ではなく、小論文の課題のためのオンライン調査から生まれたものだった。その学生は具体的になにかの研究を引用していたわけではない。でも当時は、アメリカ文化に参加したければ、用心深くパラダイムを身につけなければいけなかった。箱に入っていない動物に餌を与えたりしたら、人望を失う。わたしにはその理由がわからなかったし、あれこれ判断できるほど、彼のいた軍基地のことも知らない。とはいえ、受け持ちの学生たちのことは大好きだった。ましてや、国に奉仕する合間の短い休憩時間に残りもののＭＲＥ（アメリカ軍が採用している戦闘糧食）をキツネに与える学生とくれば、どれだけ簡単に好きになることか。

昨今では、アラスカ基地のキツネが残飯を食べるべきだと考えている人はほとんどいない。理由のひとつは、自然ではない（少なくとも、スチール製のゴミ箱に食べものを捨てるほどには自然ではない）からだ。二一世紀には、だれもがなにもかもを自然にしたがる――例外は少数のものだけ。たとえば、医療、交通、エネルギー、コミュニケーション、テレビ、顔のしわ、携帯電話、視力の悪さ、心臓の弱さ、膝の摩耗、小さい乳房、くたびれた尻、屋内の気温。人間が人工のおもちゃや道具で自分を甘やかし、ポリエチレンやゴアテックスやナイロンのフリースに身を包み、義歯、歯列矯正、スタチン（コレステロールを下げるための薬剤の総称）、ワクチン、ダイエット錠剤、補聴器を利用し、七五歳以上の人がこぞってペースメーカーをつけるようになればなるほど、わたしたちは箱に入っていない動物たちに自然のままの姿を要求するようになる。支点の片側に人間、反対側に野生生物がのったシーソーみたいなものだ。自分たちがぐっと沈んで自然な生活から遠く離れるのにあわせて、野生生物を力ずくでそちらへだ。

近づける。わたしたちの自然の追求は、身を入れたものであると同時に、身がわりのものでもあるの

その退役軍人の学生には、心配しなくていいと返事を書いた。「人間は何千年も前からキツネに餌を与えてきました」。そして冗談半分に——というのも彼の書いた小論文がすばらしかったからなのだが——つけたした。「キツネをそれほどかわいいと思ったのは、どうしてですか？」

執筆中の教科書の囲み記事に使う挿話を必要としていたわたしは、冗談をひっこめて、ダーウィンの自然選択説をめぐる仮説上の一例を組み立ててみた。推測するに、キツネはオオカミ、コヨーテ、クーガー、ボブキャットのような自分よりも大きい動物から身を守りたかったのだろう。人間のご機嫌をとれば、守ってもらえるかもしれない。でも、どうやってご機嫌をとる？　キツネは体が小さいので、人間を守ることも陸路輸送に貢献することもできない。サービスアニマルとして立派な就職口を見つけるのに必要な謙虚さも持ちあわせていない。獲物を回収したりもしない。キツネが無心にヒツジを連れて歩きまわると思う？　きっと退屈で死んでしまうだろう。

かわいさ——とネズミを捕まえる能力——はキツネの重要な商売道具だったのかもしれない。たぶん、魅力的な外見を活かして人間にうまくとりいったキツネは、ほかのキツネよりもよく食べ、安全に過ごし、長生きできたのだろう。もちろん、それは双方向の関係だった。動物が食べものと保護を求めるのなら、人間に対する態度を変えなければいけない。攻撃的でも内気でも、愛してはもらえない。ひときわ人なつこいキツネたちは、そのかわいさを見返りとして利用し、荒々しさとひとりの時間を手放すのと引き換えに、味方と食べものと保護を手に入れた。よく食べて長く生きれば、残せる

子孫の数は多くなる。つまり――ダーウィンの言葉でいえば――人なつこい性質を持つキツネは適応度が高いということだ。したがって、未来の世代のキツネたちも人なつこい性質を受け継ぐことになる。そうして、かわいくて人なつこいキツネが不器量で荒々しいキツネよりも優勢になる。

はにかみ屋で内気なキツネは、あまり人間に出くわさない。遭遇しても、うなり声を出すか、でなければ逃げるかもしれない。たいていの人間は、野生のキツネの前ではそれと同じようにふるまう。ベリャーエフ博士が発見したように、ごく一部のキツネは、人間との交流を求めやすい遺伝的性質を持っている。〈キツネ〉はそうしたキツネの一員なのだと思う。ごく一部のキツネが人間との交流を求めるのなら、ごく一部の人間がキツネとの交流を求めやすい遺伝的性質を持っている可能性だってあるのでは？

もちろん、生まれ持った性質がおのずと現れるとはかぎらない。わたしたちはみな、実際には絶対にしないだろうことをする能力を与える遺伝子を持っている。たとえば、知能や創造性や運動能力の遺伝子をフル活用できるのは、食べもの、水、身を守る場所のような、生存に絶対欠かせないものを簡単に手に入れられる人にかぎられるかもしれない。使われていない遺伝子たちは、やわらかな丸い細胞核につめこまれ、すぐにもとびだせるようにぴんと身がまえながら、ひとえに運と環境によって決まる始動のときを待っている。

アラスカの退役軍人とキツネについて話したのをきっかけに、空気がほぐれた。わたしはほかの学生たちにもキツネのことを話すようになった。アカギツネは、人間やカササギと同じく、世界中に生息している。日本出身の学生たちはとくにキツネ好きで、日本語の狐（きつね）という言葉を教えてくれた。一

○○○年の歴史を持つ神道の神社とキツネを崇める修行者の話を聞いていると、自分のまわりの世界が心地よいものになっていくような気がした。オンライン授業の学生たちは、子どものころや若いころに出会った野生のキツネの話をしてくれた。メイン州やインディアナ州で、村や休暇を過ごした小屋で出会ったキツネ。親たちには、キツネに出くわしたら逃げなさいと言われていた。人間とキツネの関係に対する学生たちの関心に導かれるまま、わたしは執筆中の教科書用に一本の囲み記事を書いた。自然選択の理解に役立つかもしれない物語を。

ひとりの男がマスの入ったかごを持ち、ひんやりと寒い、壁を煤に覆われた洞窟に歩み入る。洞窟のなかでは、男の妻がマツの枝を折り、土で囲った炉に投げ入れているが、ふと手をとめ、一本の枝を脇によける。人間の目ほどの大きさがあるふたつのあざやかなピンク色の玉が、灰色をした枝の樹皮の裂け目から膨らんでいる。やわらかいがしっかりとしたマメホコリ（変形菌〔粘菌〕の一種。朽木などに丸い子実体をつくる）は、燃やしてしまうには美しすぎる。彼女はその飾りのついた枝を、乾燥中のソレル（タテ科のハーブ）の入ったかごをのせているひらたい岩の上に置く。

　男の家族は草を編んだマットの上で眠る。そのマットは、細く切って三つ編みにしたエルクの皮で木の梁から吊られている。ある晩、一匹の野ネズミが洞窟の壁の畝（うね）に沿って走り、皮紐を滑りおりて、眠っている女の頭に着地する。ネズミは巣材用に茶色の髪を集め、女の額にすすけた足跡を残す。次の夜、そのネズミが友だちと家族を連れて再訪し、さらに多くの髪が採集される。

マメホコリを見つけたことを除けば、そうしたできごとはめずらしくない。その亜高山の草原には、壁を煤に覆われた洞窟が最初のうちは何十と、やがて何百と散らばり、長い髪の温かい人間と妊娠中の冷たいネズミを宿している。

近くにあるツガの木立の前を、胴体の中央に黒いまだらの散る白い毛の雌ギツネが歩いている。その上に張りだした谷では、白い花崗岩（かこうがん）の器（うつわ）に収まった湖が端から水をあふれさせ、水が小川になってツガの木立を走り抜けている。まだらの雌ギツネは頭を胸のほうにかしげ、小川沿いで遊ぶわが子とそのいとこたちを見やる――黒、灰色、金色、黄色、オレンジ色、黄褐色、白のキツネたち。動きの速い子がのろい子の上をぴょんぴょん跳び越えている。白いキツネには、冬毛のイタチのような黒い斑点がある。

いっぽう、洞窟のなかでは、人間の頭から生えてくるよりも大量の毛髪が、生まれたばかりのネズミをゆりかごよろしく揺らしている。ネズミたちはぬくぬくしている。そして、もともと毛が比較的少ない人間は、いまやますます無毛になってしまった。それは見かけほど些細なことではない。人間というものは、狩猟採集民でさえ、自分たちの毛を熱愛するものなのだ。

ある日、ツガの木立に住むまだらの雌ギツネがたまたま洞窟に立ち寄り、ネズミの笑い声と洞窟の壁にこだまする怒声を耳にする。人間たちがネズミを狙って石を投げている（そして外している）。雌ギツネは小走りで洞窟の端まで行き、冷たい石に体を押しつけ、転がりでてきた浅はかなネズミにとびかかる。

人間たちはすぐに、キツネがネズミを殺すことに気づき、餌と保護を与えてキツネを洞窟内におびきよせる。少しずつ、たくさんのキツネがたくさんの洞窟で眠り、日の出と日没と星の風景を人間とわかちあうようになる。そして人間たちは、毛むくじゃらとはいかないまでも、少なくとも自然が意図したぶんの毛を取り戻す。

それからいくつもの世代を経て、人間の近くで眠るキツネは白黒の毛色が多くなる。ほかの毛色がよく見られるのは、攻撃的すぎたり内気すぎたりして、人間と同じ洞窟で眠れないキツネだ。人間の集団は数を増やし、新しい土地へ広がっていく。キツネの集団もその広がりのあとを追い、人間の小屋を囲む小さな木立の木々にのぼってくつろぐ。キツネたちは低い枝の上で眠り、若くやわらかい枝がハンモックのようにたわむ。

やがて、人間はもっと丈夫な家を建て、あちらこちらにストリキニーネをまき、冷蔵庫のうしろにネズミとりの罠を仕掛けはじめる。人間がキツネを保護する理由は少なくなる。しかも、人間にはキツネを殺す大きな理由がある——毛皮のコートだ。まだらのキツネは真っ先に姿を消す。いちばん人なつこくて、おかげでいちばん毒餌や罠に引っかかりやすかったからだ。さらに多くの世代を経るころには、野生のまだらのキツネを目にしたり、その話を聞いたりしたことを覚えている人はひとりもいなくなっているだろう。

少なくともひとつの森には、まだハンモックの枝がある。その森の縁に沿うように、灰の色をした尖峰の並ぶ渓谷が走っている。鋭い目を持つ動物なら向こう側の森を観察できるくらい狭いが、谷間を飛ぶ鳥のほかには底が見えないほど深い渓谷だ。ひとりの科学者が、ほこりにまみれてぜいぜいとあえぎながら、尖峰のうしろから姿を現す。長いアンテナのついた金属の箱を運んでいる。一歩進むたびに、モニター上で点滅する数字が信号音を発し、数値が変わる。科学者は立ち枯れた木の並ぶ幽霊の森（ゴーストフォレスト）と向きあう。枯死した木々の低い枝はハンモックのようにゆるく曲がり、その表面は摩耗により磨かれたかのようにつやつやと光っている。科学者はメモ帳を取りだし、こぶ――細菌感染に対する生理的反応――が大枝を歪め、その枝から分岐した小さな枝を曲げたと書き記す。フィールド調査用の小屋のなかで、彼はライターを取りだして暖炉に火をつける。火を熾（おこ）しながら、ひときれの木を脇によける。あざやかなピンク色の玉、マメホコリが、樹皮のぼろぼろになった枝から顔を出して膨らんでいる。その枝は燃やすには奇怪すぎる。彼は外へ出て、その無価値な木のかけらを谷に放り投げる。

森の奥深く、だれにも見えないほど奥まったところでは、インクで汚れたような一匹の子ギツネが、ハンモックの枝に身をこすりつけて背中をかき、脚を交差させて笑い、森にいるすべての子ギツネたちに笑いを伝染させる。科学者の耳にその音が届く。風だ。彼はメモ帳に重要な数字をいくつか書きつける。自分の脳にトリックを仕掛けられたりするつもりはない。

残念なことだ。人間の脳が持つあらゆる技のなかでも、トリックほど重要なものはないのだから。

エルクとアナグマ

四月下旬。納屋から収納箱を引っぱりだし、二層構造のウールの目出し帽、胸あてつきのスキーパンツ、グースダウンのミトン、裏地つきのゲートルといった厚手の冬用衣類を、キャンバスの裏地つきオーバーオール、ウールの野球帽、チョッパーミトン（木の伐採〔チョップ〕など、冬に屋外で作業する際に手を使いやすいようにつくられたミトン）、裏地のないゲートルといった薄手の冬用衣類に――九月中旬まで――入れ替えた。四季が訪れるふりをしようと思えばできないこともないけれど、ふたつの季節にあわせて暮らし、装う――キツネのように――ほうが簡単だ。

人は穏やかな風景、心地よい気候のなかに収まった場所を探し求めるもの。そんなふうに、あなたは思っているかもしれない。そのとき思い浮かべるのは、青い海に散る白い砂浜や、芸術的に配された緑だ。サン＝テクスはそれに同意しなかった。「人間はほかのどこにもまして、荒涼とした土地にみずからをかたくなに結びつける」と気づくだけの時間を砂漠で過ごしていたからだ。

大学院時代、わたしはＤＮＡの研究をしていた。ＤＮＡははしごのような形をした分子だ。観察しやすくするために、そのはしごの横木のあいだに色素分子を挿入する。この手順をイ、ン、タ、ー、カ、レ、ー、シ、ョ、ンという。色素はうまく収まってくれない。端が突きだし、DNAと色素のあいだに隙間ができる。快適な生息環境では、人間はみずからを網に絡みつけ、そこにすっぽり収まって、しっかりはまりこむことができる。でも厳しい環境では、せいぜいインターカレーションくらいのことしかできない。この不完全なはまり具合にともなうストレスは、わたしたちのアドレナリンを絶えず噴出させる。サン＝テクスと同僚の操縦士たちは、地球上屈指の人気を誇る——そして人の多い——生活環境をくまなく見てまわり、それでもなお、世界でもっとも厳しい場所で「ほかの場所では知りえないであろう喜び」を見いだした。喜びは、アドレナリンによって点火する感情なのだ。そうにちがいない。

〈キツネ〉とわたしが暮らす砂漠のような土地は、年間降水量が二五センチほどにしかならず、降るときには猛烈な暴風雨になりがちだ。ゴビ砂漠のような本物の寒冷砂漠の乾き具合にはほど遠いけれど、寒くて標高の高いこのあたりの半砂漠地帯では、九月上旬から五月中旬まで、少なくとも一日に一回は霜がおりる。かなりの量の雪が降るものの、ほとんどは水分の少ない乾雪なので、頑固な渇水を癒すほどの力はない。このあたりに降る乾雪のなかでもとくに水分の少ない雪は、一三〇センチほど積もっても、そこからしぼりだせる水は三センチにも満たないかもしれない。風がその乾雪を巻きあげ、いい加減なパターンに並べ替えて、干からびて凍った土、氷に覆われた岩棚、腰までの高さの吹きだまりをあとに残す。雪の下には、面食らうほどpHの高い粘土質の土壌が隠れている。水は湿った粘土に浸透することも、乾いた粘土にしみこむこともできない。だから、草木の根はからからに干あがるか、溺れるかのふたつにひとつだ。このあたりのアルカリ性の粘土で育つ植物はごくわずかで、楽しい生活を送っているものはほとんどない。
〈キツネ〉と出会う前のわたしは、いつも脱出を企てていた。過去に持ったことのないあらゆるもの――家庭、クレジットカード、年齢と性別にふさわしい職――が、どこかの想像上の都市からこちらに向かって手を振っていた。このコテージは途中駅のつもりだった。社会のスカートにしがみつき、ウィルダネスから本物の世界へと自分を引きあげるまでの待ちあい所。あいかわらず寝袋に入って眠っていたし、バックカントリーで寝泊まりしていた丸木小屋と同じように、このコテージも小さかった。家具を残らず取り除いてすべてのドアを閉めたら、ＶＥ24テント六つでぎゅうぎゅうになるだろう。〈虹の部屋〉に四つ、下の階にふたつ。

衣替えのあと、古い書類を分類して収納箱に入れ、大学の契約書、給与明細書、請求書、なんであれソーシャルセキュリティナンバーが書かれているものを漂白剤の入った容器のなかに落とした。後日、往復二五キロの距離を歩いて、わたしの罪を告発するその混凝紙（パピエマシェ）を「グリーンボックス」――「ごみ捨て場」を意味するこの谷の婉曲語――へ捨てにいった。クレジットカードもデビットカードも持たないアメリカで数少ない成人の個人情報を盗む気になる泥棒がいないとは、確信が持てなかったからだ。

コテージの裏手では、ウィートグラスがいつも風の強い日にすることをしていた。浅い海の波よろしく、北の丘をのぼるように波打っている。わたしは顔を太陽のほうに向け、目を閉じてじっと待ったけれど、細い毛一本たりともそよがなかった。草の波はさらさらと揺れ、やがてエルクの海に化けた。いくつもの毛深い茶色の首が、青い空を背景にして揺れている。エルクの群れは冬のストレスにさらされていて、なかには疲れ果てた妊娠中の雌もいるはず。なにかに追われていないかぎり、エルクがこんな状態になるなんて、海が丘を一〇〇メートルさかのぼるのと同じくらいありえない。わたしはイヌの吠え声かうなり声が聞こえないかと耳を澄ませ、ワシがいないかと空をたしかめた。なにもない。その静寂はクーガーを暗示している。

クーガー？

ネコ科の大型動物はおそろしく実利的なので、何百もの毛むくじゃらの獣を追って丘を駆けのぼるのにエネルギーを費やすようなまねはしない。それどころか、エルクを追いたてるほど軽はずみな野生動物なんて、なんであれ想像がつかない。

彼が尾をぴんと突きだした。

「〈キツネ〉？」

一匹のキツネが、百頭のロッキーマウンテンエルクに囲まれている。おとなのエルク一頭一頭は、彼よりも二五〇キロは重い。

「正気？」わたしはいつもどおりの話し声で言った。たぶん、〈キツネ〉にはすごく大きく聞こえていると思う。「エルクの体重、知ってるの？」（答えを求めない修辞疑問を使ったのは、〈キツネ〉が答えられないからだ）。

一〇歩あまりの大股歩きでわたしから二メートル以内のところまで来ると、彼は足をとめた。

「クワァ」

彼がわたしの話し声を聞いた日数は、少なくとも三八〇日になるだろう。たいていはそこそこ長い時間、わたしたちの会話ごっこのときに。そして今日、エルクの脚のカーテンに隔てられた状態で、彼ははじめてわたしの声を聞きわけたのだ。わたしは白い卵形の石を拾いあげ、裏口の階段に座って、わたしたちの記念すべき瞬間を心にしみわたらせた。彼はいま、わたしの声を聞きわける数少ない者のリストに加わったのだ。

〈キツネ〉がわたしの外見を見わけていることは、ずっと前から知っていた。頭上で両腕を振りまわして自分を大きく、目立ちやすくしながら、ドライブウェイを歩いたり北の草地を通り抜けたりすると、いつも彼がふらりと近づいてくるからだ。彼は人間と認識した相手にだれかれかまわず近づいていったりはしない。これまでに五回、マルコをはじめ、うちの敷地を横切った人間から走って逃げるところを目にした。うち四人はわたしと同じ大きさ、三人は女性で、だれひとりとしてわたしではない。〈キツネ〉は自分のなわばりで起きていることをかならず洗いざらい調べるので、わたしはいつも、彼が近くにいるかもしれないと思うときには、ブラウニー大の石で玄関前の木の階段を叩いて、ちょっとした騒音をたてていた。その音が聞こえるくらい近くにいれば、彼はふらりと姿を見せる。わたしはずっと、自分が彼をうまく引っかけているのではないかと思っていた。でも、彼の認知能力をめぐる偏見をさらに捨てたいまでは、彼は卵隠しゲームをひと勝負したくて来ていたのだと考えている。

彼は胴体をひねり、丘を見あげた。以前は丸はげだったところに、いまやエルクのまっすぐのびた茶色い首が分厚い角刈りさながらに生えている。エルクの長い顔がいっせいにこちらを向き、わたしたちをぽかんと眺めた。〈キツネ〉と本を読むようになってから、もう一年が過ぎていた。彼は少しも大きくなることなく、前よりも勇敢になっていた。前は一頭のミュールジカの雄にも怯えていたのに、いまやエルクの群れを追いたてている。もしかしたら、友情が彼を大胆にしたのかもしれない。それこそまさに、友情の本来の役割ではないだろうか。

さび色のトウブワタオウサギが、斜面にできた天然のテラスにひょっこり姿を現した。数日前に生えたばかりのやわらかい羽根のような草を食べている。あの大きなウサギも、野良ネコをうまくすり抜けられるのなら、この北向きの草地――すっかり緑色になることは絶対にない――から砂利道を渡って、ここよりは茶色くないような気がしなくもない牧草地まで行けるだろうに。

〈キツネ〉は写真ばえしそうなシバムギに首をこすりつけていた。編み紐のような穂が彼の頭の六〇センチ上を矢のようにまたいでいて、教科書用の写真にうってつけの絵になっている。わたしはカメラをとりに走るかわりに、じっと待った。〈キツネ〉のほかの写真はどれも、彼が家族の一員であるかのように、わたしの暮らしになじんでいた。本棚の上には写真二枚を入れた革表紙のホルダーが開いた状態で置いてあるし、マグネットつきのフレームは〈キツネ〉の写真を冷蔵庫とヒーターに貼りつけている。プレーリーローズの部屋にあるシーダー材のチェストの上には、三五×四〇センチの木製フレームふたつに入れたマット仕上げの写真がかかっている。教科書用の写真をこっそり撮るのは、いまとなっては不自然のような気がした。許可も得ずに、だれかの写真を撮ったりする？　そのだれかが友だちなら？　〈キツネ〉と本を読むようになってから、わたしは感傷的になることなく、前よりも神経質になっていた。

それに、写真のキャプション（写真にはキャプションが必要だ）には、なんて書く？　「こちらが

〈キツネ〉です」? 写真家のためにポーズをとるなんて〈キツネ〉の計画には絶対にないし、キツネは本質的に計画を立てる生きものだ。だからこそ、スコットランドのとある詩人は、人間の計画能力をキツネではなくネズミのそれになぞらえ、しかもわたしたちの（キツネのではなく）「用意周到な計画」がときに道を踏み外してしまうと書いたのだ（ロバート・バーンズの詩「ネズミに寄せて」）。〈キツネ〉を囲み記事の写真に使うという大義名分は、彼と毎日時間を過ごす口実になった。そしてそれは、わたしの人生のなかでも計画どおりに進んでいた部分だった。言うまでもなく、実現した悪い計画は、頓挫したよい計画よりもひどい災難をもたらす。いまやわたしには、別のすてきな写真と新しい口実が必要になっていた。写真のほうは簡単に手に入りそうだが、口実のほうはそうでもなかった。

　からからと落ちる石が、わたしたちの注意をミュールジカの小さな群れに引き寄せた。シカたちは列をつくって、ごつごつした崖沿いに西へ向かって坂をのぼっている。ワタオウサギがラビットブッシュのなかへ引っこんだ。〈キツネ〉がそれに続いた。彼の気楽な暮らしがうらやましかった。彼がわたしよりも楽な暮らしを送っているわけではない。ただ自分の生きかたになじんでいるだけだ。彼がひとりきりで時間を過ごすことはあまりない。彼はあらゆる種類のなかまをつくっている。なかでも意外な相手が、カササギの〈Tボール〉だ。〈破れ尾〉や、子ギツネたちとあの雌ギツネや、年上の雄ギツネと過ごしていることもある。それに、趣味がいくつもある。もしかしたら、その趣味は生理機能と遺伝のなんらかの組みあわせから発達したものかもしれない。いや、違うかもしれない。どちらにしても、わたしと出会ったとき、彼はわたしよりもたくさんの趣味を楽しんでいた。食べものやすみかのためにはたらき、その心配をして過ごす時間は、彼よりもわたしのほうが長かった。わたしの自由時間は、趣味ではなく、自分が住みたい場所にあるわけでも追い求めたいわけでもない「ちゃんとした仕事」への終わりなき出願にあてられていた。心配することが、わたしの趣味になっていた。おとなになったいま、自分はなにになりたいのか。「途中駅」に住むべき許容期間を超えるほどの長居をしてしまったいま、ちゃんとした家をどこにかまえるべきなのか。そんな心配ばかりしていた。〈キツネ〉を眺めて過ごす時間が長くなればなるほど、わたしの心配は小さくなっていった。彼がここにいるかぎり、この場所を離れるつもりはなかった。

　顔なじみのアメリカアナグマは、今年も小さな子たちを世に送りだしたのだろうか。それをたしかめようと、巨礫が点々と散らばり、種々雑多な穴がばらばらに配置されているあたりへ向かった。前年の春、一匹のアナグマの子がふわふわの毛の生えた頭を巣穴から突きだし、火山が噴火したのかと思うような轟音をごろごろと鳴らした。わたしの手に収まりそうなほどちっちゃな体をしているけれど、イタチ科に属するこの賢い小さな動物は、頭のほかには姿を見せてくれない。アナグマの子の体がふわふわのボールにすぎないことを知らない人は、その大きな耳、蝶（ちょう）ナット形の頭、地を揺るがすうなり声から判断して、この生きものは地下に住むトロールだと思うのではないだろうか。でも、無害な動物だと知っている人なら、濃紺の目が顔のサイズのわりには大きすぎ、その笑みが悲しげな老人のそれのようにうつむいていることに気づくはずだ。ひょうきんな顔と親しげなふるまいにもかかわらず、たいていの人は、大きすぎるイタチ科の動物がサイズ9の靴（日本の二六センチサイズに相当）ほどの穴を芝生に掘って土まみれにしない場所に住みたがる。わたしたちのような、暮らしにくい場所にしがみつく者が人間を避けようとするのは、人間が嫌いだからではなく、人間の破壊するものを愛しているからかもしれない。野生のもの。地平線。トロール。

ヨーゼフ・ヴォルフの一八五六年の絵画『トビを襲うシロハヤブサ』には、飼いならされてロープでつながれた二羽のシロハヤブサが一羽の野生のアカトビを襲う場面が描かれている。シロハヤブサたちは意地悪そうで、怒っているように見える。一羽はトビの首根っこをつかみ、もう一羽はトビの翼のつけ根を引き裂いている。ヨーゼフ・ヴォルフは友人のチャールズ・ダーウィンと同じように、野生動物と人間の飼う動物のあいだにある敵意を認識していて、野生動物のほうを応援していたにちがいない。このお気に入りの絵をじっくり眺めていたときに、わたしはそう確信した。ヴォルフが現代に生きていて、野生の鳥やキツネに対する飼いネコの蛮行を絵にしてくれたらよかったのに。

ワイオミング州ジャクソンの国立野生生物美術館でヴォルフの絵を見ていたとき、わたしはトビの苦痛をまざまざと感じ、身を震わせた。その苦痛から逃れたいと思ったけれど、絵の語ることにしばらく耳を傾けているうちに、ヴォルフが苦痛のさらに先を描きだしていることに気づいた。トビは口を開き、死の叫びをあげながら絶命しようとしている。カンバスから六〇センチほどのところに貼られた銀色の粘着テープのラインにつま先をのせて立ち、自分の顔と同じくらい大きな顔を持つトビをよくよく眺めると、そのトビが見ているのは羽毛の生えた殺戮者たちではないことがわかる。トビが見ているのはわたし、あるいは野生のトビにいちどもお目にかかったことがないかもしれないほかのだれかだ。野生のトビを目にするかわりに、人間とそのペットが支配する世界で育ってきただれか。おまえはなにをした？　トビはわたしたちにそう叫んでいるのだ。

たぶん、檻に入れられたシロハヤブサは、価値という点では自由に生きるハヤブサと変わらない。

でも、両者はそれぞれ違う行動をとる。檻に入れられた動物は、野生動物とは違って、人間中心の世界から利益を得ていて、わたしたち人間に怯えている。

そのとき悟った。わたしにとって重要なのは、それがなにかということではなく、その行動なのだ。どんなふうに生き、なにをしているのか。

数日後、その悟りを〈キツネ〉に打ち明けた。

「おとなになったいま、わたしがなにになるつもりか、わかる？　動詞」

動詞？

「そう、動詞、副詞。形容詞も認める」

それまでずっと、わたしは自分を名詞で、職業を示す肩書で定義しようとしてきた。でも本当は、動詞に頼るべきだったのだ。名詞の称号は人を欺く。もしかしたら、意図的にそうすることもあるかもしれない。彼は歌手だと言うよりも、彼は歌っていると言うほうがいい。前者の表現は、わたしをどこかへ、自分では望んでいないかもしれない場所へ押しやろうとしている。「彼は狩りをする」は具体的な表現で、責任の重みがある。「彼はハンターだ」は保証されている以上のことを暗にほのめかしている。たとえば、「わたしは学生を教え、導いている」のほうが、「わたしは教授だ」と言うよりも誠実のような気がする。なにかになる必要はない。わたしに必要なのは、なにかをすることなのだ。だから、いくつかの動詞を選びはじめた。書く、教える、人間と野生動物の関係を探る。土地の世話をする。

あらゆる心配ごとの源は、単なる文法上の選択のまずさにある。人生のなかで、それに気づくことがいったいどれだけあるだろう？

〈キツネ〉が言葉をしゃべれたら、こう言っていただろう。どうして、そんなに時間がかかったの？

「だって、わたしは……」

ああ、まだたどりつけていないみたいだね。野生動物になって、よい一生を送りたいのなら、ふたつのことを見つけださないといけない。

「自分のしたいことと……それから……」

習性（ハビット）。それから、居住環境（ハビタット）。そのふたつ。

「性質」を意味するラテン語のハビトゥスを語源とするハビットは、わたしたちがどう行動し、なにをするかを示す。「住む」を意味するラテン語のハビターレに由来するハビタットは、わたしたちが住む場所を指す。このふたつの可変要素はわたしたちの性質とすみかを説明していて、それはあらゆる生きものにあてはまる。その点を肝に銘じておくべきだったのだ。ボエジャーズ国立公園で植物コレクション用の標本を保存していたときには、押し花や押し葉になった植物のひとつひとつについて、そのふたつの可変要素を記録していた。どうしてかはわからないけれど、わたしはそれをすっかり忘れて、まちがった考えかたをするようになっていたのだ。職業を選び、名詞の称号で自分にラベルを貼り、キャリアを進まなければいけない、と。どこへ向かうにしても。

　イシュメールとサン＝テクスは、まずハビタットを選んだ。それから、それになじむ職を見つけた。なにをしたっていい。最高の教育を受けたい？　だからといって、ボストンに住む必要はない。「捕鯨船こそ……わがハーヴァード大学である」とイシュメールは言っているし、ピークオッド号の乗組員としてはたらきながら大学生活みたいなことをしている。サン＝テクスは『人間の土地』のなかで、自分が操縦士になったのは「飛行機によって、人は都会とその会計係からのがれて……真実を見いだす」からだと書いている。その犠牲は小さくない。一九二〇年代には、大陸横断飛行をしようと思ったら、文字どおり街を拒絶しなければならなかった。サン＝テクスは正真正銘、アンデス山脈を飛び越えた。それでもなお、「都会にはすでに人間の生活はなくなっている」と書いている。冬になると、うちの川下に住むある隣人が、フロントエンドローダー（トラクターの前部にショベルをつけた土木作業機）を持ってわたしを助けに来てくれる。うちの前の道には四〇センチを超える雪が積もる。夏のあいだはほかにも何人かがこの道を使うけれど、冬はわたしだけだ。雪かきをしなければいけない道路は山ほどあるのに、そのコストを分けあう家はあまりにも少ない。わたしたちはそれを嘆いていた。ほかのみんなのように都市計画地域に引っ越すつもりはないのか、とその隣人に訊いたら、こんな答えが返ってきた。「町で暮らすくらいなら、喉を掻っ切るよ」。考えてみればそれは、ブリキ缶とそう変わらない飛行機で吹雪のアンデスを越えるのと同じくらい命にかかわる。

「人は――」とサン＝テクスは『人間の土地』に書いている。「緑のない、石だらけの焼けつく山のために死ぬだろう……砂金の財宝であるかのように、おおいなる砂の山を死守するだろう」（この部分は英訳版の *Wind, Sand And Stars* から引いたものので、邦訳版の『人間の土地』にはない）。すべての動物が、空間やひとりの時間やウィルダネスを必要としているわけではない。それでも、どんな動物も例外なく、自分にもっとも適した居住環境を求めて闘わなければいけない。それがどんな環境であっても。〈キツネ〉とわたしはインディアンライスグラスのなかで足指を広げて太陽のほうを向き、ダーウィンの観察したシロガラシさながらに、向日性の生きものになった。まわりにいる植物たちに劣らず、太陽にエネルギーを頼っている気がした。そうして、わたしたち——わたしと、わたしの声を聞きわけるようになったキツネ——は、いつまでもくるくるとまわりつづけた。

ゾウ

五月上旬までに、わたしたちは『星の王子さま』を何度か読み終えていた。わざわざ栞（しおり）を使ったりはしなかったので、わたしたちの読書はフリースタイルになった。たいていの日は、読んでいるよりも、わたしが話している時間のほうが長かった。おもしろおかしい話のネタが尽きると、わたしは新しい本を持ちだした。そんなわけで、〈キツネ〉はドクター・スースの『ぞうのホートンひとだすけ（*Horton Hears A Who!*）』を読み聞かされるはめになった。つやつやした赤い大きな本。雷のとどろくジャングルヌールで、題名に出てくるゾウのホートンが「だれそれ」（こちらは英語版タイトルに「Who」として登場する）の小さな声を聞きとる物語だ。うちにある本のなかで、集中力が一八分しか続かない、ほどほどの知力の持ち主にふさわしそうなものは、これしかなかった。

「だれそれたちはすごく小さくて、村全体がクローバーの上の小さなほこりに収まるくらいでした」。わたしは本を掲げ、くちばしに一本の花をくわえたコンドルのような鳥の絵を見せた。「黒い尻尾のワシ。だれそれたちの村があるそのクローバーをくわえて、飛んでいってしまいました」。〈キツネ〉はよく見ようと顎を傾けた。物語のなかで、このコンドルに似た鳥は、たくさんのクローバーが生える大平原にだれそれたちのクローバーをぽとりと落とす。危機に陥っただれそれたちは助けを求めたけれど、その声を聞きとれたのは、思いやりがあって注意深い、大きな耳のホートンだけ。「ホートンは――」と言いながら、わたしは別のページを掲げてみせた。「クローバーをひとつひとつ、そっと手にとっては、だれそれたちを見つけようとしました」

風が吹いていないときのわたしたちの谷は、野外読書にぴったりだ。こぢんまりとして心地よく、さんさんと陽が差し、でも窮屈すぎない。それに、人目につかない。この丘陵地帯は何人かの地主に分割されているけれど、境界線は目に見えず、建物はまばらで、フェンスはめったにない。あなたに見つけられるのは、少しの有刺鉄線に囲まれたいくつかのウシの放牧場と鶏舎、それに支柱と横木でミュールジカと馬を閉じこめた細長い二、三の土地くらいだろう。

〈キツネ〉とわたしは、このあたりに住みつく四頭のミュールジカの集団のあとを歩いていた。シカたちは足を引きずるようにのんびりと彼の巣穴のほうへ向かっている。薄暗い光のなかで、シカのお尻の白い三本の縞が、燐光（りんこう）のように目立つ誘導線になっていた。中央にある尻尾と、下腿の裏側をそれぞれ走る二本の線。「あれには役割があるのかな、〈キツネ〉――ハイウェイの標識みたいに光ってるけど」。あのお尻のマークのおかげで、なかまのあとに続いて、まっすぐ一列で行進できるのではないか。わたしは声に出してそう推理した。ホワイトセージの生える一画についたところで、わたしたちはシカについてあれこれ考えるのをやめた。サッチアントが裏側にぶらさがっていないことをたしかめたあと、わたしは長くてやわらかい葉のブーケを摘みとり、上着のポケットに滑りこませた。

ミュールジカの燐光めいた白いマークに役割があるのは、まっすぐな列での行進にも役割がある場合だけ。そこで、次のテーマが登場する――まっすぐな列の本質。なにを話しあうかはどうでもよかった。彼はわたしの話を正確に理解できない。その状況が、数かぎりない興味深いテーマを生んでいた。

四頭のシカは、眼下に広がるムラサキウマゴヤシの野原を横断していた群れの列に加わった。まっすぐな列をつくって歩けば、深い雪をかきわけて歩くような場合にはエネルギーを節約できるだろう。新しい道を切り拓くのは先頭のシカだけで、ほかのシカたちの消費するエネルギーは前を行くシカよりも少なくなる。でもいま、野原に雪は積もっていない。もしかしたら、まっすぐな列をつくっていると、においが広がらず、捕食者の気を引く宣伝効果みたいなものが小さくなるのかもしれない。いや、違うかもしれない。答えは必要ない。わたしたちはただ単に、あれこれと拡大解釈して引っかきまわしたいだけだった。目をすがめると、まぶたがぴくぴくと震えて、シカたちが高圧線の鉄塔に化け、モンタナ東中央部の果てがないかのような虚無のなかで列をなした。

そう、〈キツネ〉とわたしは怠けていた。科学をやっているわけでも、データを集めたり仮説を書いたりしているわけでもないし、彼がわたしの教科書執筆を手伝っているわけでもない。そのかわりに、知的な厳密さという点では緑色の軍服を着た人形で遊ぶのとたいして変わらない活動を楽しんでいた。毎晩、もっとちゃんとした人たちがペアになってテレビを見たり映画館へ行ったり、でなければ黄ばんだクリームのべたつく滴(しずく)でしみになったカウンターに身をのりだしてバリスタにおしゃれなドリンクを注文したりしているときに、〈キツネ〉とわたしはあたりを探りまわっていた。

シカのことを話しあった数日後、彼が姿を消した。わたしはひとりきりで逢い引きの場所に座っていた。四日目に悲しみが降りてきた。わたしはそれを認めなかった。ひとつの目標——〈キツネ〉を見つける——だけに集中し、周囲のすべてをぼんやりとしたかすみのなかへ追いやった。弓の照準器をとおした視界に慣れていれば、それほど難しいことではない。そうしているうちに、中央に陣どる標的のイメージ——行方不明のキツネ——が、正気を保つために必要なイメージを残らず消してしまうほど大きく育ち、狂気がわたしを包みこんだ。

コテージからのびるいくつかの砂利道を、私有地に突きあたるまで何キロも歩いた。うっすら残る土の踏みわけ道を、岩盤のなかに消えてしまうまでたどった。コテージから六・五キロほど離れた平屋のモジュラーハウスの外で小さな庭の手入れをしていた男性は、キツネは一匹も見ていないと言った。六回か七回、繰り返し尋ねたあとでも、答えは同じだった。たぶん、こんなに古くて仕立ての悪いダウンコートを着ていくべきではなかったのだろう。腕を高く掲げて、身ぶり手ぶりを交えながらあれこれ訴えているあいだに、ふと気づくと、白い羽毛が雨のように降り注いでいた。コートの縫い目から逃げだしたそれは、わたしが常軌を逸した囚われのニワトリであるかのように、わたしのまわりをふわふわ漂っていた。

トラックが通りすぎるたびに、それが政府のものでも民間のものでも、人間の略奪者が〈キツネ〉の気だてのよさにつけこんだにちがいないという妄想が深まった。連邦政府の職員は、なにかと理由をつけては、神のみぞ知るなにかを罠にかける。民間人はニワトリを脅かす能力を持つものや、いずれ立派なコヨーテになりそうなものならなんでも撃つ。クーガー狩りは病みつきになる人気の（そして合法的な）娯楽で、そのせいでこのあたりのウィルダネスではクーガーを狙うハンターとその猟犬がいつもうろついている。追いかけるべきクーガーがいないと、猟犬はキツネをつけねらう。わたしに見えないところでは、国有林から毎日のようにトラックが出てくる。どのトラックも、運転台には銃を満載したラックを、荷台には不気味な箱を積んでいる。そのひとつひとつに、〈キツネ〉が入っているかもしれない——死んで、檻に入れられて、あるいは足かせをはめられて。

古い雪のシーツが、スイスチーズのスライスみたいに広がって地面を覆っていた。薄い黄色で、ゴムそっくり。バンチグラスの丸い茂みが雪を押しあげ、きれいな円を切り抜いている。一年でいちばん醜い雪。動物の足跡をとらえてとどめることのできないこの雪が、わたしの捜索を妨害していた。暗くなってから、そろそろあきらめないといけないのかもしれないと考えながら、あの二重の虹のことを思った。自然の最高の贈りものはたいてい短命なのだとわたしを納得させ、わたしたちの関係の道筋を変えた、あの虹のことを。とはいえ、虹とキツネは相似としては不完全だ。一方は手で触れられず、他方は気まぐれ。それはわかっている。でも、彼なしで生きていく覚悟はできていなかった。コテージで唯一の暗い場所、壁に囲まれた階段に座っていたわたしは、なにかの悪徳をあらためるのと引き換えに、神に願いごとをしようと決意した。

わたしの横の吹き抜けの横桟には、ライフルの薬莢が並んでいる。どれも刻印を下にして、ミニチュアの花瓶の役割も兼ねるように置いてある。アカクキミズキの乾燥した枝を挿しているものもあれば、一本か二本の羽根が入っているものもある。オレンジ色のハシボソキツツキ、黄色いマキバドリ、青いステラーカケス。それを手あたりしだいにいじりまわしながら、どんな契約を結べるだろうかと考えた。なにも思い浮かばない。神が「悪徳」をものすごく拡大解釈してくれないかぎり、引き換えにする価値のあるものは、わたしにはひとつもなかった。

株式市場との火遊びはどう？　それは数に入る？　大学院時代には、夕食にラーメンを、朝食に粉ミルクを食べながら、わずかばかりの収入の上澄みをかき集めては、すばらしい本を出版している会社の株を買っていた。わたしを感嘆させた生物医学研究を手がける企業の株を選ぶこともあった。その株はいまでも持っている。そして、株式市場は一種のギャンブルのようなものだ。それを取引材料として差しだせるかもしれない。たぶん。だけど……いや……きっとうまくいかない。自由市場の資本主義は、神に説明するには複雑すぎる。

そのかわりに、わたしは神に理屈を説き、〈キツネ〉を連れ戻してほしい、彼にはもっと長い一生がふさわしいのだから、と訴えた。神が祈りに応えてくれると信じていたかって？　もちろん、わたしは神が応えてくれることを知っていた。それはわたしが神を信じていたからではなく、神がキツネたちを信じていることを知っていたからだ。

ムース皮のマクラクで背の高い草をかきわけて〈キツネ〉を探し歩いていたら、新しい踏みわけ道を見つけた。〈キツネ〉がおもに使っていた道と平行に走っていて、古い道よりも高いところの、乾燥した地面を横切っている。その新しい踏みわけ道の途中、わたしのコテージと彼の巣穴の両方をじかに見とおせるところに、三本のとげだらけの雑草が直立していた。前年に生えたロシアアザミだ。

この踏みわけ道の幅からすれば巨大でも、分別があるとはいえないキツネがわたしのコテージへ行くために通る可能性のある広大無辺の地面からすれば、三本の雑草なんてまったくとるにたらない。きっとあなたはそう思うだろう。でもそのとげは、どう考えてもとるにたらなくない結果をもたらした。素手で引っこ抜こうとしたわたしの手のひらをぼろぼろに引き裂いたのだ。とうの立ったロシア生まれの植物たちを抜いたあと、わたしはしゃがみこんで頭を下げて体を折りたたみ、鎖骨あたりに浮いた汗に冷たい風が届かないようにした。裂けた手のひらのずきずきする痛みを押し殺すように息を吸いながら視線を上げたとき、それが目に入った。弾むような足どりで、まっすぐわたしに向かってくる〈キツネ〉。一面に広がる背の高い円柱状のホソムギのなかを、コウモリの翼みたいなドアをすり抜ける早撃ち名人並みの勢いで突進してくる。

わたしが理性的な人間だったなら、そして絶望と高揚の狭間でぐらついていたのでなかったら、すべてを押し流すこの喜びを少しばかりとっておき、どこかにためこんで、次に悪いことが起きたときの衝撃を和らげるために使うくらいの知恵がまわったかもしれない。だって、悪いことはどうあっても、絶対に起きるのだから。でもわたしはそうせずに、幸せとはなんてまばゆいものだろう、宇宙はなんてやさしいのだろう、悪いことなんかもう二度と起きるはずがない、と考えていた。

学部生を相手にしたオンライン講座のたびに、わたしは短いプロフィールを公開していた。その春、はじめて「趣味」の欄をつくり、「キツネと友だちになること」と書きこんだ。「どうやってキツネと友だちになるんですか?」と学生たちに質問された。

わたしにはもう、はっきりわかっていた。わたしは友情を追い求めていたわけではない。〈キツネ〉を研究対象として客観化する試みは失敗に終わった。彼のデータをもとに全般的で個性のない動物像をつくる試みも逆効果だった。彼を眺めれば眺めるほど、彼に対する理解と、気ばらない暮らしぶりを称賛する気持ちが深まった。その深い理解は共感に変わった。そして、共感こそが友情への入口なのだと、わたしは信じている。それを学生たちに話したと思う？　冗談でしょう？　そう思うのなら、あなたは大学生に進化を教えようとしたことがないのだろう。いや、本当に——学生たちには、共感と友情の関係をじっくり考えずとも、退化した尾について学ぶべきことが山ほどあるのだ。「キツネと友だちになるのは、楽ではありません」とわたしは学生たちに話した。「アリゲーター並みの皮膚がないとダメ。なにしろ、雑草をたくさん抜かないといけないから」

クジラとホッキョクグマ

夜、そのときどきで時間は違うけれど、暗くなってからベッドに入るまでは、読書や授業の準備をひと休みして、家のなかをうろうろしたり、窓の外を眺めたりするのが習慣だった。しょっちゅう見かけるのは、赤い煉瓦(れんが)敷きの道にうずくまり、ひとつかみの種子を口に押しこもうとしているネズミ。ときどきはシカ、エルク、キツネ、スカンク。たいていは、だれもいない。それでも、わたしは外を見るのをやめなかった。この夜は、もう寝袋に入って眠りに落ちていたけれど、午前一時ごろ、明るい月と説明のつかない切なさに目を覚ました。コテージ正面の野原の全景を見ようと、白いパイン材の脚立式スツールの上でバランスをとりながら、〈虹の部屋〉の緑の窓から外を覗いた。〈キツネ〉。

前回〈キツネ〉の姿を夜に見たときには、月が鎌の形をしていたので、ポーチの灯りをつけてから外に出た。額のまわりをガがひらひらと飛びまわり、気色の悪い茶色の鱗粉(りんぷん)がわたしの細くて量の多い髪に降り注いだ。この夜の月光は、明るい夕暮れを擬態しているみたいだった。だから、灯りを消したまま、コテージを出た。ガはわたしを無視し、鋭い夜の空気が黒曜石の刃のようにわたしに突き刺さった。ふかふかした綿の上着で体をぎゅっと包みながら、〈キツネ〉が狩りをするあいだ、じっと待っていた。寒さのせいで、背中の上のほうの筋肉が背骨に向かってさざ波立つ。大波の満ち引きのように動きながら響くしゅっという音が、野原の草のなかでネズミを追いまわす姿の見えない〈キツネ〉の経路を刻んでいた。

彼がコテージの木の階段に近づいてきたので、わたしは彼に合流し、いっしょに彼の巣穴のほうへ歩いていった。やわらかな白い月光のドームが、わたしたちのまわりのあらゆる動きと音を攪乱（かくらん）している。彼が足をとめて鼻を上に突きだしたので、わたしも深く息を吸ったけれど、湿度が高すぎるせいで、においの分子は水分子にくっつき、わたしに届く前に沈んでしまう。スカンクのにおいでさえ、じかに踏みつけでもしないかぎり嗅ぎとれないだろう。そうならないように、くねくねとうねる白い縞はないかと地面を見まわした。

クレッシェンドする口笛、甲高い叫び、長く尾を引くむせび泣きがわたしたちをからかっている。こんな輪郭のぼんやりした夜にわたしたちをつけまわすのは、いったいだれ？　もしかしたら、ただの風かもしれない。トビイロホオヒゲコウモリが飛びまわる音かもしれない。わたしたちは彼の巣穴のすぐ下にある最後の切り返しまで歩いた。彼の影は、昼にまとっているどんな影よりも長く、優美だった。

狂気の扇動者やほうきにまたがる魔女の背景として名高いにもかかわらず、満月は唯一無二のハイキングをするめったにないチャンスをくれる。〈キツネ〉とわたしは不眠症ではなかった。わたしたちを夜のなかへ追いたてるものはなにもなかったし、暗闇を利用して人々から隠れているわけでもない。なんといっても、わたしたちが暮らしているところには、人々なんていないのだから。というか、ほとんどいない。わたしはただひたすら、月光の下を歩くハイキングの美と神秘、そしてアドレナリンの噴出を楽しんでいた。あなたが人里離れた場所で暮らしていて、〈キツネ〉とわたしと同じように満月を見たのなら、きっと同じことを思うはずだ。ベンジャミン・フランクリンが雷のなかで凧を飛ばしたことなどなかったかのように、前世紀が新世紀にならなかったかのように暮らしていたら。

その二日後の夜、丸い月が澄んだ空をのぼっていくあいだ、わたしは外で彼を待っていた。彼は小走りで玄関前の階段に向かってきた。小さな束になった半透明の毛皮が月の光を浴びて揺れている。わたしがドアから離れると、四匹の丸っこくて形の定まらない子ギツネが転がるようにわたしを追い越した。〈キツネ〉は脇に離れ、とびはねる小さなキツネたちにわたしを取り囲ませたままでいた。さわれるほど近くにいる子ギツネたちは、わたしの両手が驚きにぴょんとはねあがるのもおかまいなしに、曲芸師よろしく宙返りをしている。取っ組みあう二匹に意識を集中させると、そのまわりにあるすべてが均質化し、ひとかたまりのもやになった。

くぎづけになったまま、月光のなかで目をこらして子ギツネたちのおぼつかないパフォーマンスを眺めていたら、ゆっくりと水のなかへ沈んでいくように、ほかの感覚が薄れていった。わたしは大きく息を吸って呼吸をとめ、四方八方を泳ぎまわる自由気ままなキツネたちといっしょに、夜のなかへとびこんだ。

二〇分、いや四〇分くらいはじっと立っていたかもしれない。影の向きが変わってから、コテージ正面の野原を歩きはじめた。あちらこちらで草が渦巻き、その渦のひとつひとつからキツネの頭がぴょこんと突きだす。小さな頭が上がるたびに、月光か、あるいはきらきらと光る幅広の川が、先の尖ったその頭を逆光で照らしだす。一、二、三、四……速すぎて数えられない。現れては消え……いた……ひとつ……いや……あっというまに消えてしまう。草の渦から頭がひとつ突きでて、ぐるりと左を向き、右、また左を向いたかと思ったら、前年に生えた多年生の草の茎の下に沈む。先まわりして渦を見極め、キツネの頭が出てくるところを目でとらえようとしたけれど、失敗してばかりだった。子ギツネたちの動きがあまりにも速すぎて、目がくらくらする。夜がますます現実ばなれしたものになっていった。

うしろ脚で立ちあがってたがいに向きあった一組の子ギツネが、遠吠えのような声を出しながら、前脚でボクシングをしていた。さらに二匹がそれにとびかかると、子ギツネの集団はぴくぴくと痙攣してのたうちまわるかたまりと化した。一段落してからも、絡まりあった四匹のキツネは一匹の大きな動物のように脈動している。一匹がぴょんととびはねて離れると、かたまりがちりぢりになった。ほかの子ギツネたちは小さな岩に跳びのったあと、きょうだいどうしで追いかけあうように宝探しをはじめた。〈キツネ〉がしまいこんでいた死骸をだれかが掘りだし、戦利品のまわりで宙返りをした。それよりも大柄な一匹がうなりをあげ、牙をむきだして近寄ると、小柄なほうの泥棒は降参して戦利品を明け渡し、鬼ごっこをはじめた。

親の監視から自由になった四匹は興奮しきって、危険なほどめちゃくちゃに動きまわっている。「〈キツネ〉」。わたしは近くで寝そべって丸くなっている友だちに声をかけた。「手綱を締めたほうがいいんじゃない」。尻尾を肩に巻きつけ、鼻づらを前脚のなかにしまいこんだ〈キツネ〉は、地面にべったりへばりつき、ダンゴムシみたいに丸まった。彼には手綱なんかないのだと、どんなばかでもわかるほどの丸まりぶりだ。

子ギツネのうちの一匹が転がったり跳ねたり、草にとびついたり、大きなガを叩いたりするたびに、わたしは手を開いては閉じ、ワイオミング州ディンウッディの岩面彫刻に描かれた先史時代の絵みたいに指を大きく広げた。子ギツネたちはオリンピックのボブスレーもかくやという勢いで、涸れ谷の側面をのぼりくだりしている。わたしは大きな声で〈キツネ〉に呼びかけた。「この谷にはイタチがいるんだよ！　野良ネコも！」それでも、彼は子どもたちをかき集めようとはしなかった。立ちあがろうとさえしない。

「〈キツネ〉！」彼は聞こえないふりをしていた。わたしはホートンのいない「だれそれ」だった。子ギツネたちには守る者が必要だ。でないと、かっさらわれてしまう。せめて、だれかが野良ネコを警戒していなければ。「〈キツネ〉！」でも、彼を引っぱりこむには手遅れだった。彼はもう、ふたりしてわたしのするべき仕事をしても意味がないと決めこんでいた。

わたしは記憶に残る光景のレパートリー――ヒキガエルの目ほどの大きさの赤いベリー、ほとんど凍りついたコバルト色の池、背の高い青のルピナスが咲く野原と、その下に広がる池だらけの草原――に、月明かりの夜に草のなかでひょこひょこ動く子ギツネたちの頭をつけくわえた。ほかの記憶と同じように、それをお守りとして持ち歩くつもりだった。けれど、ほかのどの記憶とも違って、そのイメージのなかでは、わたしはひとりきりではなかった。

その夜は眠れなかった。どうしようもないほどの幸福感が、カフェインのように目を冴えさせた。

輪郭のくっきりした雲が夜空を〈ウェッジウッド〉の浮き彫り模様の施された濃紺の皿に変えるさまを、ずっと眺めていた。〈キツネ〉はあの星々を、坂をのぼったところにある巣穴から眺めているのだろう。わたしは机の上を横切るように前腕を置き、発達途中の教科書関連の紙を残らずゴミ箱に払い落とした。紙はゴミ箱の縁でしばしためらい、脅しをかけてきた。外にこぼれて床を滑ってもういちどチャンスを得るか、湿ったねばつく容器にくるりと落ちて消えてなくなるか、ふたつにひとつだぞ、と。

ブレーキを踏むときが来たのだと、わたしは悟った。それまで進んでいたほう——学術界、教科書、キャリアへ向かうのをやめるべきときが。方向転換するときが来ていた。さいわい、それを悟ったときのわたしは、キーッと音をたててドラマチックにとまるほどのスピードでは走っていなかった。どんな動物とも同じように、わたしの本能も、自分がどこへ向かっているのかわからないうちは走る速さを抑えていた。そしていま、わかった。

その前週、大学のクラスの学生たちといっしょに森のなかを歩いた。やせっぽちでひょろっとしたコントルタマツが支配する森だ。そのマツの生えている茶色い林床には、土ばかりで岩屑（がんせつ）がない。過熱気味の貧弱な土壌のせいで、マツの個体数が抑制され、葉を茂らせて地面を覆う植物も育たない。森を構成する樹木のコミュニティは、その森のにおい、形、音を——つまりは森の本質を決める。「コミュニティは変化します」とわたしは学生たちに言った。「森の本質も変わります」。わたしたちに枝をさわられていた樹齢数百年の木々は、まだ成熟しきっていなかったころの森の一部だ。「このコントルタマツは先駆者。成熟した森の糸口になるけど、この木々が成熟した森を支配することはないでしょうね」。なにものにも邪魔されなければ、コントルタマツの未成熟な森はいずれ、エンゲルマントウヒ、ミヤマバルサムモミ、アメリカシロゴヨウの支配する森へと成長する。物質的な変化は、新しい段階を先導する。たとえば、露出した土は空気を含み、栄養素を集める。すると、新しい木々が大きく育ち、日陰をつくるようになる。そうなると、コントルタマツは枝枯れし、まばらになる。トウヒやモミの支配する森林のこの段階を「極相(クライマックス)」と呼ぶ。

わたしたちは燃えて黒く枯れた木をいくつか見つけた。トウヒと、いくつかは――片持ち梁のような形状と、対をなすように二股に分かれた根元からすると――アメリカシロゴヨウだ。「この森は、ほとんど極相まで達していたようですね。そのあとで、山火事――劇的な攪乱要因――に襲われて、また最初から、コントルタマツといっしょにやり直さないといけなくなった。雪崩、大洪水、伐採は、どれも時計を巻き戻す大変動です。理論上は、この森はまた極相に向かって進んでいます」。極相コミュニティは、その物理的環境とのあいだで、ほぼ完璧なコミュニケーションをとっている。そうしたコミュニケーションのおかげで、森の未来に影響をおよぼす変化はほとんど生じない。極相はもっとも心地よく、もっとも安定している段階だ。なんの前奏曲でもないけれど、すべてが最高潮に達した状態。

森と同じように、わたしの人生もいくつかの段階をくぐり抜け、極相に到達しようとしていた。〈キツネ〉との関係が自分の人生にあるほかのどんなものよりも大切なのはわかっていた。彼の物語を語ることが人生の目的になるのも予想がついた。そして目的は――わたしにはもうわかっていた――職業よりも大切だ。

なんともおかしな話だけれど、さんざん心配して考えこんできたにもかかわらず、わたしの針路を変えたのは、物質的な事象――月光のなかの子ギツネたち――とそれに続く感情だった。理屈や合理性とはなんの関係もない。彼がわたしを信頼してくれた。重要なのは、それだけだった。
そして、理屈を放棄したわたしは、この点を考えるのを忘れていた――〈キツネ〉が死んだらどうなる？　この関係の穴をどう埋めるつもり？　わたしがはじめて手にした本物の友情は、わたしの最後の友情になってしまうのか？

『白鯨』は常軌を逸した船長をめぐる小説と説明されることが多い。でもわたしに言わせれば、あの小説は、自然と野生動物を愛し、アメリカバイソンの絶滅を嘆き悲しみ、生まれ（とおそらくは育ち）によって枠からはみでた生きかたへと駆りたてられた一匹狼の書いた日記だ。文化的な社会に背を向け、野性味あふれる世界へ向かったイシュメールは、自分の好奇心を満たせるくらいには人々の近くにとどまりながらも、深いかかわりを避けられるくらいには遠い距離を保っていた。自分と同じ文化の人たちがひしめく船の上で、彼はたったひとりの友だちとして、太平洋の島出身の異教徒を選ぶ。わたしと同じく、イシュメールも世界を人間と非人間にわけるのは不合理だと考えている。むしろ、動物界のあらゆるメンバー――人間も含む――が、ふたつのカテゴリーのいずれかに分類されると信じている。野生のものか、飼いならされたものか。一方のカテゴリーに属する人間もいれば、他方に属する人間もいる。わたしは架空の船乗りイシュメールと会話をしているような気分になるくらい、『白鯨』を繰り返し読んでいた。

「クジラは人間と同じくらい賢い？」とわたしは訊く。
「クジラはたいていの人間よりも賢い。ダンテやプラトンと同じくらい賢い」（第85章「泉」参照）
「人間を殺すと虐殺と言われる。人間以外の動物を殺すことについては、どう思う？」
「身を守るために動物を殺すのなら、それは虐殺ではない。スープをつくるためだけに牡牛を殺した最初の人間は、人殺しなみに見なされ、おそらく死刑に処せられたことだろう。かりにその者が牛によって裁判にかけられたとするなら、たしかに死刑だろう。いかにも、われわれは鯨を虐殺している。楽しい結婚式に灯火（ともしび）を提供し、教会に灯明をささげるためだけに殺すとき、われわれは鯨を虐殺しているのだ」（第65章「美食としての鯨肉」、第81章「ピークオッド号、処女号に会う」、第82章「捕鯨の名誉と栄光」参照）
「動物を食べるのは道徳にかなっている？」
「四本足のけものを食べるのは不道徳だ」（第65章「美食としての鯨肉」参照）
わたしが船の上で暮らしていて、乳製品を食べる習慣があれば、肉を魚とチーズにかえることもできただろう。でも、わたしは陸に囚われ、乳製品を避けていて、ウシ、ヒツジ、エルクの土地で暮らしている。哺乳類を同等の質の魚に置き換えるのは、金銭的に実現可能な選択肢ではない。要するに、肉を食べることは、単に自分の生計と健康を守るための手段なのだ。おばあさんになったら、イシュメールのことを思いだして、肉食をやめるかもしれない。それまでは、わたしに肉を供給する動物をだれかが殺さなければいけない。それだったら、自分の手でするほうがいい。
「あなたの船員なかまは、クジラは殺人魚で怪物だって言っている。動物に極悪非道な性格を与えるのは簡単だよね。クジラには、なにか好ましい個性はある？」
「事実、鯨のなかには、独特な哲学的人生観と言える個性を示すものもいる。死に直面したセミ鯨は現実を受け入れ、観念する。わたしはこのセミ鯨は生前ストア主義者だったと見なし、マッコウ鯨は晩年になってスピノザを受け入れたプラトン主義者だったと見なす。われわれ鯨捕りは一部の鯨に、その独特な外見ではなく、独特な行動から名前をつけている。そしてそこに、きみの言う個性もある。死にゆく鯨の絶大なる実践的決意のなかに。したがって、重厚にして深遠なるマッコウ鯨には、崇高さと生来の威厳が存在しているのだ」（第75章「セミ鯨の頭」、第85章「泉」参照）
「あなたたち捕鯨船員にとって、責め苦を受けているクジラの目を覗きこむのは、きっと難しいことだと思う。でも、もし、船員たちがためらったら、クジラは感情を持つ動物かもしれないと考えたら、そのクジラを殺せなかったら……そうしたら？　捕鯨はどうなる？　北東部沿岸の経済全体が、捕鯨船員たちがそこから目をそらすのをあてにしていたみたいだけど」
「鯨の目を覗きこんだときに見えたのは、なんとも無残な光景だった。かつて鯨の目があった眼窩から盲た眼球が飛び出していたのだ」（第81章「ピークオッド号、処女号に会う」参照）
「共感した？」
「ああ。三等航海士フラスクが鯨に銛を突き刺したとき、その痛ましい傷口からは潰瘍性の膿がどっとばかりに噴出し、血糊が吹きあがるさまを見た。わたしは彼に、その鯨に同調し、痛みにたじろいだ。太陽が三艘のボートの影を海面に投げかけたときには、鯨の不安を感じた。傷ついた鯨にとって、頭上にただよう、そのような大いなる幻影がどれほど不気味なものであったか、いったいだれが正確

に想像できようか！」（第81章「ピークオッド号、処女号に会う」参照）

わたしたちはひとりひとりの人間を些細なことで区別する――見た目とか、ふるまいとか。ところが、人間以外の動物になると、ひとくくりにしてしまいがちだ。その原因は、わたしたち人間からすると、動物たちの外見や声や行動がそっくりに思えることにある。わたしたち人間は、野生動物にあまり共感しない。それはなぜかと言えば、人間は進化という点で先に進んだ存在であり、ほかの動物よりも賢い生きものだと考えているからではないかと思う。傲慢は共感を溶かしてしまう。

わたしの住む土地は過酷だ。風、日照り、極端な気温はわたしを謙虚に保ってくれる。もしかしたら、わたしが〈キツネ〉に共感し、彼をキツネ全般ではなくひとつの個性として認識した一因は、そこにあるのかもしれない。わたしはおとなのキツネをいつも敬遠していたのに、彼だけは違った。そして彼のほうも、わたし以外の人間を避けていた。わたしたちは、〈キツネ〉とわたしは、まったく違う個性を持っている。彼は社交的で、ほかのキツネたちと交流し、〈Tボール〉といっしょにいることも楽しんでいた。わたしはいつもひとりで、見えない存在になろうとしていた。それに、〈Tボール〉にはイライラするだけだった。子ギツネたちが乳離れをしたあとも雄のキツネが家族のもとにとどまるのはめずらしいことではないけれど、ありふれたことというわけでもない。おとなの雄がいちども住んだことのない巣穴も、乳離れのあとすぐに雄が姿を消した巣穴も見たことがある。雄ギツネである彼は、単独生活を送ることもできた。でも、それを選ばなかった。そうした違いにもかかわらず、わたしたちはどちらも、太陽の熱と月の光を崇拝していた。だれになんと言われようと、友情を築くのにそれ以上のものが必要だとは、わたしにはどうしても思えない。

そしてわたしたちは、〈キツネ〉とわたしは、友だちどうしだった。五つの頭を持つ玉サボテンがわたしたちのあいだに割って入ったときのことを考えてみよう。わたしが掘り起こして正面玄関の階段の脇に植え替えるまで、そのめずらしいサボテンの標本ははるか北の野原の岩がちの急斜面に生えていて、崖の浸食に飲みこまれたり、岩崩れに巻きこまれたりするのではないかとわたしは心配していた。それに、どうせ植え替えるのなら、うちの正面玄関の脇、わたしが毎日愛でられる場所に移してはいけない理由がどこにある？　たしかに、わたしがそのサボテンを植えようとしていたのは外階段の脇、〈キツネ〉がよく歩きまわる場所だった。それでも、彼なら直径一〇センチにも満たない小さな丸い植物をよけて通れるにちがいなかった。

彼はコテージの正面をまじまじと見た。緊張しているようすで、不安げな動きをしていた。わたしはそのとき、サクラの枝からオビカレハの幼虫（テンマクケムシ）をこそげとり、ガラス瓶のなかに落として蓋を閉めているところだった。彼はいっしょに過ごす相手がほしいようだった。狩りもせずに、階段のすぐそばにいる。〈キツネ〉はよく、わたしが腰をおろして保護者の役についたのを見ると、その機に乗じて丸くなって日光浴をする。そのときの〈キツネ〉は片足を上げ、宙でぶらぶらさせてから、ためらいがちに機械っぽくぎくしゃくとおろした。そうして、植えたての貴重なサボテンの端に片足の爪を引っかけながら、わたしをじっとにらんだ。たったひとつの小さなサボテン。とげだってすごく細い。簡単に掘りだして、脇へ放り投げられるはず。それなのに、彼はそうせずに、爪をサボテンに引っかけたまま、わたしがほんの数歩の距離に来るまで、すがめた目からわたしを解放しようとしなかった。ドライブウェイを逆戻りする途中、彼はいちどだけ立ちどまり、前脚ごしに振り返り、わたしに最後のひとにらみを投げた。

次の日、わたしは一日じゅう彼を探した。彼はホートンの話を聞くのも、砂利の上でのヨガも、草地でのネズミ狩りもすっぽかした。その次の日も同じ。それから、雪が降りはじめた。重たい春の雪が、バンチグラスのあいだで酵母パンよろしく膨れあがった。わたしは眠れなかった。夜明けまであと数時間というころになって、裸の体の上にダウンコートをはおった。玉サボテンがわたしの友だちを動揺させた。ちょっとした不愉快という代償を払えば、彼との関係をもとどおりにできるのだ。わたしのほうが彼よりも大きく、年上で、理解力もある。だから、それなりの責任と義務がある。ノブレス・オブリージュ。わたしは貴重なサボテンを掘りだし、陶器の鉢に幽閉して窓辺に置いた。次の日、〈キツネ〉はあいた場所で丸くなり、三キロに満たない体の跡を土に残すほど長く居座っていた。

その囚われのサボテンのことは、だれにも話さなかった。キツネのご機嫌をとるために、吹雪のなかでサボテンを植え替える。そんなことを、いったいだれがするというのか。いまのわたしなら、こう言うだろう。正しいと感じることを実行するのをまちがっていると思うのなら、そのときは、たぶん、まちがいの定義を変える必要がある。

彼がいないときには、その鉢植えのサボテンは外に出て、野生の空気を吸っていた。たいてい、サボテンは独房からごろりととびだし、自由に転がった。実のところ、わたしと同じように、玉サボテンも囚われの状態にはうまく対応できない。あざやかな赤紫の花びらは無気力に侵されて色が薄くなり、ピンストライプを描いた。恨み骨髄で咲かせたその花は、ピンクと白の縞模様の布地みたいだった。そのサボテンのほかには、植物を監禁したことはない。もっとも、いつの日かそうする権利はまだ手放していないけれど。

　わたしは植物を室内に閉じこめるという考えに反対していないし、その点では動物園で動物を飼うことについても同じだ。動物園に行ったことはいちどもないけれど、いつか行ってみたいと思っていた。クヌートのことはよく知っている。母親に育児放棄された、ドイツの動物園のホッキョクグマの子ども。わたしはクヌートの物語から、ホッキョクグマは人間に育てられるくらいなら死んだほうがましだと思うらしいことを知った。「動物愛護活動家」とされるある男性によれば、「野生の世界では」母親に捨てられることは死刑宣告に等しいのだという。その発言はやがて、野生の捨てられた子グマは死ぬのだし、死は自然なものなのだから、小さなクヌートを生かしておくのは不自然だという主張にすんなり移行した。自然はとても気まぐれだから、過去に捨てられた子グマがみんな死んだわけではないし、この先もみんな死ぬわけではないという推論には移行しなかった。別の言いかたをすれば、その活動家はこんなふうに決めてかかっていた――ごく一般的な行動だけが自然であり、平均から外れた行動はどんなものであれ不自然である。

　どういうわけか、狂信者たちは単なる仮定をしたがうべき義務にしてしまった。彼らに言わせれば、不自然な行為を避けるのは動物園の使命であるらしい。だれもが感情的になりすぎていて、その仮定を真実だと信じている人なんてほとんどいないことに、だれも気づかなかった。いったいどこのだれが、動物園を自然だと思っているというのか？　そのいっぽうで、同じ狂信者たちが、そのまったくのたわごとからたいそうなひらめきを得た――自然を受け入れ、あの子グマを殺せ。それどころか、活動家たちは子グマのクヌートを殺させるべく、動物園の管理者を訴えようとまでした。その手の発言のうち、実際の発言者が特定されているものをふたつ見つけた。ある男性――記事のなかでは動物愛護活動家としか書かれていない――はこう言った。「事実として、動物園はあのクマを殺さなければならない」。さらに、こうも言っている。「ホッキョクグマの母親がわが子を拒んだのなら、動物園は自然の本能にしたがわなければならないと思う。野生の世界なら、その子はそのまま放置されて死ぬはずだ」。当時、ドイツ・アーヘン動物園長だったヴォルフラム・グラフ＝ルドルフはこう発言した。「過ちが犯された。もっと早く（クヌートを）眠らせる勇気を持つべきだったのだ」

自然にまかせれば、見捨てられた子グマは行き届いた母親のいる子グマよりも生きるのに苦労し、死に近づく。でも自然にまかせれば、人間は見捨てられて苦しんでいる子グマを助ける。わたしの本能は、わたしにそうしろと命じるだろう。わたしはそれを知っている。なぜなら、パンサー・クリークの見捨てられた子ジカが、わたしの本能を試したからだ。〈キツネ〉の四匹の子も、彼が眠っているあいだに湿地を無鉄砲に走りまわって、わたしの本能を試した。わたしたちの本能は、なにが自然かを告げている。それに対して、わたしたちの社会が告げているのは、なにが普通か、ということだ――ただし、わたしたちがそれを認めた場合、という条件がつく。

自然は残酷だ。これはパラダイムを装った比喩的表現だ。もっとも、山師がペテン師を装うようなことがあればの話だけれど。

ホッキョクグマは人間に育てられるくらいなら死んだほうがましだと思うだろう、と書かれている記事も読んだ。どうやら、ホッキョクグマを縛っている道徳基準は、わたしのそれよりも高いようだ。

わたしだったら、死ぬくらいならホッキョクグマに育てられるほうがいい。とにかく生きていく。それに比べれば、「普通」であることになんてぜんぜん関心がない。普通であろうとすることが、忙しい者が追い求めるだけの価値のある営みだとも思えない。〈キツネ〉だったら、普通とはなにか、などという底の知れない問いをあれこれ考えて時間を無駄にするのをよしとしないだろう。生か死かの選択。それは単純な問題で、いつだって時間をたっぷり費やすだけの価値がある。

　それに、ホッキョクグマが提供できる養育環境よりもひどい環境で育っている子どもたちが世界にたくさんいる事実を、どうしたら無視できるというのだろうか。

カササギ

丘の斜面に座っていたキツネは、雌のチュウヒの長い尾羽と、尻のつぎあてのようなまばゆい白の羽毛に気づく。眼下に広がるムラサキウマゴヤシの野原の上を、体を大きく傾けながら高速で飛んでいる。ハタネズミをつかまえようと、減速して下降したチュウヒはいま、やけに低いところを飛んでいる。空気が重くならず、彼女のまわりで沈んでいかないかのようだ。気圧が下がっているのを感じたキツネは、天気の気まぐれさを警戒し、新しい巣穴のあたりで嵐を待つ。青い屋根の家からは近く、ワシの巣からは遠くなった新しいすみかは、前年の巣穴と同じ崖の懐に抱かれている。だが、この新しい巣穴は、川の大きな湾曲がよく見えるし、玄関も前より豪華だ。土のパティオのかわりに、岩のテラスがある。テラスの日が沈む側では、巣穴の入口のひとつを蹄鉄のように囲むビャクシンの入江が川に向かって口を開いている。ウルシの茂みと、上にのれるほど大きな岩ふたつを内包しているにもかかわらず、その入江には、雌ギツネと三匹の子ギツネ、そして招かれざるシカのトリオが収まるだけの余地がある。楽天的なチュウヒがムラサキウマゴヤシの野原の旋回を終える前に、空はみぞれ、雹、雪、日光、雨でいっぱいになり、そしてようやく、うなりをあげる風のあとに、もっとたくさんの日光が現れる。

巣穴の近くでは、尻尾のよじれた子ギツネがカエデみたいな葉をつけたスグリの茂みの下にうずくまり、〈ハリケーンの手〉が哀れをもよおすほど長い道具を使って、積み重なった土の位置を変えるのを眺めている。ほかの子ギツネたちは追いかけっこをしながら、巣穴の主室のすぐ上にある、てっぺんがたいらになった大きな岩へ向かう。その岩は、下に潜りこんで隠れたときには子ギツネたちを屋根のように守り、温められた表面の上で日向ぼっこをするときにはパティオのように支えてくれる。一羽のワタリガラスがルリツグミの一部をくちばしにくわえてかすめ飛ぶ。ヒキガエルの形をした巨礫の近くに舞い降り、ほかのワタリガラスたちに合流すると、全員がカアカアと鳴き、いっせいに跳びあがる。いちばん高い跳躍でさえ、立っているエルクの頭の上にはのれなそうだ。ワタリガラスたちがすでに川岸のエルクの死骸を食べ、その肉で酔っぱらっているのなら、彼が身をくねらせておやつを食べに行っても、もう手遅れだろう。

そのかわりに、彼は弾む足どりでウサギの野原へ向かう。そこでは、芽生えつつある草が解けかけの雪の下できらめいている。彼が到着すると、野原を二分するガマでつまった小川の両側にシカが散らばっていた。食べるのに忙しいシカたちは、豆の蔓のように身をかがめ、図々しい尻を四方八方に向けている。

そんなふうにちりぢりになって食事をしているときのシカは、なかなか再整列して移動したがらない。それどころか、草なんて空気みたいな味しかしないというのに、体がぶくぶくに膨れあがり、糞が地面を覆って大量のメタンを放出するまで、延々と食べつづける。そのあいだは、硬いひづめのついた足に囲まれているせいで、彼がウサギを追いかけるのは難しい。低木の茂みにいるウサギは捕まえられないこともないが、そういうウサギは見つけにくいし、ヤマヨモギのような味がする。ウサギの野原をめちゃくちゃにされる前にシカたちを取り除くには、突つき技(わざ)、粘り強さ、集中力、そして骨のようにかたい自信が求められる。〈ハリケーンの手〉がどれだけ手を叩いても成し遂げられないだろう。

野原の端のほう、ぎしぎしときしむハコヤナギの影のなかで、二頭の雌ジカが歯でたがいの首を毛づくろいしあっている。彼はそのシカたちに忍び寄り、脚がダニで覆われているのが見えるほど近づく。彼が身をかがめて、ひげで若い雌ジカの足首に触れると、シカはかかとをひょいと後方に動かして振り払う。まるで、あんたなんて虫ほども怖くない、と言わんばかりに。まるで！　雌ジカが草を貪っているあいだ、キツネは彼女の喉の下側を観察する。顎の下のたるんだ皮膚が、増水している小川のように波打つ。さらに近づいて前脚の膝の下に入りこみ、シカの脚はぼんやりかすんで見えるせいで、シカの鼻が地面にぶつかっているところをじっと見る。ダニたちが猛スピードで血を吸っているせいで、シカの脚はぼんやりかすんで見える。次にシカの舌が滑りでたタイミングで、彼は長くて黒いひげでシカの脚の下のほうを軽く叩く。シカはぴくりともしない。作戦成功！

目に見えない存在になったところで、丘をくだる逃げ道からいちばん遠いところにいるシカに忍び寄り、乾燥した甘いハックルベリーを食べているみたいに草を貪る群れを眺める。最後方にいる太ったシカのうしろでとびはね、尻尾でシカの脇腹をこする。シカはぴくりと頭を上げ、目を見開く。そのまま丘を駆けおり、前方にいるシカを残らず彼のウサギの野原から押しだす。

彼が実りの多い午後を過ごしていると、頭上で赤い尾のノスリが叫び声をあげ、白い頭のワシが野原に向かって急降下する。ワシがさっと再上昇すると、別の赤い尾のノスリが追跡に加わる。影がウサギの野原を縦横に走る。その騒動が終わる前に、キツネは低木林地に逃げこむ。ヤマヨモギのなかにうずくまって今朝の大雨を反芻しているまだらのコマツグミは、鼻をつんと刺す低木と取っ組みあってびしょ濡れになる見返りの食事としては小さすぎる。あの鳥がもっと乾いたころ、あるいはもっと太ったころにならば、戻ってきてもいいかもしれない。

軽食をとるためにお気に入りの沼地へ向かいながら、彼はまた別のチュウヒのようすを窺う。ゆっくり旋回しては急降下し、ときおり姿を消すチュウヒは、彼と同じことを考えている——ハタネズミをちょろまかすこと。彼は先端の白い尾をまっすぐに掲げ、〈丸い腹〉に助けがほしいと知らせる。

ここに住むヒトには〈テニスボール〉、キツネには〈丸い腹〉で通っているカササギが、巣の開口部から頭を突きだす。背の低いねじれたビャクシンのなかにある巣は、ドームで覆われた大きな鉢のようだ。築三年で、下側の縁がすり減りかけ、屋根が内部を暗くするくらいしっかりと覆いかぶさっている。球形の巣に開いた唯一の入口から姿を現した丸い腹のカササギは、巣の近く、むきだしの脚を生やした背の高いビャクシンの下にあるかもしれない卵黄のことを考えている。

一列に並んだライラックを通りすぎたあと、彼女はビャクシンのまわりを旋回するが、その下にはなにも見つからない。驚くことではない。卵黄の出現は以前からずっと、青い屋根の家にいるヒトのあてにならない気分と流儀に左右されていたからだ。

そのビャクシンのなかごろの枝は、肩につけた赤と黄のブローチを自慢げに光らせてさえずるレンジャクの集団の重みに揺れている。彼女がレンジャクたちの下の枝に舞い降りて無理やり追いだせば、レンジャクのとまっていた枝が上方に跳ねあがり、あの小さな鳥たちをむち打って、木から完全に追い払うだろう。だが、家長たる丸い腹のカササギには、遊びまわっているひまはない。

川へ向かった彼女は、開けたたいらな野原、エルクの死骸の近くに、白い頭のワシたちが立っているのを見つける。金色の首のワシが食事を終えるのを待っているのだ。彼女もそのなかまに加わることにする。すでに死骸の脇に控えていた彼女の連れあい、尾の破れたカササギが、彼女の独特なはばたきの音に気づき、彼女が着地すると同時に顔を上げる。

彼女たちがまだ待っているうちに、遠くのヤナギ林に住むカササギの一団が到着し、四方に散って死骸のまわりを旋回する。だれかが上まで飛んでいって、あの鳥たちを出迎えなければならない。訪ねてきたカササギは攻撃的ではないが、だれかがあいさつするのが礼儀というものだ。彼女と連れあいはいつも礼儀を守ってきたが、それもだんだん億劫（おっくう）になっている。だれもその務めを果たそうとしないので、連れあいとともに、いつものように舞いあがる。彼女は連れあいの尾がまだ優美で欠けがなく、暮らしがこれほど疲れるものではなかった日々を思い返す。

金色の首のワシが木の電信柱に引っこむと、全員が押しあいへしあいし、エルクの死骸のかけらにありつこうとする。太陽と雪が波のように、暴徒と化した掃除屋たちの上をよぎる。一羽一羽が彼女の二倍はある騒々しいワタリガラスの大集団が到着し、丸い腹のカササギは虫で我慢することにする。野原をのんびり歩いている白い尾のシカの揺れる背中に跳びのり、背中にいるダニをついばむ。子ジカが目線を上げる。その子ジカの上を向いた細い鼻、大きすぎる目、丸い額は、あのキツネを思いださせる。

丸い腹のカササギを背にのせたまま、白い尾のシカは群れとともに沼地に沿って歩いていく。頭上をよぎる一羽のチュウヒの影が、若いコマツグミを湿ったヤマヨモギへ追いこみ、そこにいた動きののろいハタネズミが木の下から追いだされる。ハタネズミはおたおたとバンチグラスを出たり入ったりしながら、あのキツネのお気に入りの沼地を突っ切る。チュウヒはハタネズミを追って急降下し、獲物とともに上昇する。あのチュウヒがこの沼地で楽々と狩りをしたのなら、またここに戻ってくるはずだ。丸い腹のカササギはそれを知っている。そこで、チュウヒの狩りをもう少し面倒にしてやることにする。シカの尻から跳びおりると、彼女はフクロウに似た顔のチュウヒに向けて、自分の白い腹をさらす。そんなふうに、大きくて明るい標的のように自分の存在を告げるのは、本質的に危険な行為だ。だれが見ても、彼女は正気でないか、でなければ勇敢だと思うだろう。だが、まばゆい白い腹をさらすのは、捕食者を引き寄せるだけではない。友に向けた救助要請信号でもある。彼女は正気を失っているわけではないし、勇敢でもない。ただ単に、自分には敵よりも味方のほうが多いと信じているだけだ。

カササギの小さな群れが家長に合流し、パニック状態のチュウヒを追いたてる。チュウヒはとうとう急転回し、丘のほうへ飛び去る。

ある暖かい日の午後早く、ネズミを半分に切ったキツネは、その頭の側を喉につまらせ、キンポウゲのなかにぽとりと落とす。子育て中の雌はねばつくかすを舌に残すので、彼は食べるのを避けている。食べたいものだけを食べる。それは、速く賢い者であること、そしてシカではないことから得られる利点のひとつだ。偉大なハンターは食の好みがうるさくなる。子育て中の雌だけでなく、大きくて好戦的な雄もひどい味がする。どちらにしても、彼はネズミよりもハタネズミのほうが好みだ。それに、ハタネズミのふっくらとした体なら、ゴムやプラスチックが入っていることはない。ときどき、はずれのネズミを捕まえてしまったときには、〈ムラサキウマゴヤシの平地〉のキツネたちが眠りにつくのを待ってから、彼らの巣穴の外にそのネズミを置いておく。

今日のところは、ハタネズミのいちばんおいしい部分を嚙みながら、好きではない部分を草のひらたい刃に沿ってするりと前脚のあいだに落とす。彼が立ちあがると、〈丸い腹〉が残りものをきれいに片づける。そのあと、彼女は空中で体をねじったりくるくるまわったりして、彼を楽しませる。飛行はすてきな芸当だが、歯と引き換えに羽を手に入れたいとは思わない。彼はハタネズミを食べる。カササギが食べるのは残りもの。ときどき、カササギの生活は硬着陸(ハードランディング)の連続にすぎないのではないかと思うことがある。〈丸い腹〉がまだ空中アクロバットを続けているのをよそに、彼は日差しのなかでひと眠りしようと青い屋根の家へ向かう。彼がハタネズミを狩っていても、〈ハリケーンの手〉がそばを歩いているときには、丸い腹のカササギは絶対になかまに加わらない。彼が〈ハリケーン〉にマキバドリを持っていき、彼女が〈丸い腹〉に向かって金切り声をあげながら腕を振りまわしたとき以来、〈ハリケーン〉と〈丸い腹〉が敵どうしなのは知っていた。

日が暮れはじめたころ、渓谷に沿って走っていたキツネは、ヤマウズラたちがガサガサ、コツコツと鳴らす音を耳にする。一羽を捕まえるまもなく、ねばつくスグリの茂みの下からヤマウズラがいっせいに飛びだす。その一群のあとに、一羽が取り残されている。背中を横切る太いスグリの枝を別にすれば、丸見えの状態だ。

その若い鳥は重心を移し、うろこのある片足を前方に持ちあげたあと、動きをとめる。キツネはじっとしたまま、鳥が頭を下げるか、次の一歩を踏みだすときを待つ。長い待ち時間は、ときたまの野生の若鳥を手に入れるための正当な代償だ。このあいだも、太陽が顔の片側から反対側に移動するまで、白い羽の雄鶏をしとめる機会が来るのをひたすらじっと待っていた。

赤い尾のノスリのあとを飛んでいた丸い腹のカササギは、地面を見おろし、腐ったカボチャに見えなくもないものに目をとめる――オレンジ色で、汚れていて、丸い。だが、かすかな悪臭に胸騒ぎがして、近くへ飛んでいく。カボチャではなく、野良ネコだ。丈の短い草のなかを忍び歩き、あのキツネのほうへ向かっている。キツネはまだこの渓谷で狩りをしているようだ。あのキツネのことは、彼が乳飲み子だったころから知っている。成長した彼は、信頼できる残飯の供給源になった。せわしなく動きまわる者の生活には規則性がないが、無責任というわけではないのだ。彼女の視線の先で、オレンジ色のネコが背景の土に溶けこむ。キツネの風下、彼からほんの数歩の距離だ。あの位置だと、ネコはキツネからは見えない。いまにも彼にとびかかり、押さえつけ、やせっぽちの首根っこを嚙み切ろうとしている。カササギはいちばん近くのアカザに舞い降り、なりゆきを見守る。

わたしは石を使って土に小さなくぼみを掘り、卵黄の入った卵の殻をそのなかに滑りこませた。その朝は、ブラックチェリーと溶かしたチョコレートを混ぜたものに卵白を加え、生の卵黄を動物たちのためにとっておいた。チェリーは冷凍チェリーの袋に入っていたもので、チョコレートは〈ベイカーズ〉のセミスイート。〈クエーカーオーツ〉のシリアルを細かく砕いてオーツ粉にして、チョコレートとチェリーのミックスをハンドミキサーでピューレ状にする。そのあと、乾いた材料と湿った材料を混ぜあわせ、アーモンドスライスを加えてから、できあがったケーキ生地をガラスのオーブン用耐熱皿に入れた。

その日の〈ジン〉は、ずんぐりした灰色の鳥であふれかえっていた。鳥たちは先端に黄色い線の入った尾をひらめかせ、冠羽は頭頂部で結った髪の房のように逆立っている。あの鳥に名札がついていたら、こう書かれているはずだ。「ボンビシラ・ガッルルス」。名札がラテン語ではなく、意味のわかる言葉で書かれていたら、こうなる。「絹のような尾のある騒々しい鳥」。オーデュボン・ソサイエティによれば、俗名はキレンジャク。鳥たちはビャクシンの「ベリー」を食べ、ちいちいとさえずっている。わたしはその外見に心を奪われた。ヨーロッパヤマウズラにもひけをとらないくらい優美で、双眼鏡がなくても楽しめるくらい大きい。あの鳥たちは長居しないだろうし、この移動ルートをまた使うことはないかもしれない。キレンジャクは美しいけれど、それと同じくらい気まぐれでもある。

キレンジャクをお客として迎え入れておきながら、そのみごとな冠羽にカササギが卵黄をたらすのを許すわけにはいかない。〈Tボール〉をどうすればいい？　わたしはお楽しみの卵黄をとりあげた。以前、〈トニック〉の下で一三羽のヨーロッパヤマウズラが眠っていたときのことを思いだす。一羽一羽が別の鳥の腿に頭をのせて、群れ全体が完璧な花輪のようになっていた。その鳥たちをなんとしても守りたかったので、そのときも卵黄をとりあげなければならなかった。それ以外にも何度かある。もしかしたら、〈Tボール〉がいつも不平たらたらなのは、わたしが卵黄をとりあげるからではなく、あまりにもしょっちゅうそうするからなのかもしれない。

灰色の雲が口をすぼめ、だまし穴(サッカーホール)をつくっている。わたしをだますことはできない。でも、夏の一日に、陽光を浴びてまだら模様になったつかのまの雪のシャワーの下に立ち、それを透かして背景の青い空を眺める喜びを前にしたら、スコールのなかでみじめな気分になるリスクなんてかすんでしまう。なんだかんだで結局、わたしは北側の丘で野良ネコをどすどすと追いかけまわすはめになった。

ずっと遠くの前方で〈キツネ〉が狩りをしていて、どこにでも現れる〈Tボール〉が彼のすぐあとを尾行している。ふくらはぎまでの高さがある多年草の小枝は、ひどく寒い晴天の日が続いたせいで真っ赤にただれていて、わたしが踏みつけると、ほとんど苦痛の叫び声のようにきいきいと音をたてた。その激痛を感じとり、わたしは歩幅を極限まで広くした。

キツネのぎらつく目に捕らわれたヨーロッパヤマウズラにとって、重要なことはただひとつ——生き延びるために、自分を石に変えること。彼女は呼吸もまばたきもしない。動かずに立っているだけではだめだ。花崗岩と同じくらい生気をなくさなくてはならない。腐りかけのサッチアントの巣のなかを風が吹き抜け、細かい胞子を彼女のほうへ飛ばす。胞子のひとつが、目のまわりの栗色の部分と灰色のまぶたとを隔てる薄い膜に着地する。胞子に目をしばたたかせたヤマウズラは、恐怖のあまりぴくりと動く。その瞬間、スグリの枝はもはや彼女とキツネを隔てていない。

丸い腹のカササギはかぎづめを枯れ枝に巻きつけ、危なっかしくバランスをとりながら野良ネコの動きを見張る。身を低くし、口を大きく開けたネコは、ヤマウズラを注視しているキツネにいまにも襲いかかりそうだ。ヤマウズラが前方に傾くと同時に、キツネがとびつく。カササギはネコの背後から突進する。カササギから身を守るのか、キツネを殺すのか、ネコは瞬時に決めなければならない。ネコはカササギが氷柱(つらら)であるかのようにその向こうを透かしてにらみつけ、細く尖ったオレンジ色の鼻づらに意識を集中させる。

その鼻づらがカササギのほうを向く。ネコは体を半回転させ、一組の爪をカササギのやわらかい胸部組織に食いこませる。仰向けに押さえつけられたカササギは、くちばしでネコの目を狙う。ネコはもう一組の爪を最初の一組の下に突き刺す。くちばしがネコの目に届いたそのとき、ネコが爪を横にぐいと引き、腸が上方に飛び散るほどの強さで丸い腹のカササギを引き裂く。噴出するみずからの温かな血に目を塞がれたカササギは、静かに血を流し尽くす。

騒動のあった渓谷から矢のように逃げだしたキツネは、草の生えた斜面を駆けのぼり、安全な距離の巨礫まで来たところで足をとめる。食欲は消え失せていた。ネコは何歩かうしろに下がり、〈丸い腹〉の死骸を泥のなかからひらたい岩の上に引きずりあげている。ネコの顎からはみでた彼女の死骸がぱたぱたと動くのを見ていたキツネは、まれにしか感じたことのない気分になる。悪いキノコとか、脚にエルクの糞がたっぷりついたチョウとか、なにかよくないものを食べたあとのような気分。くらくらして立てなくなるそんなときには、ひどく火照(ほて)る時間と震える時間が交互にやってくるあいだ、横になってじっとやりすごしていた。〈丸い腹〉の残骸から顔をそむけると、はるか下で遠くまで流れていく川が目に入る。彼方の川岸に並ぶハコヤナギにはカササギがたくさんいて、その向かいには小さな島がある。彼の想像のなかで、そこは静かで陽光にあふれた、捕食者なんていない安息の地だ。でもたぶん、〈丸い腹〉がいなくなったいまとなっては、もうそこへはけっして行けないだろう。このあいだ、卵を探して川岸を歩きながら下流を眺めたときには、そんな旅をするには自分は小さすぎるような気がした。

〈丸い腹〉は彼に気ままな暮らしを与えてくれていた。彼女がいなければ、彼の体格と無口さに妨げられていたはずの暮らしを。まだ子ギツネだったころ、あのヒトに会うまでは、彼を守ってくれる者は〈丸い腹〉だけだった。いつも近くにいて、だれにでもとびかかってくれた。彼が脅かされていれば、彼のきょうだいたちにさえ。

枯れたヤマヨモギの下に押しこまれたぎざぎざのひらたい岩の上で、ネコがかがみこみ、前脚をカササギのはらわたまみれにしていた。わたしが近づいていくと、ネコは腹のなかの毛球と顎からたれさがるぼろぼろの翼の重みによろめきながら、バンチグラスのなかへ消えた。死骸のほかの部分は岩の上に捨ておかれた。丘の上では、〈キツネ〉がばらばらになったカササギをじっと見ながら震えていた。岩の下からアリの軍団があふれだし、縁を乗り越え、岩の表面を横断した。アリたちは新鮮な湿った血のラインを越え、ピンク色の肉と白い腱の上を這いまわり、引き裂かれた翼のつけ根に潜りこんでいる。わたしは〈キツネ〉を見ていた。ずたずたになったこのカササギが、〈Tボール〉なのだと悟るまで。

その途端、わたしは足をつまずかせながら、バンチグラスとサボテンを縫って家に取って返した。急ぎすぎたせいで、ポケットからとびだした鉛筆を拾うこともできなかった。チョコレートケーキが待っている。自分とあの殺戮とのあいだに距離をおけば、そのぶんわたしの食欲も早く戻ってくるだろう。〈Tボール〉がわたしのコミュニティの一員だとか、〈キツネ〉の友だちだとか、そんなことは関係ない。彼女はひどい苦しみを味わいながら、悪臭を放つ毛のかたまりと腐りかけのかぎづめにゆっくり引き裂かれて死んでいったのだ。たしかに、彼女はどこにでもいるかのようにあちこちに現れては、あまりにもしょっちゅう、あまりにも大声でぎゃあぎゃあ鳴きわめいて遺恨をまきちらす生きものだった。けれど、本当のことを言えば、わたしが彼女を好きになれなかったのは、彼女が〈キツネ〉を煩わせているからだった。そしていま、もう手遅れというときになって、わたしは彼女を見誤っていたことを知ったのだ。

それで思いだしたことがある。三月下旬、カササギたちが春に生まれるひなに備えて巣を強化していたときのことだ。おそろしく風の強い日だったので、カササギたちは風が弱まったときにせっせとはたらき、強まったら中断していた。〈Tボール〉だけは違った。怠け者のかぎづめを探しに来る悪魔をもっと邪険にしてやろうと、どんな突風のなかでも忙しくはたらいていた。地面すれすれを飛びまわっていた彼女は、小さな葉のついた鋭いアカザの小枝を拾いあげた。冬に枯れた植物本体から飛ばされてきたものだ。一陣の疾風が音をたててくちばしから小枝をさらい、車輪のようにくるくると吹き飛ばすと、〈Tボール〉は射るような黒い目で揺るぎなく立ち、風に羽をむち打たれながら、硬い粘土質の土をがっしりつかんだ。そうして、別の枝が飛ばされてくるのをじっと待っていた。

ニシアメリカフクロウ

〈四匹の子ギツネの夜〉のすぐあと、わたしは〈キツネ〉通貨の取引をはじめた。要するに、自分の願望と、それを実現するために支払ってもいい代償を考え直すということだ。あのできごとをきっかけに、わたしは人生がいまよりも単純だったころを思い返した。マウントレーニア国立公園のウィルダネスではたらく若きレンジャーだったころ。当時、わたしを守ってくれるものは防風ガラス、塗装されたスチール、〈ミシュラン〉のタイヤだけで、それはこの世界でわたしが所有しているもののすべてだった。わたしがパークレンジャーだったころ、ニシアメリカフクロウ戦争がコミュニティを分断していた。その戦争がはじまったのは、とある組織がニシアメリカフクロウとその生息地——老生林——を種の保存法にもとづく保護対象の候補に指名したときのことだ。この地域の職の大部分は老生林の木材伐採に関係していたので、ニシアメリカフクロウがその「リスト」に加わったら経済が衰退するにちがいないと考える人もいた。そんなわけで、コミュニティのあらゆる人が「リスト派」と「伐採派」のどちらかに属していた。

ある晩、その闘争のさなかに、ワシントン州パックウッドにあるバーのトイレのドアを開けたわたしは、トイレットペーパーのかわりに、手書きのバナーが置かれているのを見つけた。バナーには、こんな質問が書かれていた。「トレットペーパーを切らしている？」その問いへの回答は――「ニシアメリカフクロウでケツを拭け」。トイレットペーパーの誤字よりもわたしを当惑させたのは、トイレットペーパーに対する需要が老生林の破壊を正当化する理由になるというほのめかしだった。わたしはなかば文明化されたどんな人間にも劣らずトイレットペーパーを気に入っているけれど、樹齢四〇〇年の木からつくったペーパーを使うくらいなら、ツタウルシ（ウルシ科の植物で、強いかぶれ成分を持つ）でお尻を拭くほうがいい。わたしは一介のブルーカラーのレンジャーで、当時は大学の学位も持っていなかった。それでも、そもそもどちらかを選ぶようなことではないだろうと思った。わたしたちはトイレットペーパーを守る方法を見つけられるはずだ。鳥といっしょに。木といっしょに。

なんといっても、わたしたちは月に人間を送りこんだのだから。

その後、大学院に行ったわたしは、月に人間を送りこんだのは「わたしたち」ではないことを知った。それをしたのは、ロケット科学者たちだ。そして、その人たちについてわたしが探りだせたことからすれば、彼らはトイレットペーパーの設計者よりもずっと高い報酬をもらえるプロジェクトに従事していた。ロケットを設計するようなプロジェクト。

つまりは、わたしたち全員が森をつうじて、自分の求めるもの、大切にしてもいいものを考えていたわけだ。伐採業を営んでいない人たち――大部分はバックパッカー――は、フクロウをリストに加えて、その生息地であるウィルダネスを守ることを支持していた。そうした人たちは、伐採業者がウィルダネスを侵害していると感じていた（フクロウはバックパッカーに対して同じことを感じている）。

ニシアメリカフクロウはどんなフクロウにも劣らず賢いけれど、たいていの人はそう思っていない。というのも、このフクロウには羽角がなく、イラストレーターが小さな眼鏡を引っかけられるところがないからだ。フクロウ（ストリクス）属と呼ばれるカリスマ的な属を構成するメンバーの例に漏れず、ニシアメリカフクロウは皿のような顔と丸い目を持つ。わたしがパトロールしていた地区のウィルダネスには、三種のフクロウ属が住んでいた。アメリカフクロウ、カラフトフクロウ、そしてニシアメリカフクロウ。

ウィルダネスでテントから出た途端に皿のような顔のフクロウと目があったりしたら、それがどのフクロウであっても、あなただって興奮するはずだ。それどころか、ウィルダネスでキャンプをしているのだと認識するだけでも興奮するだろう。もちろん、わたしもそうだった。わたしとその森を分けあっていた伐採業者たちも、同じように感じていた。わたしは国立公園局の仕事をするバックカントリーのレンジャーで、伐採業者たちは民間会社のためにはたらいていた。それでも、わたしたちの習性はよく似ていた。どちらも森ではたらき、文明を避け、服装や身だしなみが一風変わっているせいで遠目には性別を判別できない。大学の学位を持っていないところも同じ。わたしたちの仕事には、少しの管理とたくさんの筋肉が求められる。まちがってもわたしたちを「高給とり」と呼ぶ人はいないだろう。それでもわたしたちは、自分の生活の質と引き換えにしてまで大金を稼ぎたいとは思っていなかった。つまり、伐採業者は常軌を逸した人たちではないのだ。一〇本の木を切る報酬が一万本の木を切る場合と同じなら、伐採業者たちはどちらを……いや……言うまでもないのでは？　わたしたちはみんな、森のなかで誠実なよい暮らしを送りたいと思っていた。

国立公園を離れたあとも、わたしはそんな暮らしを求めていた。でも、博士号を取得したころには、真鍮のバッジ、糊のきいた制服、役に立たない方針への帰属は、その特権を得るために払うには大きすぎる代償のような気がしていた。わたしはほかのだれのものでもない、自分の土地の世話をしたかった。土地にどっぷり入りこんで、土地で自分を包みこみたかった。そして、その土地を特別な場所に存在させたかった。人間と自然のあいだで公平な力の分布が保たれている場所に。自然がときどき、人間にあれこれ指図されるのを拒む場所。野生の子ジカが飼い犬に腿の一部を噛みとられて、苦しみながらゆっくり死んでいったりしない場所。

〈四匹の子ギツネの夜〉は、自分の望みを注意深く選ばなければいけないのだと教えてくれた。エメラルドを持っている人が豊かなのは、エメラルドの本質的な価値のおかげではない。あなたがその人のエメラルドを欲するから豊かなのだ。〈四匹の子ギツネの夜〉にわたしが体験した喜びはひとつの製品で、それには値段がある。同じような体験をもっと買いたいのなら、そこそこの収入と医療保険〈とエメラルドを買うための余分なお金〉が付属する都会での仕事をあきらめ、その体験を得るための代価を支払わないといけない。わたしはどれくらい、この人里離れた場所でキツネたちと暮らしたいと思っている？　そのために、どれくらいの代価なら払ってもいい？

七月、わたしの人生で二度目の〈キツネ〉と祝う誕生日に、友人のマイク・ハイアムがカナダから車で訪れ、一週間滞在した。よたよたとドライブウェイを走り、コテージ正面の野原に入った彼の年代物のボルボ・セダンは、わたしの花畑のなか、正面玄関の階段からほんの数センチのところでゆっくりとまった。

車を降りたマイクに、わたしは彼のまちがいを説明しようとした。

「あー。これは花畑なのか」。マイクはサングラスを上げ、靴下にくっついているチートグラスの種子のかたまりを見おろした。「で、きみのところのドライブウェイと花畑の違いは……？」

「ドライブウェイは、車が走るところ」

彼がまだ混乱した顔をしていたので、わたしはさらに続けた。「設計上ってこと。ドライブウェイは設計上、車が走るのを意図しているところ。なりゆき上、ではなく。こっちは花畑」。わたしはボルボに向かって手を振った。「ここには植物を植えるつもり……そのうちに。たぶん。草地は……」。わたしはくるりと体の向きを変え、目印になるものを探した。「えっと。植物を植えるつもりのない場所のこと」

「いや、でも、花畑、草地、ドライブウェイ……みんな同じに見えるよ」

とにかく、マイクの車は移動しなければならない。ぴかぴかのボディだろうが、有害物質をばらまくシャーシだろうが、ゴムのタイヤだろうが、〈キツネ〉は自分のなわばりにいる自動車を大目に見たりはしない。マイクは窓から腕をだらりとたらし、前年のヒヨスの乾いた殻を叩きながらドライブウェイをバックした。あと一か月もすれば、ヒヨスの大群が満開の花を咲かせ、丈夫な雑草が砂利とシカの尿だけでどれほどの生存能力を発揮できるのか、わたしに思い知らせることになる。イエローストーン国立公園の上流域ではたらく同僚のヘルガが立ち寄ったときには、コテージ裏手にステーシヨンワゴンをとめた。この家のドライブウェイの場所はどうしてしょっちゅう変わるのか、とヘルガに訊かれた。わたしがワゴンの目立ちすぎるつやつやのリムに向かって土を蹴っていると、ヘルガは自分で質問に答えて、ドライブウェイをまわりに溶けこませて、客が来ないようにしているんでしょう、とわたしに教えてくれた。わたしはそれを否定しなかった。マイクでさえ、ドライブウェイと草地を区別できなかったのだから。しかも、彼は植物学の博士号を持っている。

　翌朝、マイクとわたしは写真向きの景色と採集向きの岩石を探して、ベアトゥース山脈へ車を走らせた。仕事以外で、リアウィンドウを横切るラックに本物のショットガンがのっていない車の助手席に座る（ライド・ショットガン）のは、わたしにとってはじめての経験だった。だれかといっしょに狩猟をしているのでないかぎり――そして、わたしはたいていひとりで猟をする――わたしはいつも運転席に座る。操縦権を手放すのは心地よくないけれど、そのうちに風景がわたしの苦悶を和らげてくれた。使われなくなった電柱の上では、ミサゴが送電線にぶつかって感電しないようにこの地域の電気協同組合がつくった木製の台が鳥の巣を支え、そのいまにもあふれそうな巣から一羽のカナダガンが頭をぴょこんと出している。三羽のオオアオサギが川岸の営巣場所――川中の島の近くに密集するトウヒの木――の上を舞っている。灰色の樹皮のモミがつくる鬱蒼とした木立を黒いムースの脚が駆け抜け、それに続いて茶色の赤ちゃんムースが走っていく。パンダみたいな模様のついた顔が、その目をソーサーくらいの大きさに見せている。

　球状の脱脂綿に似たポプラの種子が黒いハイウェイを覆っていた。それが何センチか宙に浮かび、わたしたちの前方で渦を巻くせいで、雲のなかを走っているような気がした。優美な雌のオジロジカを写真に撮ろうと、マイクが車をとめた。助手席の催眠状態から目覚めたわたしは、ボルボをそっと降りて、がれ場へ向かった。

マイクが追いついてきたとき、わたしは小さな丸岩の上に身をかがめていた。「パーティーの記念品になりそうなのを探してる」とわたしは言った。「〈キツネ〉にあげる用に。わたしの誕生日に」「なるほど」とマイクは言いながら、キャップをした〈キャノン〉のカメラのチェストストラップを締めた。「ご所望の仕様は？」

扇状地をさらにのぼっていくと、やがて道路から聞こえてくるのはハーレーの発する音だけになった。わたしたちは足首の向きをあちらへこちらへと変え、さまざまな色の入り混じる花崗岩の下につま先を滑りこませてくさびのように押しこみながら、一面のクローバーのなかで「だれそれ」の村を探すふたりのホートンよろしく、岩を持ちあげては吟味して選りわけた。最初に見つけた特上の岩で手を打ったりはしなかった。粘りに粘って、何百とある岩を最後のひとつにいたるまで調べて、そのなかから完璧な特上の岩を探した。四〇〇メートルほど離れたボルボまで持ち帰ったのは、横から見るとわずかにくぼんだサーフボードに似ていて、上から見ると二等辺三角形の岩だった。

帰宅してから、その〈サーフボード岩〉を、〈キツネ〉が上にのってくつろぎながらワスレナグサを愛でられる位置に据えた。シーソーのように揺れる岩の下に小さな石や土を食いこませて安定させるわたしたちを、一羽のヨーロッパヤマウズラの雌が息を殺して眺めていた。わたしたちは彼女を無視しているふりをしたけれど、その群れが硬くてもろい草のなかをよちよちと歩き、腐敗臭のする排水溝へ入る音は耳に届いていた。身を隠しながら、岩とアザミに挟まれて暖をとれる場所だ。わたしの誕生日は、スイカと〈キツネ〉とともに祝った。後者は前者を食べなかったけれど。「誕生日おめでとう。わたしたちにお祝いを、〈キツネ〉」と言いながら、わたしはスイカの種を吐きだした。〈キツネ〉は〈サーフボード岩〉の上でバランスをとり、異を唱えたい者は唱えてみろと挑発していた。マイクは家のなかにいた。〈キツネ〉がマルコ・アントニオから逃げるところを目撃したあとでは、彼がほかの人間に我慢してくれるとは思えなかった。マイクは気にしていなかった。根っから寛容な人なのだ。マイクとは二年前にイエローストーンで出会った。夜遅く、警察がわたしの盗まれたフィールドスコープを返しに来るのをロッジで待っていたときのことだ。わたしは面倒なことになるのを覚悟していた。警察がそのスコープを証拠品としてしばらく預かっておきたがるのはわかっていたからだ。マイクがいっしょに待とうと申しでてくれて、わたしたちはおしゃべりをはじめた。彼は職業として植物学者を、情熱の対象として写真家をしている。見た目がよく、思いやりがあって、しかも愉快な人なので、それを思えば奇妙な話だけれど、マイクはいちども結婚したことがなく、それまでの人生のほとんどをひとりで過ごしていた。本人の説明によれば、母親に蔑まれていたせいで、女性と交流する能力が損なわれてしまったらしい。

次の日は涼しく、よく晴れていて、穏やかな日だった。だから、わたしたち全員が忙しく過ごした。ほかの夏の一日だったら、いとも簡単に雹で打たれたり、日光で焼き焦がされたり、熱い岩の上をのろのろ這う虫みたいにしなびたりするはめになってもおかしくない。外へ出るのなら、昼の暑さが来る前のほうがいい。イトトンボを見るのが好きなら、なおさらそう。その美しい生きものをおびきよせたければ、どこかの表面に水をまいて湿らせるといい。どんな表面でもかまわないけれど、植物が生えていなければなおいい。このトリックは、ミネソタで原野火災の鎮火にあたっていたときに覚えた。イトトンボは湿らせたばかりの黒い灰に目がない。防火帯（延焼を防ぐため、草木を除去した帯状の場所）を掘っているときには、〈ホワイツ〉の一〇インチ丈のブーツの下で流血する火ぶくれから気をそらしてくれるのはイトトンボだけ、という状況によく遭遇した。あのあざやかなターコイズブルーの昆虫だけが割って入る母なる自然のモノクロの荒野で、くすぶる灰が膝の高さまでたまった穴を始末した日もある。

〈キツネ〉の誕生日の岩に水をまいていると、一匹のイトトンボがわたしを困らせようと飛んできて、かくかくとした六本の脚を曲げ、火星探査車よろしく岩に着陸した。細くまっすぐな胴体と大きな楕円形の頭をよじりながら、彼女はサーフボードの広いてっぺんにできた極小の水たまりを探索した。ときおり動きをとめては、そのたびに少しずつ違うトルコ石の彫像に変身する。一時間が過ぎてからようやく、彼女はポーズをとるのに飽き、わたしは白い葉のセージ——腰までの高さがあり、樽のようにずんぐりしている——へ移動して、また別のショーを見物した。白いビロードのような枝をくるくるまわる、赤いテントウムシたちのショー。テントウムシはアブラムシを追いかけていた。逃げようとパニックになって宙返りするアブラムシたちは、たがいに積み重なり、緑色のブドウみたいなかたまりになっている。観客のなかには、たくましいサッチアントの姿もあった。このアリたちは、テントウムシよりも大きいわたしのほうがくみしやすい標的だと判断したようだ。ゴム長靴に襲いかかられたので、わたしはリトルビッグホーンの戦いでのカスター中佐よりもすばやく退却した。このパフォーマンスのあいだ、〈キツネ〉は〈トニック〉の近くで穴を掘っていた。ライチョウ狩りのハンティングブラインド（狩猟の際に動物から見えにくくするためのテントなどの構造物）にするのだろう。

〈キツネ〉が逢い引きの場所に到着したすぐあと、〈破れ尾〉が現れて〈ジン〉のいつもの場所にとまった。やせてぼろぼろになった、黒いくちばしの掃除屋。そう聞いてあなたが想像できるであろう姿よりも、さらによるべなさげなたたずまいだ。その鳥をじっと見たあと、〈キツネ〉とわたしは顔を見あわせた。

「もっと卵黄を置いておくべきだったかもね?」でも実のところ、わたしたちは三者が三者とも、〈Tボール〉の不在をさびしく思っていた。

まだいい感じの光が差していたので、一時間ほど、土を引っかきまわすスカンクを眺めた。数分ごとに前進するのにあわせて、その幅広のひらべったい体が波のようにうねる。太い尻尾は、だらりとたれた先端以外はまっすぐに立っている。スカンクの尻尾が、大きなクエスチョンマークを描いて宙で揺れる。そのさまを堪能するめったにない機会を辞退する人が、いったいどこにいるというのか?

そんなふうにして、わたしたちは自分の時間を過ごした。それなのに世間の人たちは、テレビなしでどうやって忙しくするのかと不思議がるのだ。

遠吠えに起こされたのだと認識するよりも先に、わたしの脚がベッドからとびだして床を打った。その衝撃に引きずられるように頭が起きあがったちょうどそのとき、窓の向こうで、尻尾のよじれた子ギツネが頭をうしろにのけぞらせているのが見えた。夜明けをこじあけるように、不良連中が長く、大きく、高い声で騒いでいる。わたしは素足を長靴に押しこむと、のびたゴムにふくらはぎを挟まれながら、走って外へ出た。子ギツネにつまずいてほとんど転びそうになってから、走るのをやめた。

「静かに」。子ギツネはそうしていた。わたしは周囲を調べ、なにも危険はないのだと自分を納得させた。「行きなさい」。子ギツネはそうした。高くあがった尻尾が揺れたとき、その白いふさ飾りがだれかに取り返しのつかないほど噛みちぎられていることに気づいた。右端にいくつか細い束が残るだけになっている。

翌朝、不良連中がまた起床ラッパを鳴らしたときに、わたしは出動して点呼をとった。わたしが適切に対応したことに満足すると、子ギツネはその場を離れた。その次の朝の日の出ごろにも、また叫び声があがった。夜明けの大声は、おなじみだが予測のつかないイベントになった。「オオカミが来たぞ！」と叫ぶ少年にだまされるイソップ童話の村人になったような気分だった。だから、その次に不良が叫んだ夜明けには、外にとびだすかわりに窓辺でぐずぐずためらっていた。ナキハクチョウの首のように曲がった手負いの尻尾が、丈の低い草からぴょこんと突きだした。それだけでも、野生動物の子どもの生活が災難に襲われがちであることを思いださせるにはじゅうぶんだった。わたしは走って外へ出た。おおいなる地主は、まじめな幼いキツネに防災訓練を求められ、またひとつ成長するのだ。

緊急時対応訓練は、不良連中の唯一の趣味ではない。彼らはいろいろなものを盗む。持ち去れるものならほとんどなんでも。メラミンの化粧板、プラスチックのプランター、植木用のタグ。ときには持ち去れないものでさえ。草のなかをのたくるように走るあざやかな赤い線を見つけたときには、わたしはハイジャック中の目印かなにかの任務を妨害してやった。

〈キツネ〉が現れる二年ほど前、裏庭の駐車パッドの隣にある巣穴で、一匹の雌ギツネが出産した。

バスルームの窓から二〇メートルくらいしか離れていない場所だ。生後一か月もすると、子ギツネたちは巣穴から数メートル離れたところで遊び、歩きまわるようになった。窓の網戸を外してトイレの上で膝立ちになると、最高の眺めを楽しめた。毎晩、狩りから戻ってきた母ギツネが脚をまっすぐにのばしてじっと立つあいだ、子ギツネのなかでも大きい四匹が母親の腹にとびつき、乳を吸った。来る夜も来る夜も、四匹の丸々とした子ギツネが乳を飲み終えて走り去ってから、残された五匹目の子ギツネ、ひと腹のなかでいちばん小さい栄養不足の子が、頭を母の腹にぶつけ、からっぽになった乳首から乳を吸いだそうとしていた。そのしぼんだ小さい子ギツネは夜ごとに縮んでいき、ますます地面にべったりへばりつくようになった。ある朝とうとう、オレンジ色の綿毛と四匹の太った生存者だけが残った。四匹はきいきい鳴いてはふたつある巣穴のどちらかに潜りこみ、つねにわたしと距離を保っていた。秘密は保てなかったけれど。

その元気な四匹の子の母ギツネはわりと大胆で、わたしのコテージをおそれず、よく裏手の草地で狩りをしていた。〈キツネ〉の巣穴にいる雌ギツネは日中はめったに外に出ず、うちの敷地では狩りをしないし、〈キツネ〉と連れだって歩くこともない。唯一の例外は、〈キツネ〉といっしょに〈ピルボックス帽の丘〉の下で小さな黒い野良ネコに待ち伏せ攻撃を仕掛けたときだ。わたしは双眼鏡でなりゆきを見ていた。ネコはゆったりした足どりで、ビャクシンの影のなかに入ろうとしていた。誓ってもいいが、周囲にはそれ以外の大きな動物はいなかったと思う。そのとき、あの雌ギツネが幻影のようにネコの前に姿を現した。雌ギツネは長い前脚でネコの顔をばしっと叩いた。ネコの尻尾の二メートルほどうしろ、斜面をのぼった小峡谷から〈キツネ〉が現れた。彼はネコの肩に噛みつき、喉笛を砕いた。ごぶっという衝撃音と空気の逃げる大きな音が聞こえた気がした。

死んだネコをだらりと顎からぶらさげた〈キツネ〉は、雌ギツネが巣穴までの最短ルートを走っていくのを見守っていた。彼女の姿が見えなくなると、〈キツネ〉はまっすぐわたしのコテージのほうへ来た。死んだネコの尻尾を顎の片側からたらし、ゆらゆらと揺らしながら、うちのそばを大股で通りすぎる。それは膨大なエネルギーの無駄づかいだ。そのルートを通ると、さらに丘をくだることになるし、一五分ほど余分にかかる。距離でも高さでも損をする。けれど、彼は目的を達成した。死んだネコを見せびらかして、わたしを感心させるという目的を。

もちろん、彼がうちの近くを通った理由は、わたしにはわからない。それは彼がキツネだからではなく、わたしとは別個の存在だからだ。自分のことだって、すべての行動の動機を理解しているわけではないのだから、別のだれかとなれば言うまでもない。たとえば、だれかがわたしを特定のやりかたで扱う理由は、わたしには絶対にわからない。尋ねさえすれば本当のところがわかるなんて、とうてい思えない。人間は言葉を使ってコミュニケーションをとる。そして、故意にせよそうでないにせよ、その言葉が偽りになることもある。だから、わたしは人の言うことを、その人のすることを見て解釈する。そうせずに、人の話す言葉に頼ったりすると、いつもだまされてしまう。〈キツネ〉が人間よりもわかりやすいのは、彼にはわたしをだます言葉が使えないからだ。

あと一週間もすれば、ジェンナの担当するモンタナ・ウェスタン大学のプログラムがはじまり、わたしはイエローストーン国立公園の奥地へ行く——〈キツネ〉から三時間離れたところで、七日を過ごすことになる。その遠出が近づくにつれて、わたしはどんどん憂鬱になっていった。背の高い草の海をかきわけて歩くときも、最初は彼がわたしのあとをたどっていたのに、そのうちにわたしが彼のあとをたどるようになった。巣穴まで歩いていくと、〈キツネ〉は眼下で川と平行に——そしてすぐ上に——浮かぶ細い雲の帯を見おろした。まだ生き延びている子ギツネたちは気ままな暮らしを満喫し、彼らの団地——おとな一匹、子ギツネ三匹、規律なし——の天井を覆う長いたいらな岩の上で取っ組みあっている。さよならを言ったときには、小さな雲の集団が、透明な海に浮かぶ列島のように空を漂っていた。

イエローストーンへ車を走らせながら、「わたしの最良の友だちはキツネです」と言う練習をした。人間の最良の友はイヌとされていることくらい知っている。でもそれは、フランスの哲学者フランソワ・ヴォルテールの言葉が文脈から切り離されて引用されているからにすぎない。ヴォルテールが実際に「イヌは人間の最良の友である」と言い切ったことはない。それにいずれにしても、ヴォルテールよりもずっと前に、中東の女性たちがキツネと友だちになっていた。現在のイスラエル、ヨルダン、レバノン、パレスチナを含むレヴァント地方では、一万六〇〇〇年前の墓に人間の女性、イヌ、キツネの遺骸が眠っている。イスラエル北部で見つかった八〇〇〇年前の一連の墓も、同じような物語を語っている。イヌは使役動物で、人間に頼って生きていた。キツネは違う。人類学者たちが骨と胃の内容物を調べたおかげで、それがわかった。イヌは飼い主と同じように、穀物を食べていた。人間に餌をもらっているのでなければ絶対に食べないものだ。埋葬されたキツネは、野生の食生活を忠実に守っていた。イヌはペットであり、所有物だったようだ。でも、キツネは友だちだったのではないか。わたしはそう思っている。

「自然が人間にイヌを与えたのは、防御のためである」とヴォルテールは書いている。「そして、喜びのためでもある。あらゆる動物のうち、イヌはもっとも忠実であり、人間が持つことのできる最良の友である」。〈キツネ〉に出会ったときのわたしは、友情についてなにがしかを知っているとはとうてい言えなかった。けれど、いまならわかる。ヴォルテールの基準は、その名声にしてはずいぶん低い。防御と忠誠？　最良の友は、お金では買えないなにかを与えてくれる存在であるはずだ。

「わたしの最良の友だちはキツネです」。しかるべき瞬間を待って、そう宣言するつもりだった。そして、受講生たちがイヌ科動物の好奇心旺盛さを表す伝統的なポーズで首をかしげているうちに、さらに困惑させるようなことを言ってやろうと思っていた。わたしが孤独を好み、友だちを求めていなかったこと。道楽者の彼――そのキツネ――に追いかけまわされて、ついに降参したこと。〈キツネ〉は――ペットではなく――野生動物であり、自分の意志でなかまを選び、受講生たちがひとり残らずそうであるように、わたしから独立した暮らしを送っている。そんなふうに説明するつもりだった。


「わたしの最良の友だちはキツネです」

受講生たちはわたしをぽかんと見つめた。オレンジのリボンの裾飾りがついた緑のクロップドジーンズを穿いている人を見ているみたいに。どうやら、しかるべき瞬間ではなかったようだ。

いまにして思えば、だれだって、最良の友だちがキツネだと聞けば、キツネが唯一の友だちだと考えるだろう。そしてそれは、わざわざ自慢するようなことではない。彼の存在やわたしたちの関係を否定しようと思えばできたかもしれない。でも、自分が人間の友だちを持っているということが、そのキツネの誇りの源になっていたら？　どれだけのエゴがあれば、〈キツネ〉みたいな無力で小さな動物にささやかな満足を与えているかもしれないことをごまかすような、そんなまねを正当化できる？

サハラ砂漠で死にかけていたサン＝テクスは、キツネに慰められた。彼はキツネたちと友だちになった。一匹を食べれば自分の命を救えたかもしれないけれど、どれほど誘惑されようとも友だちを食べるべきではないことを知っていたのだ。サン＝テクスがキツネを食べてまで自分の命を救おうとはしなかったのなら、わたしだって、キツネとの関係を否定してまで面目を保つつもりはない。ヘビの二枚舌を持つくらいなら、ノミ程度の分別しかないとばかにされるほうがましだ。

〈キツネ〉と出会う前のわたしは、野生動物を擬人化するのを避けてきた。科学者としてのトレーニングとレンジャーとしての職業人生で身につけた姿勢だ。学生たちにもその姿勢を伝えてきた。彼と出会う前の夏、わたしは学生たちをワイオミング州ジャクソンにある国立野生生物美術館へ連れていった。寒い夏の日で、風が強く、気温は華氏三四度（摂氏一度）台で、霧雨が降っていた。言いかえれば、美術館の壁に取り囲まれるにはもったいない一日だったけれど、わたしの契約書はそうは言っていなかった。美術館に入ると、ハクチョウの絵がわたしたちを出迎えた。声高に存在を主張するその絵には、まちがった名前がついていた。

画家の描いたハクチョウは、明るいオレンジ色のくちばしと美しい曲線を描く首の持ち主だ。その目は、水に映る自分の姿を愛でているかのように、慎み深く下を向いている。このハクチョウはコブハクチョウ〔英名はmute swan〔無音のハクチョウ〕〕、キグヌス・オロル――古典的で優雅な、ヨーロッパ出身のハクチョウだ。コブハクチョウはグリム童話のページに登場し、背中の上で翼のアーチをつくってお城の濠(ほり)に浮いている。愛らしくて、寡黙なハクチョウ。

その絵の銘板には「ナキハクチョウ（キグヌス・ブッキナトル）」〔英名はtrumpeter swan〔らっぱを吹くハクチョウ〕〕と書いてあった。

野生生物を描く画家なら、ヨーロッパのコブハクチョウとアメリカ在来のナキハクチョウの違いを知っているはずではないか。そう思う人もいるだろう。しかも、この美術館はアメリカ在来の野生生物を専門にしているのだから。ナキハクチョウはコブハクチョウよりもがっしりしていて、くちばしは黒い。典雅な曲線を描く首と下を向いた顔のかわりに、ナキハクチョウのくちばしは、まっすぐのびた長い首から垂直に生えている。コブハクチョウの翼がつねに誘惑的なポーズで羽を逆立てているのに対して、ナキハクチョウの翼は横腹にしっかりくっついている。首はといえば、S字ではなく、かくかくとしたZだ。そして、ナキハクチョウは寡黙ではない。クラクションを鳴らしながら曲芸する自動車みたいな声を出す。ナキハクチョウをコブハクチョウに劣らず魅力的だと思う人は、ほとんどいないだろう。何回か、スキーをしていたときに、頭上をナキハクチョウが飛んでいったことがある。ストックを上げればさわれそうなほど近くを飛んだこともある。その翼幅がわたしの身長を超えていると認識できるくらい近くを。ナキハクチョウはコブハクチョウよりも大きいだけではない。あらゆるものよりも大きい――北米最大の水鳥だ。そして、わたしたち人間はナキハクチョウを絶滅の瀬戸際まで追いこんだ。

　二〇〇年前には、ミシシッピ川を漂ったりチェサピーク湾で釣りをしたりすれば、だれでも頭上を飛翔するナキハクチョウを見ることができた。一八五〇年から一八八〇年にかけて、「ハドソン湾においた通商に従事するイングランドの冒険家たちの総督と商会」（のちに「ハドソン湾会社」に省略された）は、一万八〇〇〇羽のハクチョウの皮を集めて――そのほとんどはナキハクチョウからはぎとられた――女性向けのファッションアクセサリーに変えた。アメリカ人はナキハクチョウの羽を切望したけれど、鳥そのものは求めていなかった。地主たちはナキハクチョウを殺し、寡黙で美しいヨーロッパのハクチョウで池を補充した。大恐慌が襲ってくるころまでに、米国で生き残っているナキハクチョウは一〇〇羽を下まわっていた。いまでは、もう捕獲されなくなったおかげで、数万羽に増えている。その増加の一部は再導入によるもので、わたしの住んでいる谷もそうだ。ナキハクチョウのほとんどは、モンタナ、アイダホ、ワイオミングで越冬する。美術館の岩の展望台からでも、何羽か見ることができるだろう。

　この絵を描いた画家は、コブハクチョウとナキハクチョウを混同していた。学生たちにとっては幸運なことに、博士号のおかげでわたしは事実で身をかためていた。屋外の彫像庭園へ出ると、モンタナを代表する野生生物アーティストのひとり、S氏が講義をしていた。彼が話をやめて質問はあるかと訊いたとき、わたしの手がさっと挙がった。わたしはクラップス（サイコロを振って出る目をあてるゲーム）用のテーブルに投げられたサイコロよろしく手持ちのちょっとした事実を振ってみせ、語気を強めて締めくくった。

「だから！　あなたの描いた絵のなかにいるのは、ナキハクチョウではないんです」

「ああ、いや、それは違いますよ」。一瞬の間のあと、彼は涼しい顔で答えた。「実のところ、あれはうぬぼれ屋のナキハクチョウなんです。そういうわけで、コブハクチョウのふりをしているんですよ」

もちろん、わたしは彼をいやなやつだと思った。

大学院での経験をつうじて、わたしはこんなふうに信じるようになっていた。動物を理解するためには、事実を集め、客観的で定量化可能なデータを作成しなければならない。それがすべてだ、と。わたしは想像力を失い、直観の大切さを無視するようになった。そうすれば、もっとプロに近づけると思っていた。そうではなかったのだ。S氏が芸術家で、わたしが生物学者であることは関係ない。想像力の欠如はキャリア上の選択肢ではなく、ひとりの人間としての危機なのだから。

のろのろとした足どりでS氏のもとから退散した三年後、わたしは同じような学生たちのクラスを連れて、気どっているときのナキハクチョウの姿を見せるために、またその美術館へ向かっていた。学生のなかには、そんなわたしを、マーク・トウェインの言う自然ペテン師の定義にあてはまると非難する人もいるだろう――「動物について、彼ら自身が分かっていることよりも自分の方がよく知っている」(『マーク・トウェイン　完全なる自伝』和栗了・山本祐子訳、柏書房)と思っている人間。それでもかまわない。なんといっても、イエローストーン川の上流では、わたし自身がわかっているよりもわたしをよく知っているキツネが、日向ぼっこをしているのだから。

サンドダラー

一週間にわたるフィールドクラスの最後のスライドショーが終わった。コテージから川の上流へ五五キロほど行った場所で、わたしは家に帰りたくてやきもきしていた。わたしたちの泊まるキャビンが湿った緑のオアシスに収まっているいっぽうで、〈キツネ〉は危険なほど乾燥した八月に苦しんでいるはずだ。だから、わたしは心配だった。講堂の外では、腐りかけの果実のような甘いにおいがハコヤナギの胴枯れ病の傷から漂ってくる。雌のエルクが鼻を上に向けて駐車場を歩きまわり、乳を吸おうとする子どもたちをよそに不満げにふるまっている。灯火の下で、イエローストーンのマンモス小管区のレンジャーがわたしを待っていた。「山火事が……風速二〇メートル……道路が封鎖……避難することになるかも」

わたしにとって、これがはじめての避難ではなかった。二〇〇三年には、グレイシャー国立公園のすぐそばの、マーサから買った例の五エーカーの森から避難した。「氷河（グレイシャー）」と呼ばれる場所が燃えるなんて、だれも思わないだろう。ミネソタ州インターナショナルフォールズと同じく、グレイシャーの北側の境界線はカナダとの国境に沿っているけれど、標高はそれよりも一〇〇〇メートル以上高い。わたしの担当していた区域の年間降雪量は平均四メートルほど。避難のあった年、七月四日の独立記念日に、わたしはグレイシャーでスキーをしていた。そのあと、暑くなった。何週間も雨が降らなかった。森のなかでは、複数の原因により火が出て、あっというまに山火事に発展した。わたしがスキーをしまったのは七月八日。二〇日後には、ロバート・ファイアと命名されたその山火事がわたしの土地に迫り、当局から避難命令が出た。

ロバート・ファイアは、複合的な山火事を構成するひとつの火災にすぎなかった。グレイシャー国立公園から出火したその山火事は、全体で一三万六〇〇〇エーカー（五五〇平方キロ）の土地といくつかの付属建築物を襲った。わたしの土地に家はなかったけれど、仮に家があって燃えてしまったとしても、一年もしないうちに建て直せたと思う。でも、わたしの土地に生えるベイスギが失われてしまったら、もとどおりの姿をわたしの生きているうちに見ることはないだろう。もちろん、年とった——樹齢数百年——スギたちは、自分で山火事に対処できる。老齢のスギなら、厄介な下生えを焼き払ってくれる山火事の恩恵を受けることさえあるかもしれない。わたしのベイスギたちは樹齢八〇年ほどで、自然分布域の東限に生えていた。湿気と日陰を好む木だ。山火事で森の天蓋がなくなったら、日光が土壌を熱して乾燥させ、ベイスギの萌芽を殺してしまう。その日照りを生き延びた種子も、マツとモミが育って枝をのばし、林床に日陰をつくるまでは成長できないだろう。

ロバート・ファイアはだれかが起こした火事だった。法執行当局者はだれも起訴しなかったけれど、出火の原因は放火か、もしくは人為的なミスだと見ていた。直径二フィートの焚き火炉に四フィートの薪を燃えたまま放置した、というようなミス。母なる自然が雷を落とし、思いきり首を反らせても樹冠が見えないほど高いダグラスファーを割り裂いたせいで火が出ていたのなら、わたしももっと寛容になれただろう。人間の起こす山火事はわたしの心を沈ませる。狭すぎる空間にあまりにもたくさんの人間が住んでいることを思い知らされる。この惑星をわたしと共有する悪い人間たちを収める空間がたりることはけっしてないのだ、と。

ロバート・ファイアのときには、山火事の進路を私有の森林やキャビンから逸らすために、バックバーニングと呼ばれる果敢なテクニックが使われた——火で火に対抗する方法だ。バックバーニングを起こす際には、燃料をつめたピンポン玉をヘリコプターから落とす。このピンポン玉が地面にぶつかると火が出る。バックバーニングの狙いは、上昇気流をつくって私有地——わたしの土地も含め——から炎を引き離すことにある。これは危険をともなう方法だ。管理者のつけた火がまちがった方向に延焼していたら、ロバート・ファイアの炎は多くの私有地を灰にしていただろう。バックバーニングは消防士にとっても危険だ。アイダホ州のヘルズキャニオンで下っぱの消防士をしていたときに、そのピンポン玉に降られたことがある。死ぬかと思った。ピンポン玉が降っているあいだ、風と大多数のピンポン玉は本来の仕事をしたけれど、いくつかはコースを外れた。わたしたちは気まぐれなピンポン玉を追いかけて走り、火を叩き消したあと、また坂を駆けのぼって、岩山のてっぺんの安全地帯へたどりつかなければならなかった。ロバート・ファイアでは、バックバーニングが功を奏した。わたしのかわいいベイスギたちも生き延びた。

人生二度目の避難に直面したわたしは、イエローストーン川にまたがる村、モンタナ州ガーディナーのモーテルにチェックインした。翌朝、食堂のカウンターに座り、冷めたスクランブルエッグをフォークで皿からこそげとっていると、ほとんど聞きとれない指令をがりがりと伝える無線を身につけた郡保安官代理が重い足どりで入ってきた。彼は頭を低くたれたまま厨房のドアを通り抜け、皿なしのぱさついたトーストを持って現れた調理師と雑談した。それからわたしに向けて、正午前の一時間か二時間ほど封鎖が解かれると教えてくれた。彼のあいているほうの手の指関節が、わたしのコーヒーマグのとなりでこつこつと音をたてていた。がんばろう。あきらめるな。わたしは疲労困憊(こんぱい)で、食べることも泣くこともできなかった。

バリケードまですぐに行ければ、荷物をまとめて、火に対する備えをする時間をとれるかもしれない。家具を窓から遠ざける。消防士のためにドアの鍵を開けておく。木製の階段を水浸しにする。ソーカーホース(穴あきの散水ホース)に水を流しておく。荷づくり。ヘルガに連絡して、コテージにとめたままになっている彼女のステーションワゴンのことを相談する。

モーテルの固定電話を使って、ガーディナーに住む野生生物写真家で友人のマークに電話をかけると、食堂まで迎えに来てくれた。マークの息子とガールフレンドのロリが避難の手伝いを申しでてくれた。わたしのハッチバックをあとに残して、マークのトラックに乗りこんだわたしたちは、うちまでの道が通れるかどうかもわからないまま、封鎖地点へ向かった。

川沿いの渓谷を数キロほど進んだ。左側には白く泡立つ急流、右側にはドーム・マウンテンの岩がちの尾根。その頂の上では、一本の白い煙の柱が空に流れこみ、上へ上へと渦巻きながら、山の二倍の高さにまで達している。その白い柱を取り巻く分厚い茶色の雲が転がるように上へ向かい、あざやかなコバルトブルーの空に穴を開けている。橋を渡り、川が車の右側になったところで、わたしのコテージの真上に位置する丘陵が見えた。細い一筋の黒煙が勢いよく立ちのぼったとき、建物が燃えているのだと悟り、わたしは泣きだした。

わたしは山火事を何度も、それこそ最初に見たときのことを思いだせないほどたくさん目にしてきた。米国全土のおおぜいのパークレンジャーたちとともに、わたしも悪名高い一九八八年の夏にイエローストーンで消火にあたっていた。いま、わたしの視線の先でもくもくと立ちのぼる灰色の煙は、物理的な現実をめぐるわたしの予想をことごとく超える速さで上昇し、広がっていた。小動物が頭上を横切る影に怯えるのと同じように、制御できない巨大な力に対するわたしの恐怖も根源的なものだった。さらに悪いことに、距離がその灼熱地獄から音を奪っていた。寡黙な敵は、耳で聞きとれる音をたてる敵よりもずっとおそろしい。

「二時間。そのあいだに入って、出てきてください。あなたの地区の家が燃えているんですよ」。検問所につめていた制服姿の職員は、マークのトラックをばんばんと叩くと、手を振ってわたしたちを通した。わたしが救いたいものは、ヘルガのステーションワゴンかマークの小型トラックのどちらかに残らず収まる量だった。わたしたちは30-06マグナム、そり、スキー、本、〈レミントン〉の20ゲージ、〈ピヴェッタ〉のブーツ、〈モス〉のテント、ムース皮のマクラク数足、木の握りに網目模様が彫りこまれたモデル19・357銃、寝袋四つとビビィサックひとつ、マウントレーニアのレンジャーなかまからもらったスキーを履いたクマ、弓ふたつとカモフラージュ柄の矢筒に入った矢、〈ノースフェイス・モレーン〉のインターナルフレームの女性向けバックパックをかき集めた。わたしの所有物のなかに、重いものや壊れやすいものはひとつもなかった。テレビもステレオも、携帯電話もデスクトップパソコンもない。一ドルより高い皿も、ガラス製品も陶器もない。ジュエリーはほんの少しだけ。

祖父の指輪――刻み目のついた金（ゴールド）で、一粒のダイヤモンドがはめこんである――はわたしの中指にはまっている。一二歳のときにそこに押しこんで以来、いちども外したことがない。祖父が最初に刑務所に入ったときに祖母が贈ったものだ。祖母はわたしが生まれる二〇年ほど前に死んでいるので、その詳細を彼女に訊くことはできない。わたしがその指輪を愛しているのは、祖父を愛していたからだ。そして、祖父を愛していたのは、わたしと手をつなぎ、わたしに歌を聞かせ、ディズニーランドへ連れていってくれた唯一のおとなだったから。いや、もしかしたら、わたしと手をつないでくれた唯一のおとなだったからかもしれない。祖父はハーレーのうしろやサンダーバードの後部座席にわたしを乗せて、あちこち走りまわった。ツノトカゲを追いかけて祖父の家の煉瓦の壁まで追いつめるのが、わたしは大好きだった。祖父はわたしに×のマークがついたバースデーカードを送ってくれた。文字のX（エックス）（キスマークを意味する）ではなく、記号の×（バツ）。だれにもアルファベットを教わらなかった人は、そういうふうにサインする。わたしは祖父のことをよく知らないし、祖父もわたしのことをよく知らなかった。一二歳のとき、祖父が獄中で死んだと父に聞かされた。葬儀に行くと頑として言い張ったわたしに、父は新しい言葉を教えた。「無縁墓地（ポッターズ・フィールド）」

ベッドと中古のソファふたつ以外の家具は、すべて折りたためるか、梱包用の箱の役割を兼ねていた。このときはじめて、持ちものの少なさをきまり悪く思った。マークはコテージを「手はじめ（スターター）の家」と表現した。その言葉には、本物の家に向かって進んでいるか、少なくともそれが可能性の範疇にあるという含みがある。

このコテージは「浅い家」と言うほうがしっくりくる。日に焼けて白くなったサンドダラー（タコノマクラ目に属するひらたい殻を持つウニのなかまの総称）と同じように、わたしも自分の基盤にほんのわずかなくぼみしか残していなかった。サンドダラーを海岸から引きはがしてみたことはある？　その生きものをぬかるみから持ちあげると、水の渦がたちまちのうちに、定着場所の痕跡を残らず消し去ってしまう。大学のころから、わたしが過去に住んだ場所はどこも、仮住まいか、でなければ不確かなものだった。わたしはどこであれ、公平無私な潮の流れに運ばれた場所にくっついた。けれど、浅い家は、よりどころとはほど遠い。それならどうして、もっと深く掘り進めて、自分のなわばりをマーキングして、恒久的な家へ移行しなかったのか？　わたしにはその理由がありすぎた。自分を説き伏せてひとつの言いわけを手放しても、すぐにまた別の言いわけが歩みでる。いつもなにか（ちゃんとした職とか）やだれか（ちゃんとした人間関係とか）を待っているか、よくよく考えたら恒久的な家なんて必要ないか、そのどちらかだった。そして、恒久的な家が必要だったとしても、どっちみちわたしはそれに値しなかった。

二時間の持ち時間と裏手の丘の上で煙をあげる炎にまだ余裕があるうちに、わたしたちはコテージを空にしおえた。マークは写真を撮った。炎の視覚的なインパクトは、プロの芸術家にとっては驚嘆すべきものであるにちがいない。わたしにとって、炎はもっと本能的な反応を生むものだった。炎とわたしはあまりにも似かよっている——どちらも炭水化物を燃料とし、二酸化炭素を吐きだし、酸素を消費し、水を解き放つ。だから、おたがいにとって脅威になるのだ。それに気づくだけの時間を、わたしはこの土地で過ごしてきた。

炭水化物の構成要素は、炭素、水素、酸素でしかない。植物は水と二酸化炭素をまとめあげて、このわずかばかりの、カロリーのない成分を糖質とでんぷんに変える。そのプロセス全体が、太陽の力で動いている。

わたしの神が精神的なものではなく物質的なものであるなら、太陽こそがそうだろう。木々の崇める神がいるなら、それもやっぱり太陽だろう。理由もわたしと同じ。太陽はわたしたちを温め、養い、わたしたちのあらゆる活動の、そしてわたしたちの細胞が実行するあらゆる複雑な仕事の燃料を供給してくれる。植物の細胞が炭水化物をつくるたびに、太陽がそれにエネルギーの小さな火花を加える。そのエネルギーを炭素原子のペアがつかまえる。この炭素のペアは、ゴムバンドを引っぱりあうふたりの子どものようなはたらきをする。それぞれの炭素がバンドの片方の端を持って引っぱる。樹木の場合なら、「子ども」たちはそのぴんと張ったバンドを数百年にわたって持ちつづけるかもしれない。山火事に襲われると、何億何兆もの炭素の「子ども」がいっぺんにゴムバンドから手を放す。ばちん！　そして、エネルギーが爆発的に大気中に放出される。

マークとわたしはその熱を、ヘルガのワゴンに向かって歩いているときに感じとった。わたしはそのワゴンで町へ戻るつもりだった。車のドアを開けると、ドアが地面のほうにずりさがり、あやうく外れて落ちそうになった。わたしたちの頭上では、風が炎を横に吹きとばし、山腹に広げている。炎のうしろには一筋の黒い煙が長くのびていて、まるで火を吐くドラゴンが谷をのぼりおりしているみたいに見える。

そのほんの数日前、自然史の授業でイエローストーン国立公園のグランド・ヴィレッジにあるビジターセンターを訪れ、内務省の発行するパンフレットをもらった。そのパンフレットは、こんな一文ではじまる。「変化が人生（ライフ）のスパイスであるならば、火はまさに変化の生命（ライフ）です」。こうも書かれている。「火は偉大なる再生促進者（リサイクル）です」。そう言われると、火がよいもののように思えてくる。たしかに、いずれにしても、火を吐くドラゴンよりはましだ。火災生態学にかんするウェブサイトや書籍ではたいてい、燃焼が栄養素を無機物化し、生きている組織のかたまりから死んだ組織へ移すと説明されている。無機物化はおもに動物の仕事だ。動物は食べたものを排泄し、栄養を無機物化する。エルクの丸い糞。人糞。クマの糞。乾燥したバイソンの糞（バッファロー・パイ）。動物が食べるものは生きている組織――バイオマス――で、土壌に排泄する物質は死んだ組織――ネクロマス――だ。火はわたしたち動物とよく似ているので、わたしたちと同じ仕事を遂行できる。つまり、バイオマスを消費し、できたての無機物を吐きだすのだ。

　生きものには栄養素が必要で、その栄養素は供給量がかぎられている。リサイクルされなければ、底をついてしまう。たとえば、リンはＤＮＡの重要な構成要素だ。〈トニック〉と〈ジン〉は土からリンを吸収し、それを使って新しい細胞を構築している。あの木たちが山火事に巻きこまれたら、その組織のなかにあるリンが「無機物化」、つまりリサイクルされて土に還り、生き延びた子孫にまた吸収される。客観的な目で〈ジン〉と〈トニック〉を観察する人なら、あの年老いたビャクシンは非生産的だと結論づけて、燃焼で死ぬのは妥当で望ましいと言うかもしれない。老人にとっての肺炎と同じように。

コテージの向こうの尾根を見ると、火炎プルームの上に積雲がもくもくとわいていた。マークとわたしは、豪雨が助けに来ようとしているのではないかと、期待をこめてそれを眺めた。実際のところ、山火事は成熟したマツの森を焼き払いながら、独自の天候をつくろうとしていた。炎に屈した木々は、それぞれ自分の体重の半分ほどの重さに相当する量の水を放出する。そうして生まれた水蒸気の柱は、一万メートル近い上空まで立ちのぼってから、凝結して雲になる。

コテージから出てきたロリに、最後にもういちど、玄関のドアを確認したほうがいいと念押しされたので、わたしはコテージのほうへ急いだけれど、玄関前の階段まで来たところで寄り道をした。もはや駆け足でソーカーホースを拾いあげ、〈ジン〉と〈トニック〉を取り巻くように置いた。車へ戻ると、ロリが腕時計を叩いていた。彼女は頭の切れる人だ。それに、学校で教えている。火災の生む熱上昇流のことも、その上にできる積雲のことも、わたしの土地を脅かしている火が水のリサイクルという単純な、でも重要な仕事をしていることも、とっくに知っているにちがいない。それでも、礼儀正しい人なので、わたしたちに講義するようなまねはしなかった。わたしたちの惑星は、密閉された植物栽培用ガラス容器（テラリウム）のようなもののなかに存在している。水は出ることも入ることもできない。だから、かぎられた量しかなく、わたしたちはそれを共有しなければならない。ゲーム好きのひとなら、ゼロサム競争のようなものと考えてみるといい。プレイヤーのひとりが水一単位を獲得したのなら、別のプレイヤーは一単位を失うしかない。

山火事が水をリサイクルするという話は本当だ。パンデミックだって同じ。ウイルスがわたしの住む郡の一部を一掃したら、死んだ体がそれぞれの水の持ちぶんをテラリウムに明け渡し、ほかの生きものがその水を利用できるようになる。この手のリサイクルは、空き缶を正しいゴミ箱へ投げ入れるのとはわけが違う。火はひとつの森から水を奪いとり、それを別の森に与える。金持ちから奪い、貧しいものに分け与えたロビン・フッドと同じだけれど、火にはどんなモラルもない。

ロリがヘルガのワゴンのドアを閉め、わたしたちは出発した。どうか、火に〈ジン〉と〈トニック〉をリサイクルさせないで。わたしは神にそう訴えた。あの二本の木は、わたしがこれまでに愛した生きもののなかでいちばんの長老だ。

コテージのことは愛していたわけではないけれど、もし焼け落ちてしまったら、あの家を建てるためにつぎこんだ時間とエネルギーをもういちどふりしぼることなんて絶対にできない。まっさらな土地を見つけて購入するのは、途方もない大仕事だった。まず、郡の土地管理事務所を訪ねて、だれがどこを所有しているのかを調べる。そこにいるあいだに、井戸にかんする報告書を読み、既存のすべての井戸の深さと上部圧力を記録する。車で走りまわって、よい井戸のある土地を見てまわる。よさそうな土地を見つけたら、所有者を訪ねる。それどころか、最終的に買うことになった土地の所有者のもとには、その人たちが根負けして売却に同意してくれるまで、何度も通った。それから、農業従事者向けの銀行でローンを組んだ。

まっさらの土地を整えることに比べれば、大学院レベルの物理化学を学ぶほうが簡単だ。最初のローンでは土地のぶんしかまかなえなかったので、家を建てはじめるためには別のローンが必要だった。各階に一部屋ずつというわたしの設計図は、風変わりすぎて連邦住宅抵当公庫(ファニーメイ)の審査を通らなかった。だから、バックカントリーのハイカーのガイド——つまりは医療保険のないパートタイム契約の仕事で収入を得ているわたしでも建築ローンをどうにか組めるように手を貸してくれる住宅ローン仲介業者を探した。探しあてるまでには時間がかかったけれど、やっとのことで、人里離れた土地にホビット穴（J・R・R・トールキン『指輪物語』に出てくるホビットのすまい。丘の斜面に穴を掘ってつくられる）をつくる気になってくれる奇特な建設業者を見つけた。そのころ、一〇〇キロほど西に位置する裕福な都市が、わたしには払えないくらいの高値で労働者を雇っていたせいで、熟練の作業員を見つけるのにも苦労した。それが終わったら、次は井戸の改良、水質の検査、水利権の申請。そのあと、重労働がはじまった。家とドライブウェイのサイズと外観の決定。間取りの設計。壁の色、照明器具、電化製品の選択。最寄りの〈ホーム・デポ〉は三〇〇キロ以上の彼方にある。建設業者とは〈虹の部屋〉の窓の配置をめぐってもめた。わたしは窓を不規則に配置したかった。一か所に立ったまま、いくつかの山頂を眺められるようにしたかったのだ。建築ローンから住宅ローンへ移行する前には、不動産査定も必要だった。それに、新しい抵当銀行も。

　なかには、感情的にしんどい仕事もあった。たとえば、車を一〇〇キロ走らせて建設業者の家を訪ねて、どうして一階の塗装がまだなのかと質問するとか。彼が「ピンクの壁」にかんしてわたしの気が変わるのを待っていたと聞かされるとか。わたしが選んだ色はオールドローズであって、ピンクではないとあらためて説明するとか。わたしの土地が「ヘビだらけに見える」という理由で仕事を片づけたがらない削井（さくせい）チームに対処するとか。ガラガラヘビの丘（ラトルスネイク・ビュート）と呼ばれる場所の下流にある僻地の野外で仕事をするのに、銃を仕事場に持ってこない。それがいったいどういう人間なのか、あなたは知っているだろうか？　法律上、銃を持ち歩けない人。家庭内暴力で有罪になった人。

　想像のつくことかもしれないけれど、人里離れたまっさらな土地を造成しようとする独身女性は、それほど多くない。

　避難から数日後、わたしは重い足どりで家へ戻った。コテージは煙たかったものの、無傷だった。三匹の子ギツネはみんな火事を生き延び、盗めそうなものを探してあたりを歩きまわっていた。あの雌ギツネは姿を隠したままだったけれど、ときどきぎゃあぎゃあと声をあげた。煙は二週間ですっかり消えた。むせび泣くような甲高い声とウィートグラスからぴょこんと突きだすよじれた尻尾が「防災訓練」の開始を告げた。山火事で謙虚になったおおいなる地主は家から駆けだし、逃亡中のイヌと野良ネコ、そして沼地をつまらせるタンブルウィードとの闘いを再開した。

〈キツネ〉は行方不明だった。

　道路を八〇〇メートルほど行ったところで、新たに到着する事後処理担当の隊員の記録と案内を担当していた消防士は、おとなのキツネを轢(ひ)いた大型車両はないと思うと言った。わたしは凍りついた。消防士は言いかたを変えた。「いや。そうだったら気づいたはずだよ。キツネを轢いた者はいなかった。ただ、やせっぽちのキツネが――」

「そう！　それ、彼！」

「すごくやせっぽちだよ？　おとな？　いつだったかの晩に、川のほうへ向かっていったよ」

　わたしは川へ向かおうと踵を返した。

　消防士がうしろから、残念だよと呼びかけた。わたしが振り返ると、彼は肩をすくめて頭を振った。火事だからしかたない。動物は死ぬものだ。そう言っているみたいに。わたしはぬかるみのなかで足を引きずるように、ふらふらと川へ向かった。彼が「火事だからしかたない。野生動物は死ぬものだ」と言わんとしていたのなら、それはそのとおりだろう。〈キツネ〉がわたしの所有物だったのなら、登録したり首輪や名札やリードをつけたりしていたのなら、消防士たちは彼を救おうとしてくれたと思う。だけど、彼が所有物だったのなら、どうして友だちと呼べるだろう？

繊細なレッドウィロー、ゴムのようなコヨーテウィロー、芳香を放つウルフウィローの茂みをかきわけたすえに、川にたどりついた。向こう岸では、クラウド・キャッチャー山が川から一〇〇〇メートルほどの高さにそびえ、幅の広い扇状地がヤマヨモギの草原（ステップ）へと広がっている。その山の双子の頂のあいだに白い円盤状の雲が浮かび、界面張力がつくるグラス内の液体の曲面みたいに揺れている。〈キツネ〉は雌ギツネと生後四か月の子ギツネたちといっしょに安全な場所へ逃げられたはずだ。でも、彼はわたしを待っていたのだと思う。いつもしていたように、うしろ脚で立ちあがって、コテージ正面の窓に鼻を押しつけている彼を思い浮かべた。耳をうしろに寝かせて立ち、そのうちに足首がぶるぶる震えはじめると、うしろにぴょんと跳ねてバランスを取り戻す姿が目に浮かんだ。彼のわたしにまつわる最後の記憶は、からっぽの家だった。でも、彼に会えていたとしても、わたしになにができただろう？　彼を連れて逃げることはできないのに。

家へ戻るときも、白い雲の円盤はあいかわらずふたつの頂のあいだで揺れていて、どちらか一方に水をまきちらすだけのエネルギーをつくれずにいるようだった。

紫がかった鳥の糞が〈サーフボード岩〉に点々と散っていた。鳥たちは自由気ままにふるまっている。一か月前なら、とてもそんな勇気はなかっただろう。〈キツネ〉の狩りの腕前をめぐる評判が、鳥たちを彼の台座から遠ざけていたころなら。彼はわたしにさえ、そのサーフボードをさわらせようとしなかった。ある日、泥を跳ねあげるほど激しく雨が叩きつけていたときのことだ。わたしはこのあたりを担当するUPS配達員のデルバートのために、プラスチックの容器を外に置いているところだった。〈キツネ〉は〈トニック〉の下に身を寄せながら、わたしを観察していた。わたしがサーフボードに近づきすぎると、彼は雨宿りの場所をなげうち、その岩に猛然ととびついた。わたしはポーチの屋根の下に立ったまま、雨が彼をびしょ濡れにして、彼の大事な岩の表面のくぼみを小さなプールに変えるまで、ずっと眺めていた。彼はその岩をわたしにとられまいとしたのだ。それは彼の二番目にお気に入りの岩だった。

以前、彼の一番のお気に入りを、なんのためらいもなく彼からかすめとったことがある。その石灰岩のブロックはみごとに均整のとれた長方形で、ある重要な役割を果たしていた——ドライブウェイから玄関先の階段までの土の道を飾る役割。たいていの石灰岩と同じように、その岩も浅い海の底で固まって形成された。この例では、三億五〇〇〇万年前のことだ。ところどころに埋まっているウミユリや腕足類が、岩の表面をざらざらかつでこぼこにしていた。〈キツネ〉はいつも、けばだったお尻をその岩にこすりつけて、表面から浮きでた貝殻やそのほかの古生代の化石をすり減らしていた（とわたしは想像していた）。わたしたちが出会ってまもなく、わたしがまだ彼とのつきあいに寛容ではなかったころに、彼がわたしの大切な標本で腹を掻いているのを見かけた。それに腹を立てたわたしは、彼を怒鳴って追い払った。そのあとも、土に残る足跡が彼を密告した——わたしが見ていないときに、こっそり戻ってきていたのだ。キツネにビデなんて必要ない。わたしは心のうちでそう考えながら、その岩を家のなかへ運んだ。それに、どのみち彼が気づくはずない。その堆積物の標本はいま、家のなかで、フェルトカバーのついた台座に身を預け、なんの役割も果たしていない。友だちがいなくなったときには、そんなとるにたらないことを思いだし、けばだったお尻をもう一回こすりつけたところで三億五〇〇〇万歳の岩にどんな影響があったというのか、と自分に問いかけたりするものだ。けれど、その問いには答えられない。そもそも答えを求める質問ではないのだから。

それ以来、わたしはずっと気づいていた。あのひらたい岩——彼の行動範囲のなかにある、完璧にざらざらな表面と彼の体にぴったりあった形状を持つ唯一の岩——を使ったマッサージは、彼が自力で勝ちえた生活のなかの小さな喜びだったのだ。そしていま、わたしはせめてもの罪ほろぼしとして、〈サーフボード岩〉から鳥の糞をこすり落としていた。ちょうど、キツネを祀(まつ)った日本の神社の神主のように。

もっとも、そうした神社は厳密に言えば、キツネのためのものではない。神道や仏教で祀られる稲荷神のためのものだ。稲荷神とキツネの密接な関係の起源は、西暦七〇〇年ごろにさかのぼる。稲荷神社のことは、日本人の学生から教わった。わたしの最良の友について話したら、稲荷神社のキツネのことを教えてくれたのだ。キツネは稲荷神社の守護者であり、神の使いであり、従者でもある。その関係は、キツネと同じくらい気まぐれで変わりやすい。神主が洗い清めるキツネの像のなかには、人間ほどの大きさのものもある。頭と尻尾をぴんと上にのばしたキツネたちは、赤い前掛けをつけて神社の入口を守っている。ラフカディオ・ハーン（小泉八雲）は一八九四年の著書『日本の面影』のなかで、「稲の神様」を祀る稲荷神社には何百ものキツネの石像があると書いている。大きな都会の神社や寺院なら、数えきれないほどのキツネの彫像があってもおかしくない。なかには、小さな岩の裂け目に隠れられるくらいのサイズのものもある。キツネの偶像は——そしてたいていは本物のキツネも——日本じゅうにある三万の稲荷神社で見られる。日本の大きさはカリフォルニア州と同じくらい。つまり、日本全国に均等に配置すれば、だいたい三二平方キロメートルごとにひとつの稲荷神社に出くわす計算になる。キツネの像は、日本のいたるところにあるということだ。

そうしてはいけない理由なんて、あるだろうか？　神道の教えにしたがって自然にどっぷりつかると、たくさんの野生動物を目にすることになる。でも、アカギツネ以上に神々しく、目が覚めるほど美しい動物は、きっとどこにもいない。そして、農薬が登場する前の時代には、アカギツネ以上に役に立つ動物もいなかった。水ぶくれのできた手で鍬の木の柄を握り、野菜畑で骨折ってはたらいているところを想像してみてほしい。視線を落としたあなたは、タマネギの葉が地面のなかに吸いこまれるのを目撃する。地下にいるハタネズミが球根をしゃぶり、作物を吸いあげていくのを、あなたはなすすべもなく見つめる。そこへキツネが現れ、あなたを飢えから救ってくれる。その燦然（さんぜん）と輝く動物を、あなたは崇拝するだろう。

ハーンは稲荷神社のキツネの性格をこんなふうに解釈している。「気まぐれな感じのもの、無表情なもの、お節介そうなものや気難しそうなもの、滑稽な感じのものや皮肉っぽいものなどと、色々な性格が表されている。そうかと思うと、じっと見つめているもの、うたたねしているもの、片目をつぶっているもの、せせら笑っているもの、と表情も多彩である。悪意を含んだ笑みを浮かべて待ち伏せしていたり、口を開けていたり、あるいは口は閉じたままで、こっそり聞き耳を立てているものなど、それぞれ魅力的な個性が表れている。鼻の欠けたものでさえ、何か人を見下すような表情をしていたりする」（ラフカディオ・ハーン『新編　日本の面影Ⅱ』池田雅之訳、KADOKAWA）。声の欠けたものでさえ、と書いてあったなら、この文章は〈キツネ〉の描写だったとしてもおかしくない。

　わたしはハーンの文章から、キツネが超自然的な存在となり、祈りや願いを稲荷神のもとへ運ぶこともあるのだと知った。変幻自在のキツネは、よい目的でも悪い目的でも人間をかつぎ、欺き、魔法をかける。キツネたちの最悪の習性は「（人の）邪な考えを引き出し、当人を気が狂ったかのようにのたうちまわらせる」ことらしい。

　自在に姿を変え、神と交信するキツネをめぐる神道の物語を信じたいのなら、それならまあ、信仰として受け入れる必要があるのかもしれない。でも、キツネがちょっとしたインスピレーションをまきちらし、人間に魔法をかけ、いたずらをしようとするというのは、わたしには腑に落ちる話のように思える。キツネとともに生きる田園地方の人間には、語るべき物語が山ほどあったはずだ。それはどれも、キツネと人間の自然な行動から生まれた物語だ。たとえば、田んぼからよろよろと帰宅する農夫がいたとする。くたくたに疲れて、おなかをすかせているときに、あざやかな毛皮をまとった一匹のアカギツネが田んぼを跳ねまわり、ふと動きをとめ、彼をじっと見る。その夜、彼の妻は待望の息子を出産する。彼はその日、何十匹もの動物を目にしていた——スズメ、リス、甲虫、カエル、ハエ。けれど、彼が記憶に刻むのは、あのキツネだ。そうして彼の物語は、重要な場面でキツネを目撃したほかの村人たちの物語と絡みあっていく。たとえばある女性は、キツネの巣穴を見つけて以来、日々の雑事を放りだし、何日も、やがて何週間も、キツネが遊ぶようすを眺めて過ごすようになる。そうした物語は世に広まり、やがて民間伝承の一部になる。

ハーンは日本の農村部の人々について、「ヨーロッパのカトリック諸国の農民と同様」、自分たちで神話をつくりあげると書いている。物語が書物ではなく口承に頼っていた時代にわたしが生きていたら、〈キツネ〉とわたしは神話になっていたかもしれない。わたしたちの物語は、伝統にのっとった民間伝承がどれもそうであるように、簡潔で象徴めいたものになるだろう。

昔むかし、友だちのほしい女の子がいました。自分はカササギだと信じて育ったその子は、いにしえの記憶に命じられるままに人間に対する態度を決めろとカササギたちから教わり、カササギの習慣を身につけました。差しだされたものはなんでも受けとりながらも、それを与えてくれる者に頼っていると認めたり、へりくだったりはしないという習慣を。一匹の野生のキツネがカササギ少女を追いかけまわし、やがて少女は彼に魔法をかけられます。少女はキツネから友情の目的と責任を教わり、キツネは少女が人生の道を選ぶのを助けてくれました。ところが、おおいなる山火事が襲ってきて、少女に置き去りにされたキツネは死んでしまいます。少女が自分の過ちに気づいたときにはもう手遅れで……。

そう、そのあとは、二言三言で締めくくられるのだろう。もしかしたら、悲しみと罪悪感にさいなまれた少女は（比喩として）みずからのくちばしを胸に突き刺し、ラフカディオ・ハーンの怪談に出てくるオシドリのように自分の体を引き裂くのかもしれない。それとも、カササギとしての自分に戻るのだろうか。あるいは、別の友だちを見つける方法を考えだすとか。見つけられなかったらどうすればいいかを学ぶとか。

〈サーフボード岩〉にホースで水をかけているあいだに、薔薇色の雲がゆっくりと山脈にあふれだした。傾いた缶から流れるペンキみたいだ。はるか昔からずっと、日本の信心深い人たちは、稲荷神社のキツネの像を守ってきた。ここで生きているかぎり、わたしもこの岩を洗い清め、ワスレナグサの小さな集団を植えて世話をしていくつもりだった。サーフボードを洗い終えたちょうどそのとき、雲がはじけて飛び散った。薔薇色のかけらが広がるのを眺めながら、なにかを見逃してしまわないように、必死にまばたきをこらえた。いまとなっては、わたしひとりでふたりぶんを見ているのだから。

わたしは彼がするだろうことをして彼を悼むようになった。怒りはなかなか消えてくれなかった。彼の死は耐えがたかった。お守りとしてずっと持ち歩いてきたキメラのような風景も助けてはくれない。心がすっかり麻痺していたからだ。体がいまにも内側から爆発しそうだった。内臓が皮膚をぐいぐい押しているのに、なにも退こうとしない。そんな感覚を何時間も、ときには何日も抱えているときに、普段どおりに機能するなんて無理な話だ。それほどの怒りを身のうちに閉じこめていたせいで、アドレナリンが波のように押し寄せた。生理学的反応がそれに続いた。血圧上昇、呼吸の速まり、高血糖。アドレナリンの勢いをなだめるために、なにかを飲み食いする人もいるのだろう。でも、体を動かすという方法には、それよりもよい点がある。拳で壁を突き破るだけで、怒りと過剰なアドレナリンを取り除けるのだ。さいわい、コテージには壁のスペースがほとんどなく、バーベルはたくさんあった。だから、わたしは鉄のかたまりを上げ下げした。

アドレナリンを洗い流したあとは落ちついた、でも、ぼうっとした状態になった。三月のある日、小石、ビャクシンの実、落ち葉の混ざりあう布団のなかで、大きなスカンクが眠っていた。そのおとなのスカンクのまわりを、小さなスカンクが岩をかちかちと踏み鳴らしながらよちよち歩きまわっている。わたしが呼んでも起きなかったので、おとなのスカンクの長い毛を枝でさっとこすってみた。そのとき、そのスカンクが死んでいるのだと気づいた。赤ちゃんスカンクは、どうして親がこんなに静かなのか、どうして起きようとしないのか、理解できないようだった。近くのビャクシンのてっぺんで求愛行動をしていたハシボソキツツキまでもが、ダンスを中断して、途方に暮れる赤ちゃんスカンクを上から覗きこんだ。これほど哀れな自然の光景はそうそうない。丘の斜面をよろよろとくだるいまのわたしは、地面を這う赤ちゃんスカンクだった。〈キツネ〉はどう死んだのだろう？　最期の瞬間はどんなふうだった？　この霧が晴れたなら、答えが見えるかもしれない。わたしにできるのは、集められるかぎりの事実を集めて、じっと待つことだけ。運がよければ、わたしの脳がトリックを演じてくれるだろう。

ダムも水路もなく、捨て石での補強や直線化もされていないイエローストーン川は、どこであろうと自由気ままに流れる。巨大なサンショウウオさながらに蛇行して泥まみれの岸をつくるこの川は、自然のままに流れるものとしては米国最長の川だ。川の網状になったところでは、そこかしこに楕円形の島ができて流れを渋滞させ、大小の枝や葉といった、植物の小さな残骸を絡めとる。川はその残骸を使って、いかだのようなマットを編みあげる。ふさわしいときが来たら、なんらかの微妙な流れのご機嫌にまかせて、川はそうしたいかだを自由の身にする。

その日、ぶるぶると震える一匹のキツネが、川にせりだすヤナギにつなぎとめられたいかだのひとつに身を預けている。その夏のはじめ、彼の友だちがネコに殺された。別の友だちは行方不明だ。何日か見張りながら待っているうちに、煙と音がどんどんひどく、どんどん騒々しくなり、自分がどこにいるのか、しだいにわからなくなっていった。目と喉がひりひりと痛み、熱く煙たい空気のなかであえいだせいで、舌が砂にまみれたようにじゃりじゃりする。それなのに、あのヒトはまだ現れない。いったいどうしたら、こんな大災害のさなかに彼を見捨てるなんてことができるのか?

いかだをつなぎとめていた絡みあうクレマチスの蔓が激しく波打つ川に屈し、キツネはいかだに乗ったまま流される。その日は暑く、いかだはうねり、キツネは空腹だ。彼を乗せたいかだは草の生えない小石の島にぶつかり、彼をその孤島に置き去りにする。深い急流に四方を囲まれた空腹のキツネは、砂と小石の島の上で死にかけている。キツネはいつだって日向ぼっこが大好きだった。いま、太陽が彼をすっぽりと覆い、いつまでも幸せでいられそうなくらいに温めている。ところが、太陽は彼を熱しつづけ、もはや温かいどころか、痛いほどになる。彼は焼けつくような熱さを感じる。その熱は体の内側へ移動し、彼の意識をやさしく押しのける。ときどき、意識がはっきりした瞬間に、彼はほかのキツネたちを、あのカササギを、そしてあのヒトを目にする。彼女は彼の前に座り、話をしながら、茶色い髪を目から払っている。夕暮れの空がピンク色に染まっていく。彼女の長い、羽毛の生えた尾が扇のようにひらひらと揺れる。よくよく見れば、ヒトではない。カササギだ。彼女は飛びたち、長い指で宙をつまびきながら、巣穴のくぼみのそばを通りすぎる。空を飛ぶ彼女を眺めているうちに、彼はわからなくなる……ヒト……カササギ。そのとき、はっきりわかる。あのふたりは、とてもよく似ている――あのヒトと、あのカササギは。疲れきった彼には、ふたりをふたつに分けるエネルギーは残っていない。

最後の瞬間、太陽が彼の小さな体を突き破り、その下の小石にしみこむ。

わたしは〈キツネ〉の誕生日の岩のとなりに膝をつき、そのざらざらとした丸い縁をなで、てっぺんに彫った「キ‐ツ‐ネ」の文字を写真に撮った。一一〇キロほど離れた記念碑工場の経営者が〈サーフボード岩〉に文字を彫ってもいいと言ってくれて、そのあいだ、わたしはその場で待っていた。半分以上できたところで、ばかな考えだったと気づいた。岩の上に「キ‐ツ‐ネ」？　彼が絶対になりたがらないものをひとつ挙げるなら、それは岩の上の月並みなキツネだろう。でも、友だちに欠点がないわけではない。彼がわたしについてなにかを知っているのなら、きっとそれもわかっているはずだ。

さらにあいにくなことに、わたしはただの人間にすぎない。これみよがしに悲しむのは、わたしたち人間の人間たるゆえんだ。もしかしたら、野生動物は誠実すぎて、これみよがしに悲しむなんてできないのかもしれない。彼が死んだあと、悲しむのだったら、少しだけ文明から遠ざかり、少しだけ野生寄りになって悲しもうと決めた——一匹の動物のように。それはつまり、言うまでもなく、ほとんど悲しまないということだ。そのうちに、人間の悲しみの自分勝手な性質がわかるようになった。わたしの悲しみは、彼の悲しみとは比べものにならない。わたしは友だちを失った。彼が失ったのは自分の命だ。彼はあまりにも若くして死んだ。あまりにも幸せなときに、あまりにも意気揚々としたままで。彼の悲嘆が果てしないのに、わたしが浅い悲嘆のプールに浸るなんて、どうしてできるだろう？　どこで最期を迎えたにせよ、彼はきっと、ここにいるほうがいいと思っていたはずだ。あの青いワスレナグサに鼻を押しつけて、ハタネズミにとびかかって、岩の上で日向ぼっこをしていたかった、と。生きていたかった、と。わたしも同じ思いだ。けれど、自分が彼よりも強くそれを望んでいるふりをするような、そんなえらそうなことをするつもりはない。

薄墨毛色と黄麻布色の野原

ルリツグミの群れが頑固な風に逆らっている。わずかに高度を下げ、気流の下に滑りこんで着実に前進するけれど、やがて風がまた鳥たちを見つけだす。一陣の巨大な突風に殴られた群れは、後方に宙返りし、体勢を立て直して、また集団になって飛びつづける。わたしのお気に入りのビャクシン、〈ジン〉の上まで来ると、そこでホバリングし、積雲さながらに上昇する。次の突風が襲ってくる前に、群れは薄い巻雲のようにたいらになり、黒いくちばしを木のほうに向け、降下する。ものの数秒のうちに、ビャクシン全体にルリツグミが充満する。鳥たちの振動が、炎の形をした〈ジン〉をプロパンの種火に変える。うすら寒いこんな春の日には、そのイメージは小さな鳥たち——青いかどうかにかかわらず——よりも心をなごませてくれる。

わたしとしてはルリツグミと水入らずでもいっこうにかまわなかったけれど、ガマの穂の上でふらふらと揺れているハゴロモガラスたちは追い風に逆らえない。岸を押して漕ぎだす舟よろしく飛びたつと、最終的に〈ジン〉の組み紐のような枝に行きつき、枝と枝のあいだに折り重なる。豆の茂みに身を寄せていたコマツグミは凪（なぎ）を待ってから避難し、〈ジン〉のなかでも隙間が広くて心地よい枝を占領する。たぶん、鳥たちは口喧嘩をしているのだろう。ハゴロモガラスのぎゃあぎゃあという声にかき消されて、ほかにはなにも聞こえない。どうして違う種の鳥たちが同じ場所で身を寄せあうのか？　わたしがその疑問に答えられたことはない。だって、そもそも答えなんてないのだから。これは質問がまちがっている。野生動物の多くは、わたしたち人間ほど、つきあう相手にうるさくこだわらない。正しい質問をするなら——どうして人間はほかの動物とつきあわないのか？　そしてこの「動物」は、箱に入っていない動物という意味だ。星の王子さまのキツネのような。わたしのキツネのような。マキバドリとミソサザイの関係と同じくらい、人間に束縛されずに自由に生き、人間から独立している動物。もしかしたらわたしたちは、そうした動物はあまり人間的ではない、というふりをしたいのかもしれない。でなければ、わたしたちはあまり野生動物的ではない、というふり。

　乾燥した草地は、黄麻布色の土から突きだして茂みをつくる薄墨毛色のバンチグラスに覆われている。今日はずいぶん長いこと外にいるので、わたしの肺は風と同期し、突風と突風のはざまに息を吐くようになっている。わたしはひっきりなしに目をしばたたかせ、風のせいでにじんだ涙を目からしぼりだす。そうしながら、死んでからもう二年になるキツネのことを考えている。薄墨毛色と黄麻布色が果てしなく広がるこの原っぱで唯一の青い花に鼻をこすりつけるのが好きだった、あのキツネのことを。

　今日は、わたしを風から守ってくれるクリップボードはない。というのも、いまのわたしは、鳥を数えたり科学を実践したりはしていないからだ。数えるのが悪いというわけではない。数字は統計の原材料となり、動物の平均的な行動をわたしたちに教えてくれる。もちろん、これは野生動物だけの話ではない。たいていの人は、人間も含めて、あらゆる動物の平均的な行動を理解したいと思っている。社会は「平均」と見なされるものにもとづいて、「普通」とされる行動の枠組みを決める。それに、世界を構成する自分以外の存在がなにをしているのかを知っても、けっして害にはならない。その価値を軽視するべきではない。けれど、普通の行動と自然な行動を混同してはいけない。正規分布を示す鐘型曲線のピークの下にとどまっていなければ「自然」ではないというのなら、わたしたちはみんな、そしてどこもかしこも、薄墨毛色と黄麻布色になってしまう。

それで思いだすのが、マーサがわたしに言わずに秘密にしていたことだ。わたしは一風変わった世界観をイシュメールやサン＝テクスと、そして（七〇億人が生きるこの世界で）そのほかの一〇〇万人くらいの人たちと共有している。わたしたちは本能的に、世界は自然に支配されているのだと感じとる。そこで生きる動物と植物、そして砂や空や海といった、人間ではない要素に。わざと人間を無視しているわけではない。ただ単に、なかなか人間に注意を向けられないだけなのだ。マーサがよく言っていたように、わたしの最初の家族は、野外で生きるあらゆるもの――リスやトカゲやアヒルだった。わたしはときどき、人間たちの顔をはるか彼方の背景に押しやってしまう。ついに秘密を打ち明けたとき、マーサはわたしにこう言った。ときどき、あなたは人間が目に入らなくなる。それは、ほかの動物とコミュニケーションをとっているから。それか、雲を眺めているから。そして、言わんとすることがわたしに伝わったと見てとったマーサは、たぶんこう言ったと思う。「たいてい、あなたにはわたしたちの声が聞こえていない」。そんなようなことを。

マーサが『白鯨』を読んでいたら、その小説の最後の場面のなかに、わたしの性格を見いだしただろう。難破した捕鯨船ピークオッド号は、いまやほとんど垂直になり、沈みかけていた。ネイティブアメリカンの銛打ち、タシュテーゴは、サメのうようよする海で溺れかけている。じきに、イシュメールの同輩たち全員と同じ運命をたどるだろう。そのとき、タシュテーゴのつかんでいたなにか、おそらくは船の円材かなにかが、意図せずして一羽のタカをとらえてしまう。ピークオッド号の悲劇のさなかに、船から投げだされて波間で一部始終を目撃していたイシュメールがなによりもはっきり知覚したのが、そのとらわれの鳥だった。その海上のタカはあわてふためき、自由になろうともがきながら、ゆっくりと死の淵へ沈んでいく。果てしない灰色の深淵に取り囲まれ、船員なかまの叫び声を聞いていたというのに、イシュメールはいったいどうして、最後の最後に、一羽の名もないタカの苦しみを綴ったのだろう?「天の鳥は大天使のような叫びをあげ、王者のようなくちばしを天にむけたまま、その捕らわれの身をエイハブの旗にくるまれて、エイハブの船とともに沈んで行った。エイハブの船は、魔王(サタン)のように、天の生命(いのち)あるものを道連れにし、それを冠として戴(いただ)かないでは、地獄の奈落に降りるのを承知しないのであろうか」

イシュメールはあまり飼いならされていなかったのではないかと思う。ほとんどのキツネもそう。キツネは遺伝的に、野生動物として生き、人間やその仕掛けを避ける傾向を持っている。ドミトリ・ベリャーエフの研究をつうじて、わたしたちは人間がキツネを飼いならせることを知った。〈キツネ〉は彼の属する種の典型ではなかった。そしてわたしも、わたしの属する種の典型ではない。ともかく、統計的にはそうだ。だいたいのところ、わたしを典型から外れた存在にしているのは、どんな町や都市や郊外からも離れて単身で暮らしているという事実だ。さいわい、わたしは本を手に入れられるので、時代と空間を超越する精神を持つ人たちとつながることができる。サン＝テクスやイシュメールやフランケンシュタイン氏のような人たちと。もちろん、わたしたちはみんな、まったくどうでもいい遺伝子を持っている。傾向を決めはしても、特定の行動をとらせるわけではない遺伝子。ときには――相応の環境に置かれていないような場合には、遺伝子だけでは行動が決まらないこともある。そして、わたしたちはときに、遺伝子をよそに自分のしたいようにふるまったりもする。

〈キツネ〉とはじめて目をあわせたのは、わたしがいままさに見ているビャクシンにとまる鳥を数えている最中に、イエバエに注意をそらされたときのことだった。その日は暖かかったけれど、今日よりも着こんでいた。今日は、〈カーハート〉のオーバーオールに赤い保温性シャツ一枚といういでたちだ。そんな格好をしているのは、時間を惜しみ、凍えるのを気にしていないからだ。暖かさを保てるだけの服を重ね着すると、時間がかかりすぎる。あと六〇年生きるとしても、それでも人生は短い。避けようのない風を避けるために体をくるんだりして、時間を無駄にしてはいられない。

彼と出会う前のわたしは、アカギツネを人生に必要なものとは見なしていなかった。一歩一歩、重い足どりで誕生と死のあいだのどこかを進み、あなたと同じように、なんであれ自分と同じ年代、同じ文化の人がするはずのことをしようとしていた。人生につきものの災難も、それなりに経験した。そのうちのいくつかは傷を残した。全体として見れば、わたしの人生は、とりたててなにかが足りないというわけではなかった。そう、先行きの不透明さと、〈キツネ〉がいなかったことを除けば。彼との関係が人生の輪郭をくっきり浮かびあがらせたいまとなっては、過去にわたしが地球上で生きてきた年月は、どこをどうとっても、キツネがいないというその一点において、味気のないものにしか見えない。

いまになってようやく思いいたったことがある。わたしの膝にとまったあのハエ――一方で〈キツネ〉を、もう一方でわたしを幻惑したハエ――は、〈キツネ〉とわたしを引きあわせた求心力ではなかった。本当のところはそうじゃない。時間が引きのばされたようなあの一瞬に、わたしたちはどちらも、黒いハエがわたしのかさぶたから血を吸うのを見つめ、華麗な生きものが赤い台座の上で踊るのを目にした。わたしたちはどちらも、だれかの手や牙の届く距離で息をする本質的な危険をきれいさっぱり忘れ、踊り子がシルクのスカーフよろしく血を振りまわすのを眺めた。それと同じことをする生きものが、あの日、この谷に、わたしたちのほかにいたとは思えない。

〈キツネ〉のためにワスレナグサを植えるのも、〈サーフボード岩〉をきれいにしておくのも、もうやめていた。わたしは深紅のノコギリソウや紫のロシアンセージのほうが好きなので、彼のお気に入りの花がそれに押しのけられても放っておく。ときどき、サクランボのように赤い鳥の糞が〈サーフボード岩〉を覆う日もある。いまのわたしの関心事は、〈キツネ〉ではなく、キツネたちにかんするものだ。それは彼の遺産の一部で、遺産は友情の核心でもある。わたしは涸れ谷をいつもきれいにしておき、キツネたちが尾根から川へ安全に移動できるようにしている。ころころと転がる、背の高いとげだらけの草とも果敢に闘う。

これほど風が強くなければ、かつての逢い引きの場所に腰を下ろしてもよかったかもしれない。わたしはもう、ちくちくする硬い草の茂みにキャンプチェアを置いていないし、座ってもいいかとこの土地に許可を求めたりもしていない。わたしはずっとここにいる。だから、心地のよい場所を見つけたら、勝手に入りこむ。〈キツネ〉がそうしていたように。この土地での暮らしは、もっとよさげなキャリアに潜りこむのを待つあいだの途中駅ではない。野生の土地と静かな場所は、逃避なんかではない。わたしの本拠地（ホームベース）なのだ。ときどき、フィールドクラスの場に隠遁（いんとん）し、人間たちに取り囲まれながら、自然の領域から離れて息抜きを楽しむこともある。その逆のことをする人たちがいるのは知っている。そして、どちらが拠点でどちらが休暇かをまだ決めかねている人たちがいることも。どちらを選ぶにしても、あれこれ言いあうのはやめておこう。行ったり来たりしているうちに、わたしたちはいつかばったり出会うだろう。そのときには、きっと仲よくできる。わたしはそう信じている。

あの山火事のとき、コテージの荷物を残らずまとめて避難するのに二時間しかかからなかった。あれほど簡単に移動できることは、もう二度とないと思う。コテージは深く根をはっている。〈キツネ〉と同じように、わたしも自分のなわばりをマーキングした。〈キツネ〉がペットだとほのめかされて（「キツネちゃん！」）、わたしが腹を立てたときのことを覚えているだろうか？　キツネとつきあうのはテリアをタータンチェックの服で着飾らせたり、オウムにクラッカーのせがみかたを教えたりするのと同じではないと言ったときのことを？　その理由を、ここで話そう。ペットと時間を過ごしていると、ペットのほうがあなたに近くなる。〈キツネ〉と時間を過ごしていたときには、わたしのほうが彼に近くなった。まさに「猿まね」だ。そんなわけで、〈キツネ〉と同じように、わたしも自分にとって価値のあるものを家じゅうにつめこむようになった。若いサクラの木を植え替えたあと（三回目）、大規模な造園プロジェクトにもとりかかった。建設業者たちが際限のないペースで家を建てていて、うちの前の砂利道の交通量が増えるのはまちがいないので、目下、長くて奥行きのある垣を植えているところだ。そう遠くないうちに、三メートルほどの高さに育ち、秋に葉が落ちたあとも分厚いスクリーンの役割を果たしてくれるようになるだろう。オーダーメイドの家具も注文し、中西部のアーミッシュ（キリスト教プロテスタントの一派で、電気などを使用しない質素な生活で知られる。アーミッシュの職人がつくる家具は質の高さから人気がある）の人たちに届けてもらった。自分史上はじめての、ハッチバックに収まらない大きさの家具だ。

　ほかの面でも〈キツネ〉に近くなっている。というのも、〈キツネ〉みたいな友だちを見つけたいのなら、カササギのようにではなく、彼のようにふるまう必要があるからだ。わたしは姿を消そうとするのをやめた。その点でわたしたちは、〈キツネ〉とわたしは、正反対だった。彼はつながりを求めていた。重要な存在になりたがっていた。そして、ひとりきりでいるよりも気分がいいからという、ただそれだけの理由で、満月の光の下を歩いたり、太陽に温められた岩の上で体をのばしたりするときに、自分のそばにだれかを置きたがった。誕生時のアクシデントも、彼の足かせにはならなかった。だから、わたしも口腔外科に行き、前歯のあいだの上唇小帯をとって、歯茎を縫いあわせてもらった。エヴァーグレーズ国立公園を訪ねてみようと決めたときには、いっしょに行こうと誘った最初の相手が承諾してくれた。そのジャックとは、いまではしょっちゅう電話で話をしている。イエローストーンで出会ったチュンとダグとも連絡をとっている。わたしに《ダウントン・アビー》をすすめてくれたカップルだ。ふたりに誘われて、マウントレーニア国立公園で再会した。ものすごく楽しかった。わたしたちはいま、次のバケーションもいっしょに過ごす計画を立てている。

　そして、フルタイムで大学の仕事をしようと決心した。うしろを振り返るつもりはない。ジェンナが推薦状を書いてくれた。ほぼ毎日、自然史について研究し、議論し、文章を書いている。大学のキャンパスからではなく、田舎にあるコテージや野外の調査地から――バーチャルキャンパス、オンラインコミュニティで。わたしは生物学を教えている。美しい刃を持つ、黒曜石のように鋭い学問。けれど、その雄弁な精密さだけでは満足できない。わたしは思考を流動的に保っておきたいと思っている。そうしておけば、現実の世界と想像の世界がともにぐるぐると渦を巻き、やがてそのふたつを区別するのも合体させるのも、同じくらいたやすくできるようになるだろう。

一一月。標高の低いところでのライフルによる狩猟が解禁されている。ミュールジカたちは無我夢中で銃、ホルモン、トラックから身をかわしている。でも、うまくいっていない。昨日は、血の飛び散った二車線道路を走って五〇キロ先の町まで行った。北の寒冷前線がシカたちを高地から押し下げているいま、わたしは自分の土地をうろうろして、お気に入りの低木に近づくなとシカに警告しようと待ちかまえている。裏手の草地には、数百単位でシカがいるように見える。もっとも、わたしが数えたのは五〇頭までだが。シカたちは、わたしの土地を横切る冬の最初の通り道をつくるために来ている。その動きはゆっくりだけれど、わたしは辛抱づよさを発揮して、シカたちが道を踏み固める前に大事な低木や高木を迂回させる。いったん道ができてしまったら、向こう六か月のあいだ、この群れは断固としてそこを行進しつづける。数百頭に見える五〇頭のシカは、ひと冬のうちに、草地に運河を掘ることだってできる。群れはうちの裏手の丘を転がるようにくだり、積もったばかりの雪の上を滑り、玄関前の階段にふらりと近寄ってくる。わたしに気づかないふりをして、わたしにもそれと同じ礼儀を返すことを期待している。でも、わたしはそうしない。シカたちは群れで動いていて、一年のこの時期にはもう子ジカはめったに乳を吸わないので、わたしは家族の単位を見極めるのに苦労している。

雲が今日の空をかたちづくっている。空を灰色で埋め、ときどき青いだまし穴（サッカーホール）をひらめかせる。サッカーホールのひとつは縁が上方にまくれあがっていて、だれかが下から拳で雲を突き破ったみたいに見える。今日が終わる前に、あの下に立ってみよう。そして、雲が穴を乱暴に閉じ、木炭のような黒に変わり、どしゃぶりの雨を浴びせかけてきたら、驚いたふりをしてやろう。不安げな雲を相手にした道化役は、わたしがときどき演じるいくつもの役のひとつにすぎない。なにしろ、わたしが暮らしているのは、空が土地と建物と道路を支配する場所なのだから。道化にならないときには、ゴアテックスで身をかためて、無関心を決めこむ。

〈テニスボール〉の巣には、あの山火事以来、だれも入居していない。かつては丸くて、バスケットボールよりも大きかったその巣は、いまではビャクシンの隙間から滝のようになだれ落ちかけていて、遠くないうちに落ち葉や枝のなかに消えてしまうだろう。その数本上の枝には、玉虫色のムクドリモドキが手のひら大の巣をつくった。この春の二か月のあいだ、ムクドリモドキたちは〈Tボール〉のビャクシンに居座ってマラカスのようにかしゃかしゃと騒ぎ、ほんのときたまそれを中断したかと思えば、グラスに入った水にだれかがぶくぶくと息を吹きこんでいるみたいな不気味な音をたてていた。

新しいカササギが引っ越してきたら、その鳥たちも〈Tボール〉と同じように、わたしを嫌うのではないかと思う。カササギの世代で言うところの何世代も前からずっと、カササギたちが最初に目にする人間は無慈悲だった。さらに何世代ものカササギが人間の親切と卵黄を経験しなければ、またわたしたちを信頼するようにはならないだろう。わたしがここにふらりとやって来て仲よくなろうとしたときには、もう一〇〇年ほど手遅れだった。あの卵黄にもかかわらず、わたしは実のところ、〈Tボール〉にそれほど親切だったわけではない。意識的にそうしたわけではないけれど、いまになってわかったことがある。わたしが彼女を好きになれなかったのは、彼女がわたしに似すぎていたからだ。彼女はわたしの悪いところを思い起こさせた。〈Tボール〉は自分の趣味嗜好を変えることはできなかったけれど、わたしにはできる。それができるのは、わたしが彼女より善良だからでも才能があるからでもなく、ひとえにわたしのほうが長く生きるからだ。寿命の短い鳥にとって、自分の性格を変えるのは現実的ではない。

ミュールジカの群れが冷たく湿った草の芽にこぞって唇を寄せ、目をぐるりと上向かせ、湧水から流れでる水路に沿って歩いていく。一頭の小さな、生後五か月くらいの雄ジカが目を上げ、古い草以外のなにかを探して、コテージの青いスチール屋根を見つめる。あの子はおなかいっぱい食べられるのだろうか。だらしなく集まった群れが移動し、うちの離れのそばを通りすぎていくのをよそに、彼と一頭のおとなの雌があとに残る。わたしはガラスのドアごしに傍観する。

小さな雄ジカとおとなの雌を群れからへだてる距離は、かなりの広さになっている。子ジカはわたしのほうをじっと見ながら、あてもなくあたりをうろつく。その時間は、せっかちな雌ジカには長すぎたようだ。彼女は待つのをあきらめ、もう小川の向こうにいる群れに追いつこうと歩きだす。子ジカはあいかわらず、五メートル先からわたしをじっと見ている。ときどき、雌ジカが足をとめ、頭を一八〇度ぐるりとまわし、小さな灰色の雄ジカのほうを振り返る。彼はまだ食事をしていないけれど、そのがっしりとした、均整のとれた体はわたしの心配を和らげる。きっと、どこか別のところで食べものを見つけるだろう。さしあたり、わたしがガラスの防風ドアのうしろに立っているいまは、ただわたしを眺めていたいだけのようだ。わたしは顔の前で右手を振り、こっちもあなたを見ているよ、と伝える。それから、防風ドアを開けて外へ出て、両腕を頭の上にのばし、手を叩く。突然の動きに、彼は驚くだろうか。驚かない。

彼の小さな角はまだ芽生えていないけれど、眉のラインはもう黒っぽくなっている。彼は脚を動かさずに首を曲げ、ヤマヨモギを鼻でまさぐって一羽のハエトリツグミを追いだそうとするが、鳥は陣地を固守しながら、片方の翼でシカの頬をぱしっとはたく。びくりと頭を上げた子ジカは、わたしのほうをまっすぐ見る。屈辱の瞬間を見られただろうかと気にしているのだろう。雌ジカと群れはもう八〇〇メートル先にいて、白い尾をきらめかせながら、列をつくってムラサキウマゴヤシの野原を渡っている。わたしはじっと待つ。彼は見つめるのをやめようとしない。一五分後、ハエトリツグミが飛び去ったときに、わたしは彼に「おやすみ」と告げ、家に入り、紫色のシェードを下ろしてガラスを覆った。

謝　辞

本書に力を注いでくれた人や組織に感謝を伝えられることをうれしく思う。次の方々に感謝したい。〈キツネ〉の物語を最初から追い、わたしがあきらめないように支えてくれた友人のジャック。わたしに知恵を授け、イエローストーンとグランドティトンでの数かぎりない日々を分かちあってくれたヴァーナ・マクファーソン。友情を示し、〈キツネ〉と自分自身をめぐるわたしの考えに磨きをかけてくれたメアリー・カーパレリ。わたしの背中を押し、自分に対する理解を深めるのを助けてくれたマーサ・スローン。長年にわたってわたしを迎え入れてくれた国立野生生物美術館。創造的なアドバイスをくれたニック・フリン、スティーヴ・アーモンド、ディアドラ・マクネマー。発想の源とコメントをくれたアマンダ・フォルティーニ、ティム・ケイヒル、テッサ・フォンテーン。原稿を整理してくれたバレット・ブリスク。本書の物語を信じ、懸命に取り組んでくれたシュピーゲル&グラウのみなさん。ドーン・ヒルは原稿全体を読み、批評してくれた。パイレーツ・アレイ・フォークナー・ソサイエティ、ローズマリー・ジェイムズ、ジョセフ・デサルヴォ、アンドレイ・コドレスクの寛大な心と親切がなければ、わたしがセリナ・シュピーゲルに会うことはなかっただろう。セリナには、言葉にならないほど感謝している。彼女がいなければ本書は存在していなかった。

訳者あとがき

山あいの人里離れた谷にぽつんと立つ、小さな青い屋根のコテージ。そこで孤独な生活を送っていた「わたし」はある日、一匹の野生のキツネと出会い、『星の王子さま』を読み聞かせるようになる。それが一風変わった友情のはじまりだった——。

ロッキー山脈の大自然を舞台に野生のキツネとの友情を綴った本書は、キャサリン・レイヴンによるメモワール *Fox and I: An Uncommon Friendship* の全訳である。著者レイヴンはグレイシャー、マウントレーニア、イエローストーンなどの国立公園でパークレンジャーとしてはたらいたのち、モンタナ州立大学で生物学の博士号を取得。モンタナ州の山中に建てたコテージで単身生活を送りながら、バックカントリーのガイドやパートタイムの大学講師、イエローストーン国立公園での野外講習で生計を立てていたころに〈キツネ〉と出会い、思わぬ転機を迎えることになる。

本書の大きな魅力は、なんといってもロッキー山脈の自然や動植物の描写だろう。このあたりの自然環境はきわめて厳しい。著者のコテージからそう遠くないモンタナ州ウェスト・イエローストーンの平均最低気温は、真夏の七月で摂氏七度、真冬の一月で摂氏マイナス一三度。降水量の少ない高地砂漠なので、みずみずしい緑は乏しく、岩がちの「薄墨毛色と黄麻布色の野原」が果てしなく広がる。そんな過酷な環境でたくましく生きる動植物たち――キツネはもちろん、カササギ、シカ、ハタネズミ、木や草花、著者をてこずらせる雑草までもが、日常的に触れあっている人ならではの親密さで、独特のユーモアまじりに生き生きと描きだされている。そこから浮かび上がってくるのは、ときに競いあい、ときに協力しながら同じ土地で生きる動植物たちの姿だ。

本書にはキツネと人間の友情のほか、友情とはいかないまでも、キツネとカササギ、カササギとキツツキ、アリとアブラムシなど、さまざまなかたちの共生が登場する。そして、そのすべてが絡みあい、ひとつの生態系をかたちづくっている。人間である著者も例外ではない。著者が建てたコテージや世話をする草花は、好むと好まざるとにかかわらず、周囲の環境と動植物に影響を与える。いっぽうの著者も雑草やネズミやジリスに悩まされ、でも折りあいをつけながら暮らしている。著者の言葉を借りれば、そこは「自然がときどき、人間にあれこれ指図されるのを拒む場所」だ。自然のなかで、別の種の生きものたちと「ともに生きる」とはどういうことなのか。ロッキー山脈の動植物に囲まれた著者の暮らしからは、そのひとつのありかたが垣間見える。

本書はおおむね著者の一人称の語りで進むが、ところどころでキツネなどの動物や想像上の人物の視点から描かれるパートが挟まる構成になっている。この部分はもちろん著者の創作だが、キツネやほかの動物の目には世界はこんなふうに映っているにちがいない、と思わせるだけの説得力がある。それは著者の観察力と共感力、そしてなによりも自然に対する愛のなせるわざだろう。著者が言うように「現実の世界と想像の世界がともにぐるぐると渦を巻き」、フィクションとノンフィクションの垣根を自由にとびこえているところも、本書の独特な魅力のひとつだ。

〈キツネ〉と出会い、友情が育まれていく経緯を語る前半には、野生動物の擬人化をめぐる著者のためらいが色濃くにじんでいる。生物学の博士号を持つ著者には擬人化をタブー視する科学界の常識がしみついていて、そのせいで〈キツネ〉との友情をすんなりと受け入れることができない。科学の世界で擬人化が忌避されるのには、もっともな理由がある。人間を基準にしたものさしで測ると、それぞれの生きものの本質を見誤ってしまいかねない。その反面、著者が周囲から再三言われるように、擬人化の否定が「人間とそれ以外の動物はそもそも違う」という含みを持つこともある。でも、ほんとうにそうだろうか？　人間だってまぎれもなく動物だ。それなのに、どうして人間とほかの動物とのあいだには越えがたい溝がある（とされている）のか？　キツネやカササギをはじめとする数々の動植物との暮らしをつうじて、ときに悩んだり失敗したりしながら、著者はその問いに対する自分なりの答えを、そして〈キツネ〉との関係の意味を探っていく。

もうひとつ、本書で投げかけられている大きな問いが、「自然」とはなにを意味するのか、というものだ。「パンサークリークの子ジカ」の章では、その問いがとりわけ強烈に突きつけられている。当時、マウントレーニア国立公園でレンジャーをしていた著者は、イヌに襲われてけがをした瀕死の子ジカを見つける。だが規則上、野生動物を助けることは許されない。その理由は、「自然ではない」から。でも、けがをした子ジカが人間に助けを求め、人間がその子ジカを助けたいと思うのは、自然なことなのではないか？　苦しみながら死んでいく動物を見物するのが自然なのか？　そこから生まれた疑問は、著者の人生の針路を大きく変えることになる。

　キツネとの友情をつうじて人間と自然とのかかわりを描く本書は、人生の道に迷い、孤独と向きあうひとりの女性の物語でもある。著者は物理的に周囲から切り離された僻地で暮らしているが、精神的にも人間社会から切り離されている。一五歳で家を出て以来、独力ではたらきながら大学に通い、ひとりきりで生きてきた。詳しくは語られないが、両親（とくに父親）から虐待を受けていたことをうかがわせる記述がところどころに出てくる。その生い立ちは著者の人間関係に影を落とし、人と深くかかわらない生きかたを選ばせてきた。人間との交流がなくても、自然と触れあっていれば、そして空想上の友だちであるサン＝テグジュペリや『白鯨』の語り手イシュメールと語らっていれば、孤独を感じずにいられた。それでも、社会に加わり、人と交わりたいという思いは、つねに心のどこかにあった。パートタイムの仕事だけでは経済的にも苦しい。せめて医療保険に入れるくらいの「ちゃんとした職」につきたい。でも、自分が街での暮らしになじめるとはとうてい思えない――そんな迷いを抱えて次の一歩を踏みだせずにいた著者は、〈キツネ〉との紆余曲折を経て、人生の目的と進むべき道を見いだしていく。その過程は、手探りでおそるおそる人生を歩み、自分にとって大切なものを見極めようともがくすべての人に訴えるものがあるのではないかと思う。

　ここでひとつだけ、訳語について説明しておきたい。〈キツネ〉の表記は、原著では頭文字が大文字のFoxとなっている。この訳語をどうするかはかなり悩んだが、カササギの〈テニスボール〉やビャクシンの〈トニック〉には固有の名前をつけた著者がキツネだけは一般名詞と同じ名で呼んでいたことには、本人が意識していたかどうかはわからないが、少なからぬ意味があると思う。そのため、日本語でも一般名詞と同じになるように〈キツネ〉とし、一般名詞のキツネと区別するためにヤマカッコでくくることとした。

本書で引用されている文献については、既訳を引いた際には本文の初出時に出典を明記している。なかでも言及の多い本は、とくに次の版を参考にさせていただいた。訳者のみなさまに深く感謝する。

・サン＝テグジュペリ『星の王子さま』（河野万里子訳、新潮文庫）
・サン＝テグジュペリ『人間の土地』（堀口大學訳、新潮文庫）
・メルヴィル『白鯨』（八木敏雄訳、岩波文庫）
・シェリー『フランケンシュタイン』（小林章夫訳、光文社古典新訳文庫）

また、訳文をていねいにチェックして貴重なご意見をくださった早川書房編集部の石川大我さんと校閲担当の山口英則さんにも心よりお礼申し上げる。

人間が自然を破壊し、野生の世界との結びつきが消えかかっているいま、わたしたちは自然との関係のありようを考えなおす必要に迫られている。自然とはなにか？　別の種の生きものと「ともに生きる」とはどういうことか？　そんなことを考えながら、ロッキー山脈の厳しくも美しい自然とそこに生きる動植物たちとの暮らしを著者とともに体験してもらえればさいわいだ。〈キツネ〉との出会いが自然や人生に対する著者の見方を変えたように、〈キツネ〉や〈テニスボール〉や〈トニック〉たちの織りなす生のドラマが、わたしたち人間の進むべき新たな道を見つける一助になってくれることを願っている。

二〇二三年二月

キツネとわたし
ふしぎな友情
2023年4月20日　初版印刷
2023年4月25日　初版発行
＊
著　者　キャサリン・レイヴン
訳　者　梅田智世（うめだちせい）
発行者　早　川　　浩
＊
印刷所　精文堂印刷株式会社
製本所　大口製本印刷株式会社
＊
発行所　株式会社　早川書房
東京都千代田区神田多町2ー2
電話　03-3252-3111
振替　00160-3-47799
https://www.hayakawa-online.co.jp
定価はカバーに表示してあります
ISBN978-4-15-210233-1　C0098
Printed and bound in Japan
乱丁・落丁本は小社制作部宛お送り下さい。
送料小社負担にてお取りかえいたします。

ハヤカワ・ノンフィクション

アンダーランド

——記憶、隠喩、禁忌の地下空間——

UNDERLAND

ロバート・マクファーレン

岩崎晋也訳

46判上製

地下。この、魅力的で恐ろしい空間。

恐ろしくも美しい洞窟、地下のダークマター観測所、大戦の傷が残る東欧の山地、グリーンランドの氷穴、北欧の核廃棄物の墓——英国の優れたネイチャーライターが様々な土地の地下と、そこに関わる人々の思いをたどる。数々の賞を受賞したアウトドア文学の傑作。

道程
―オリヴァー・サックス自伝―

On the Move
オリヴァー・サックス
大田直子訳
46判上製

類いまれな観察者が遺した
自らの「観察記録」

二〇一五年に惜しまれつつ亡くなった、脳と患者の不思議に魅せられた著者が、オートバイに夢中の奔放な青年時代から、医師として自立する際の懊悩、世界中で読まれた著作の知られざるエピソード、書くことの何物にも代えがたい素晴らしさを綴った、生前最後の著作となった自伝。

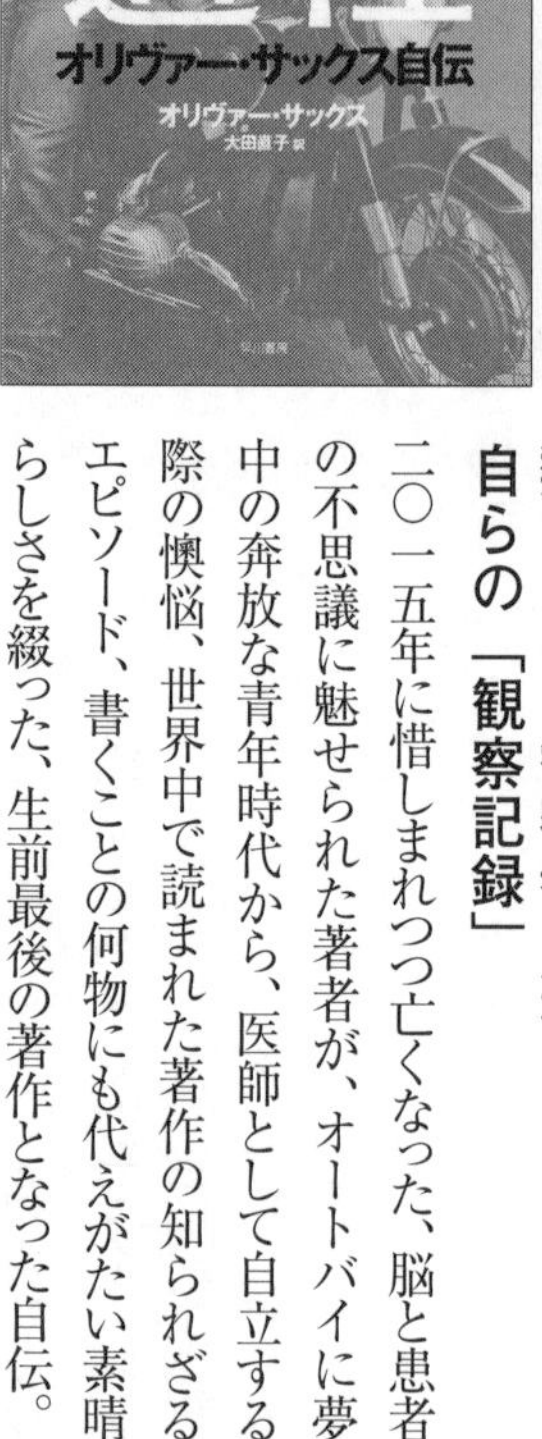

ハヤカワ・ノンフィクション

ある日、私は友達をクビになった
―スマホ世代のいじめ事情―

Sticks and Stones
エミリー・バゼロン
高橋由紀子訳
46判並製

「自分のどこがいけないんだろう」――。小さなきっかけからいじめの標的になったモニーク。ゲイを公言していじめられたジェイコブ。いじめを理由に刑事告訴されたフラナリー。気鋭のジャーナリストが三人の事例を徹底検証するほか、フェイスブック本社を取材し「ネットいじめ」の問題について探る。